Computer Aided Engineering

창의적 공학설계를 위한 CAE

김동균 · 최윤환 공저

홍릉과학출판사

머리말

최근 산업의 급격한 발전과 더불어 제품개발과 설계에 관련된 고도의 기술이 요구되고 있다. 이러한 시대적 요구에 부응하고자 대학에서는 기존의 CAD 뿐만 아니라 CAE와 관련된 교과목을 개설하고 있는 실정이다.

유한요소법과 관련된 서적에 대해서 나름대로 분석하여 살펴보면, 유한요소법에 대한 이론적인 내용을 다루는 서적과 실습예제 중심의 서적으로 구분할 수 있었다.

본서는 이러한 구분을 적절히 조합할 수 있는 방법을 모색하고자 하였다.

또한 유한요소를 적용한 다양한 solution 중에서 보편적으로 사용되고 비교적 사용이 간편하고 해석의 정도가 검증된 solution인 ANSYS Workbench에 대해서 기초적인 유한요소이론부터 실제사용방법을 예제를 통해서 다루고자 한다.

본서의 특징은 다음과 같이 요약할 수 있다.

1. 유한요소법에 대한 자세한 소개와 관련 수학적인 내용을 제시하였다.
2. ANSYS Workbench에 대한 전체 메뉴의 소개는 물론 기능적인 사항에 대해서 자세히 기술하였다.
3. 예제를 제시하여, 본문에서 소개한 ANSYS Workbench의 내용을 연습할 수 있도록 하였다.

아무쪼록 본서가 유한요소법 또는 해석이라는 새로운 분야에 접근하고자 하는 분들에게 유익한 출발점이 되기를 바라며, 출판을 위해 도와주신 동명대학교 산학협력단 관계자 여러분들과 ANSYS Workbench 예제 관련된 정보를 제공해주신 (주)태성에스엔이 및 (주)디엔디이 관계자 여러분 그리고 홍릉과학출판사 여러분들에게 감사의 뜻을 전합니다.

저자일동

차 례

제1장 유한요소법 소개

제2장 ANSYS Workbench simulation 소개

제3장 Simulation을 이용한 해석 수행 과정

제4장 General Preprocessing

제5장 선형 구조물 구조 해석

제6장 Vibration Analysis

제7장 정상상태 열 해석

제8장 Shape finder

제9장 Post processing

제 1 장

유한요소법 소개

1.1 유한요소의 개념

유한요소법(Finite Element Method)은 1930년대에 개발된 Matrix 이론을 사용하여 1960년대에 영국과 미국에서 개발되어 이론화 및 상용화가 이루어진 것은 컴퓨터의 발전이 이루어진 1970년대 이후이다. 설계자가 임의의 구조물 또는 기계요소를 설계하고자 할 때, 설계하고자 하는 구조물 또는 기계요소의 작동환경 아래에서 어떠한 상태로 동작할 것인가를 예측하는 공학해석 분야에서 가장 많이 쓰이고 있는 해석방법이 유한 요소법이다.

유한요소법은 공학뿐만 아니라 여러 가지 엔지니어링(Engineering) 분야에 적용이 가능하지만, 구조 분야에서 가장 먼저 적용이 되었고, 현재는 다양한 분야에 적용되고 있다. 아울러 컴퓨터 하드웨어의 발전과 더불어 급속히 발전하였다. 유한요소법은 초기에는 복잡한 구조물의 응력해석을 위해 개발되었으나, 그후 발전을 거듭하여 연속체 역학(Continuum Mechanics) 분야 등 광범위한 분야에서 사용되고 있다. 구조물에 대해 요소의 공통되는 점, 선 및 면 등에서 여러 가지 경계조건을 사용하여 수식을 만들고, 이를 이용해 구조물 전체에 대한 연립 대수 방정식을 만들어 해를 구한다. 공통되는 점이나, 선, 면이 많아질수록 연립방정식에 대한 계산량이 증가하여 해를 구하는데 많은 계산이 필요하게 되었고, 이러한 특징으로 인하여 유한요소법은 컴퓨터의 발전 속도와 비례하여 발전하였다.

유한요소법은 컴퓨터상에서 가상으로 기계요소를 생성하여 힘, 열, 진동 등의 입력에 대해서 체계적으로 기계요소/시스템의 반응을 예측할 수 있게 해준다. 유한요소법의 수학적 배경은 수세기 전부터 알려져 있었지만 이의 발달은 대규모의 계산이 가능하게 된 컴퓨터의 출현과 함께 급속히 발전하였다. 유한요소법은 구조해석 분야에서부터 발전하였으며 60년대 NASA의 대규모 프로젝트는 유한요소법의 기초와 테크닉을 확립하는 계기가 되었다고 할 수 있다.

유한요소법의 수학적 배경은 가장 간단한 보 구조물의 경우를 보면 가해진 힘에 비례하여 변위가 늘어난다는 Hook의 법칙으로부터 시작한다. 유한요소법은 공학해석 대상이 되는 물체를 정형화된 "유한"한 크기의 수많은 요소로 나누고 각 요소에 Hook의 법칙같은 수식을 적용하고 각 요소간의 관계식를 고려하여 물체 전체에 대한 식을 구성한 다음 선형 방정식을 풀어 물체의 변위, 응역, 진동 등을 해석하는 것이다. 여기서 "유한(Finite)"이라는 것이 아주 중요한 개념으로 미분방정식을 유도해낼 때 쓰이는 무한히 작은(Infinitesimal) 요소라는 개념에 대가 되는 것이다. 유한요소법은 유한하게 자른 요소 내에서 해석하고자 하는 변수를 보간함수(Shape Function)의 개념을 도입하여 근사(Approximation)하여 최종 대수 방정식을 끄집어내지만 요소의 크기를 계속 작게 나누어 가면 미분방정식을 해석적으로 풀었을 때의 해에 수렴한다는 보장이 있다.

유한요소법의 개념은 해석하고자 하는 대상을 유한요소로 분할하여 각 요소를 해석한 후 그것들을 취합하여 해석대상 전체의 근사값을 찾고자 하는 것이다. 이와 같은 개념을 이용한 최초의 시도는 고대 이집트와 중국에서 있었던 원주율 π 값을 찾기 위한 원의 다각형으로의 분할이었다고 생각된다. 그들은 원주를 3,072개의 등간격의 직선으로 분할하여 π=3.1416을 얻었고, 보다 세밀하게 요소를 분할한 12,288개 요소에서는 π=3.1415926의 값을 얻었다. 이것은 오늘날 전자계산기로 계산한 π=3.14159265의 값과 비교하면 소수점이하 7자리까지 맞는 매우 근사한 수치이다.

오늘날 유한요소법의 개념은 잘게 나눈 요소 내에서 응력의 평형방정식, 변형률-변위 관계식, 응력-변형률 관계식을 기본적으로 충족하고 적합성(Compatibility), 완전성(Completeness), 연속성(Continuity)을 만족하도록 수식화를 하여야 한다. 이와 같이 만들어진 각 요소의 평형방정식을 모두 취합하여 해석대상 구조물 전체의 평형방정식을 구성한 후 구조물의 경계조건을 대입하고 방정식의 해를 구한다는 개념이다.

모든 해석대상은 연속체(Continum)이고 공간에서 line, surface, volume의 차원(Dimension)을 갖고 있다. 요소를 분할하여도 line element, surface element, volume element로 각각 자신의 차원과 연속체의 성질을 그대로 유지한다. 따라서 요소 내에서의 연속체적인 특성을 요소경계의 절점(Nodal Point)으로 이관시켜야 해석대상과 사용요소의 차원에 관계없이 구조물을 하나의 동일한 형태인 절점에 관한 방정식으로 구성할 수 있다.

상기와 같은 개념으로 구조해석에서의 유한요소법은 단위 요소 내에서 변위나 응력 또는 변형률을 연속함수로 가정하고 이것을 요소 경계조건을 이용하여 미지의 절점성분으로 치환하게 된다. 미지의 절점성분으로 치환된 변위성분을 탄성론에 근거하여 정식화하면 요소 내의 평형방정식은 절점에서의 미지의 변위성분으로 다원 1차 연립방정식 형태로 구성된다. 이들 요소전체를 취합하면 구조물 전체에 대한 평형방정식이 다원 1차 연립방정식 형태로 형성되고 이 방정식의 해를 구하기 위해서 컴퓨터의 도움을 필요로 하는 것이다.

따라서 유한요소법에서 해의 정확도는 사용하는 유한요소의 정확도에 기인한다고 할 수 있다. 즉 요소 내에서 요소의 거동을 묘사하는 연속함수로의 가정을 얼마만큼 정확하게 정식화시킨 요소인가가 구하고자 하는 해의 정확도를 좌우한다는 것이다. 지금까지 발표된 유한요소법에 관한 많은 논문들이 대부분 보다 정확한 요소의 개발을 위한 연구들이었고 요소의 정확도는 유한요소법에서 그만큼 중요한 위치를 차지하고 있다.

1.2 유한요소 해석의 역사

확립된 기법으로서 많은 사람으로부터 신뢰를 얻고 있는 '그 기법'은 Turner, Clough, Martin, Topps 등의 논문에서 그 원점을 볼 수 있다. 여기에 항공기 산업의 영향이 있다. 당시 Turner는 보잉사의 기사(技師)로 일하고 있었고, Martin은 시애틀의 항공대학 공학부에 있었다. Clough는 캘리포니아 버클리 대학의 토목 공학부의 교수로 재직하고 있었으며, 항공우주 분야가 아니었기에, 이 시점의 주요 멤버는 아니었다. '유한요소법'이라고 하는 말은 1960년에 그의 논문에 사용되었다. 이 때는 누구도 그것이 그만큼 중요하다고 생각하지 않았지만, 나중에 Clough의 이름이 역사에 남게 된 것도 여기서 부터이다.

또한 독일의 슈트가르트 대학의 Argyris에 대해서도 언급할 필요가 있다. 그는 1960년에 Keisey와 함께 1954년부터 1955년의 Aircraft Engineering Journal에 발표된 것을 기초로 책을 출간했다. 이것은 앞에서 설명한 Turner의 논문과 동시기였지만, 유한요소라고 하는 개념을 세상에 널리 전했다.

1947년에는 이미 이론이 확립되어 Wisconsin 대학의 R. D. Cook 교수는 유한요소 해석에 대해서 교과서를 저술했다. 여기에는 유한요소에 대해 많은 정보가 적혀 있다. 그의 역사적 고찰에 의하면 실제, 그 아이디어는 1943년에 수학자 R.Courant에 거슬러 올라간다고 한다. Courant는 연속체 문제를 적은 3각형 영역의 집합으로 나타낼 것을 제안하였다.

기술적 및 기법적인 발상은 보다 이전에도 존재했다. 그리고 몇 명의 선구자들이 그것을 이어받아, 각각 독자적으로 확립해 온 것이다.

실제로 유한요소법의 해석은 많은 분야에 적용되어 다양한 문제를 해결하는데 쓰이고 있다. 최근 25~30년간 다양한 소프트웨어 제품의 개발이 이루어져 각종 산업에 사용되어 왔다. 실험적 해석으로는 다양한 문제를 해결하기에는 많은 기간과 비용이 소요되는 분야인 원자력 산업과 자동차 산업에서는 1970년대 초에 적극적으로 받아들였다. 품질관리, 오일쇼크(Oil-Shock)의 영향에 의한 경제성 향상 및 안전 요소면에서의 설계검토에 있어서도 실험하는 것보다 효율적이었던 것이다.

유한요소법에 있어서 앞으로 발전이 기대되는 분야로는 점보여객기 외부의 유체흐름, 즉 유동현상에 대한 유한요소법의 적용이 있다. 보다 일반적인 유동해석은 상당히 복잡한 비선형성을 가지고 있어 아마도 현재의 슈퍼컴퓨터보다 더 빠른 것을 기다려야 할 것 같다.

마지막으로 유한요소 해석이 이 만큼 보급된 원인으로는 컴퓨터의 발달이 예상보다 훨씬 빠르게 진행되었으며 실험과 비교하여 상대적으로 저렴한 비용은 유한요소 해석의 수요를 증가시키는데 배경이 되었다.

1.3 유한요소 해석의 단계

유한요소 해석의 단계별 적용 순서는 다음과 같다.

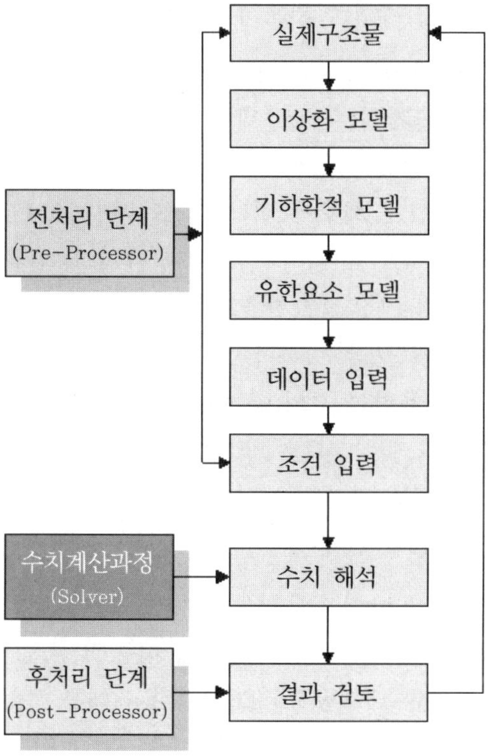

실제구조물을 유한요소법을 이용하여 해석하기 위해서는 이상구조물로 치환하여야 하는데 이 과정에서 해석하는 사람의 엔지니어링에 대한 전반적인 지식과 경험이 필요하다. 정확한 이상구조물로의 변환이 끝나면 이상구조물을 유한요소법에서 제공하는 요소와 절점으로 다시 모델을 구현해야 한다. 간단한 형상을 가지는 구조물의 경우 사용자가 직접 절점과 요소를 정해주면 되지만 대개의 해석하고자 하는 구조물은 매우 복잡한 형상을 가지게 된다. 이를 때는 직접 절점과 요소를 찾는 것보다 선, 면(Patch or Area), 입방체(Hyperpatch or Volume)로 이루어진 기하학적 모델(Geometric Model)을 먼저 구현한 후에 기하학적 모델을 이용하여 절점과 요소를 생성시키는 식으로 모델링 해나간다.

유한요소 해석을 위한 요소와 절점 생성이 끝나면 해석 조건을 입력해야 하는데 주로 요소의 물성치(Material Properties), 구속조건(Boundary Condition), 하중조건(Loading Condition)을 입력한다.

위의 과정을 거쳐 완성된 유한요소 모델은 수치해석 과정을 통해 해석이 수행되며 해석 결과를 후처리 과정을 통해 구조물의 변위, 응력 및 안정성 등을 평가한다.

① **유한요소 모델링(Preprocessor)** : 유한요소 해석을 위해서는 해석 대상이 되는 물체를 유한한 크기의 요소로 나누어야 하며(Meshing), 물체의 물성값, 하중상태, 경계조건 등을 결정해야 한다. 이러한 작업을 모델링이라 부르며 이와 같은 작업을 손쉽게 해주기 위하여 만들어진 소프트웨어가 전처리 프로그램(Preprocessor)이다. mesh 작업은 대상물체의 기하학적 형상을 얼마나 잘 표현할 수 있느냐가 가장 중요한 일이기 때문에 보통은 CAD 프로그램과 연계하여 CAD 데이터로부터 기하학적 형상을 읽어들인 다음 사용자 또는 자동 mesh 기능을 이용하여 작업이 행해진다. 유한요소 모델링 작업은 전체 유한요소 해석의 90% 이상 시간이 필요하며 세부형상의 근사여부, 경계조건의 결정, 하중의 결정 등 많은 엔지니어의 공학적 판단이 필요하게 되어 유한요소 해석의 가장 중요한 단계이다.

② **유한요소 해석(Solution)** : 유한요소 해석 프로그램의 핵심적인 부분이며 전처리 프로그램으로부터 모델링된 mesh, 하중조건, 불성값 등을 넘겨 받아 실질적으로 풀 수 있는 대수방정식을 구성하고 해를 구하는 과정이다. 유한요소법 프로그램의 신뢰성은 이 부분을 담당하는 SOLVER의 성능에 따라서 평가되며 SOLVER를 기본이 되는 알고리듬을 이해하는 것이 유한요소 해석 결과를 이해하는데 아주 중요한 경우가 많기 때문에 유한요소 해석시 사용되는 소프트웨어의 요소의 특징, 해법 등을 기본지식으로 알아두는 것이 좋다. 대수방정식은 문제의 성격에 따라 선형과 비선형으로 나눌 수 있으며 비선형 문제의 경우 반복적인 계산이 필요하다.

③ **해석결과 후처리(Postprocessing)** : 보통 유한요소의 수는 대단히 많기 때문에 해석결과를 한눈으로 알아 볼 수 있는 프로그램이 필요한데 이것이 해석 후처리 프로그램(Postprocessor)이다. 후처리 프로그램은 엔지니어가 원하는 해석 결과를 컴퓨터 그래픽을 이용하여 화면 또는 유사 출력장치에 출력하여 엔지니어가 해석결과를 일목요연하게 파악할 수 있도록 해준다. 그러나 해석 결

과의 분석은 전적으로 해석 엔지니어가 최종적으로 판단해야 할 문제이며 후처리 프로그램은 단지 보조 프로그램에 지나지 않는다는 것을 명심할 필요가 있다. 많은 유한요소 패키지들이 모델링 과정 및 SOLVER에서 점점 더 강건하게 만들어지고 있지만 아직도 공학해석 결과의 타당성 여부는 엔지니어의 많은 경험이 필수적이다.

1.4 유한요소의 장 · 단점

일반적으로 유한요소법의 장·단점은 다음과 같다.

▶ 장점

① 해석대상의 기하학적 형상, 하중 및 경계조건 등에 유연하다.
② 단일재질 및 복합재질로 이루어진 연속체에도 적용이 가능하다.
③ 물성치 및 거동의 선형과 비선형 변형에도 적용이 가능하다.
④ 응력해석, 진동, 열, 유동해석 등 공학의 여러 분야에서 활용이 가능하다.

▶ 단점

① 결과의 신뢰성 향상을 위해서는 해석경험과 실험결과가 필요하다.
② 국부 응력 해석시에는 모델링이 어렵다.
③ 실제 구조물을 유한요소 해석을 위한 모델로 전환하기 위해서는 많은 경험과 지식이 필요하다.
④ 대형구조물인 경우 고성능의 컴퓨터가 필요하다.

1.5 유한요소 해석의 기본 원칙

유한요소 해석을 하는데 있어서 정해진 시간범위 내에서 정확한 결과를 얻는 것이 무엇보다 중요하며, 이를 위해서는 여러 가지 요인을 고려하여 유한요소 모델링을 할 수 있어야 할 뿐 아니라 해석 결과를 정확히 평가할 수 있어야 한다.

유한요소 해석시 결과에 영향을 줄 수 있는 여러 가지 모델링 기법 중 가장 중요한 것들은 다음과 같다.

① Mesh Density

요소의 수가 많아지면 당연히 해석시간도 기하급수적으로 늘어난다. 그러므로 가능하면, 해석의 종류와 특성에 맞게 요소를 선택해야 하고 해석대상을 단순화하여 요소의 수를 가능한 범위 내에서 줄여야 한다.

요소의 수 혹은 절점의 자유도가 많아지면 해석의 정확도는 비례적으로 증가하지만, 요소가 증가와 결과의 정밀도가 이에 반드시 비례하는 것은 아니다.

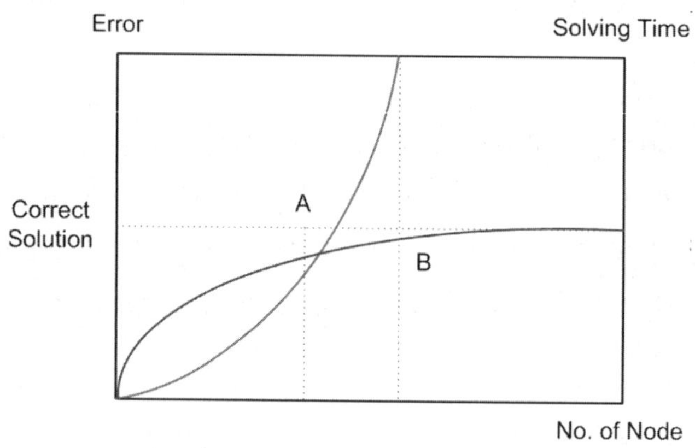

[그림 1.1] 요소의 수와 정밀도의 관계

B 지점은 A 지점에 비해 요소의 수가 많지만 결과의 정확도는 크게 증가되지 않는다. 또한 해석시간은 약 두 배 정도 더 소요된다. 해석자의 입장에서 B 지점보다 A 지점이 유용하지만 A 지점의 위치를 찾으려면 많은 시간과 경험이 필요하다. 이렇듯 최적의 요소의 수를 결정해 주는 공식은 존재하지 않다.

② 요소의 선택

다음과 같은 기준을 참고하여 요소의 수를 결정하도록 해보자.

일반적으로 삼각형 요소는 사각형 요소에 비해 응력이 약 10% 정도 높게 나온다. 기하학적 형상의 필요성 때문에 사용하는 경우 이외에는 응력의 변화가 큰 구간에서는 삼각형 사용을 피해야 한다.

아래와 같이 본 구조물에 보강을 위한 판이 존재할 때는 그 연결부위에서 응력의 변화가 크기 때문에 삼각형 요소를 배제하는 모델링 기법이 필요하다.

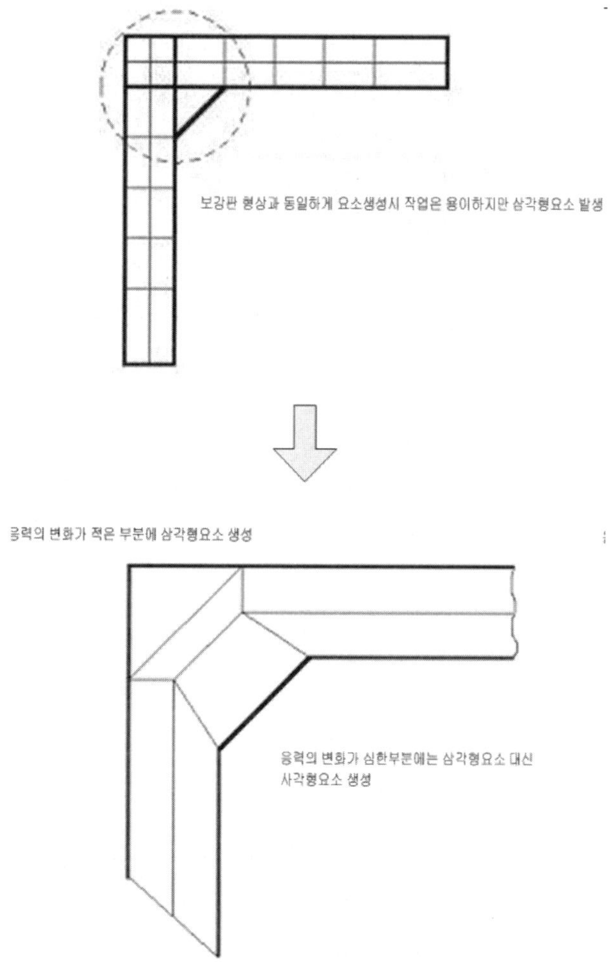

[그림 1.2] 응력의 변화가 큰 부분

③ 요소의 연결

자유도(D.O.F : Degree of Freedom)와 다른 요소사이의 연결은 주의해야 한다.

입체요소(Solid Element)와 판요소(Plate Element)의 연결, 판요소의 법선방향으로 보요소(Beam Element)를 연결할 때 특히 주의해야 하는데 자칫 주의를 기울이지 않으면 Hinge 현상이 발생할 수 있다.

▶ 판요소와 입체요소의 결합

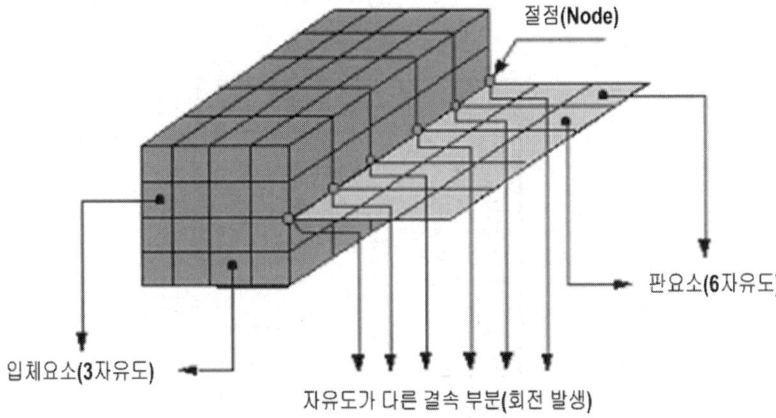

[그림 1.3] 요소의 결합

- 입체요소(Solid Element) 자유도 : 3 DOF(UX, UY, UZ)
- 판요소(3D Plate/Shell Element) 자유도 : 6 DOF(UX, UY, UZ, RX, RY, RZ)

※ 일반적으로 법선방향의 강성(Rz, Rotational Stiffness)은 없다.

결합방법 ①

입체요소와 판요소의 결합 부분에 공유할 수 있는 판 요소 삽입

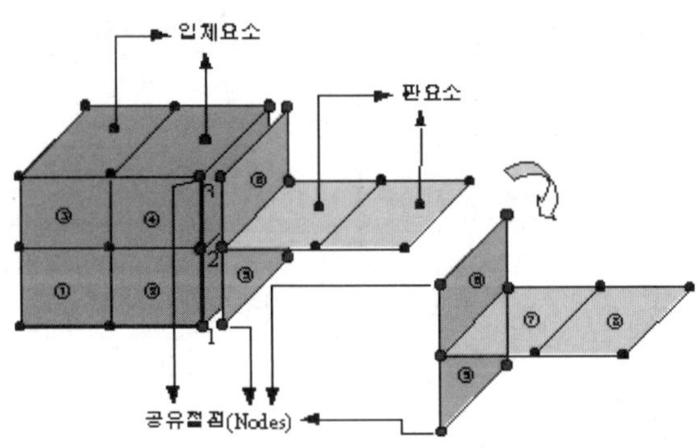

결합방법 ②

입체요소의 중간 부분 속으로 판요소 삽입

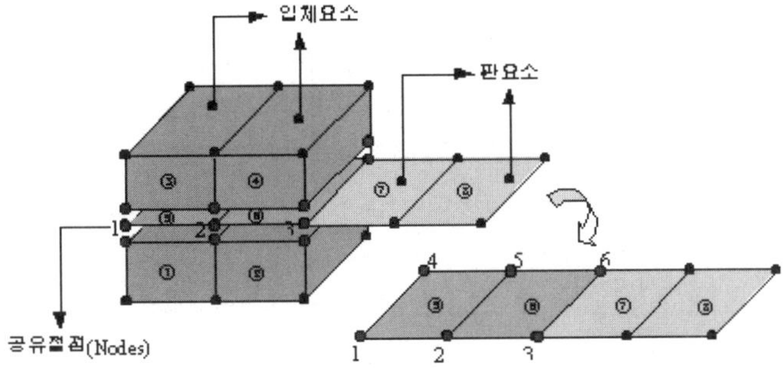

▶ **판요소와 입체요소의 결합**

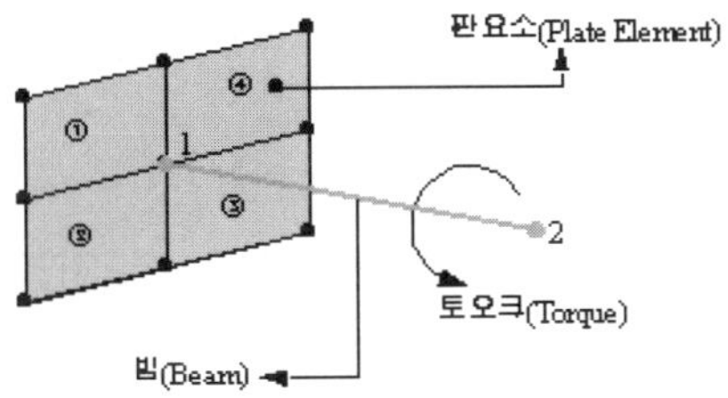

판요소(3D Plate/Shell Element) 자유도 : 6 DOF

☞ (UX, UY, UZ, RX, RY, RZ)

※ 일반적으로 지역좌표계(Local Coordinate System)에서의 법선방향의 강성 (RZ, Rotational Stiffness)은 없다.

보요소(Beam Element) 자유도 : 6 DOF(UX, UY, UZ, RX, RY, RZ)

결합방법

토크(Torque)를 전달하기 위하여 판요소 내에 보요소 연결

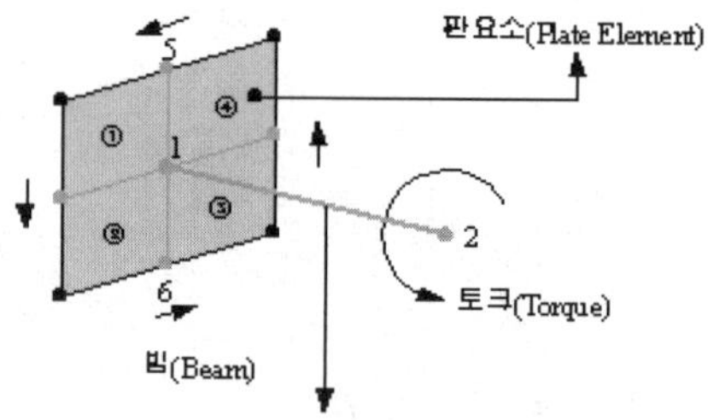

④ 강체 요소

용접(Welding) 및 볼트(Bolt)에 의한 구조물의 연결, 또는 결합부위에 힘(Joint Forces)의 경계조건(Boundary Conditions) 등을 구현하기 위한 몇 가지 구속방법은 아래와 같다.

1. CPDISP(Coupled Displacement Constraint)
2. MPCEQN(Multiple Constraint Equation)
3. Rigid Link

ⓐ CPDISP(Coupled Displacement Constraint)

㉠ Hinge Point 구현

가장 단순한 조건식이며, 두 개 이상 절점의 변위가 방향과 크기가 같을 때 사용한다. 절점사이(Node Distance)의 거리는 의미가 없다. 가장 일반적으로 사용하는 경우는 구조물의 Hinge Point의 구현이다. 아래 그림과 같이 구조물이 Hinge Joint로 연결되어 있는 경우 직선 방향의 변위는 동일하지만 회전변위는 동일하지 않다.

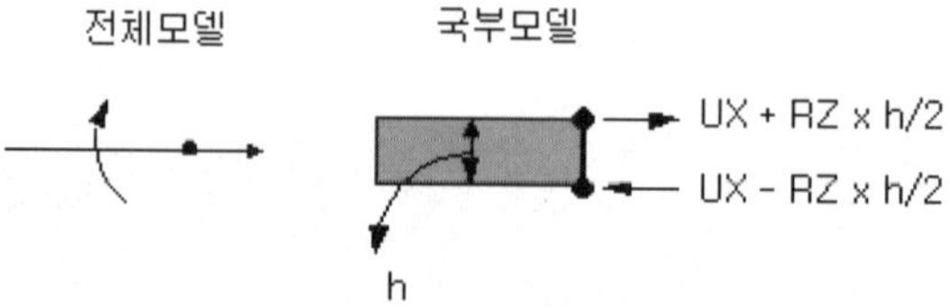

[그림 1.4] Coupled Displacement Constraint

이런 경우 요소를 연결하면 6개의 변위가 동일하므로 Hinge Joint의 효과를 기대할 수 없다. 보통 Hinge Joint를 사용하려면 Joint 부분에 요소를 생성할 때 연결된 요소의 절점을 좌표는 같게 하고 절점번호는 다르게 생성한다. 그리고 직선변위만 같다고 정의를 하면 Hinge Joint가 형성된다. 즉 힘(Force)은 전달되지만 모멘트(Moment)는 전달되지 않는다.

㉡ 접촉 문제(Contact Problem)

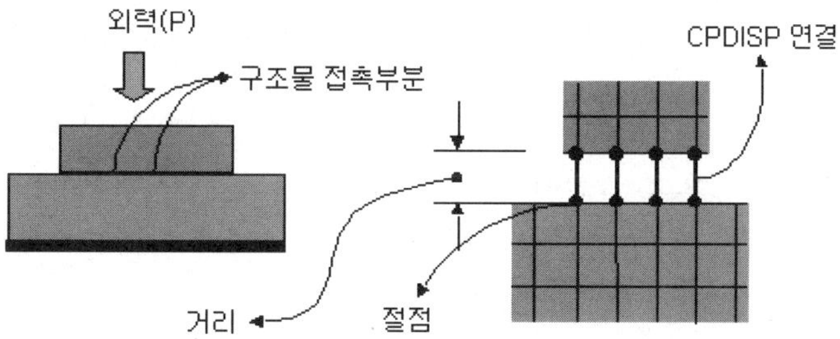

[그림 1.5] 접촉부위 연결

또한 구조물의 해석 중 접촉 문제나 미끄럼 문제(Sliding Problem)를 해석하고자 할 때 정확한 값과 경향을 얻기 위해서는 Gap 요소를 사용해야 하나 이 요소는 비선형해석(Nonlinear Analysis) 범위에 속하고 요소 분할 시 대단히 주의를 요하기 때문에 사용상 어려움이 많다. 정확한 값이 필요하지 않은 경우 일반적으로 구조해석에서는 Gap 요소를 사용하지 않고 해석 시간의 단축을 목적으로 선형해석의 범주에 수행하기 위해 CPDISP를 사용한다.

㉢ 볼트, 용접 문제(Bolt, Welding Problem)

볼트, 스폿용접(Bolt, Spot Welding)으로 연결되는 경우도 절점을 만들어 CPDISP를 사용할 수 있다. 이 경우는 CPDISP에 작용하는 반력을 구하여 볼트나 용접에 작용하는 응력 혹은 단위면 하중을 구하여 안정성 평가를 할 수 있다.

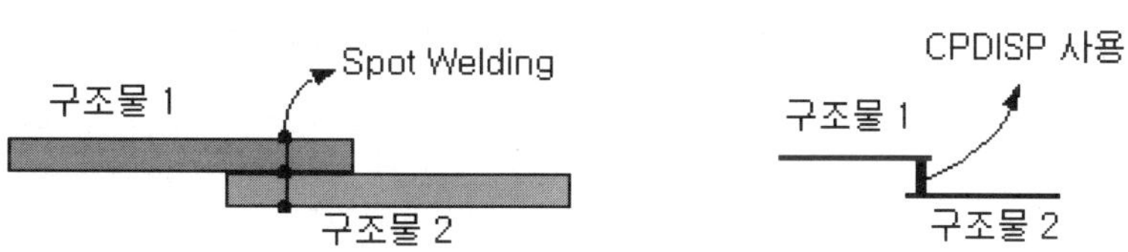

[그림 1.6] 스폿용접 부분

㉣ 강성(Stiffness, Young's Modulus)의 차이가 큰 경우(10^5)

강성의 차이가 많은 요소의 연결시 사용하는 경우가 있다. 유한요소법에서 사용하는 연속조건은 응력이 아니라 변형률(Strain)을 말한다. 인접한 요소의 공통된 절점에서의 변형률은 동일하지만, 강성의 차이가 큰 경우 응력의 차이도 크게 된다.

Post-Processor에서 보는 응력선도는 Nodal Average Value이므로 응력의 평균값을 그려주게 된다. 그러므로 강성이 큰 요소는 응력이 실제보다 작게 나타나고, 강성이 작은 요소는 크게 나타나게 된다.

물론 요소의 응력을 그려보면 제대로 나타나지만 이것은 요소 중심에서의 응력이므로 요소 절점에서의 응력값이라고는 보기 어렵다. 이러한 점을 고려하여 강성의 차이가 큰 요소의 연결시에는 별다른 조건이 없더라도 CPDISP를 사용하면 연결절점에서 Nodal Average Value의 결과로 나타나지 않고 요소에 대한 절점 결과로 표현되기 때문에 결과 평가시 쉬워진다.

CPDISP를 사용할 때에는 반드시 Master Node와 Slave Node를 구분하여야 한다. 다시 말하면 주가 되는 절점이 Master Node가 되고 부가적인 절점이 Slave Node가 된다. CPDISP를 상용한 절점에 경계조건이나 하중을 부여하고자 할 때에는 반드시 그 절점은 Master Node로 정의가 돼 있어야 한다. 또한 Slave Node는 한 개 이상의 Master Node를 가지지 못한다.

ⓑ MPCEQN(Multiple Constraint Equation)

MPCEQN와 CPDISP가 다른 점은 여러 절점의 변위사이에나 한 절점의 여러 변위사이에 식을 정의할 수 있다는 점이다. 이 명령에는 절점사이의 거리에 따른 변위의 영향을 고려할 수 있으며 혹은 Solid 요소를 사용한 경우 Bending의 효과를 고려하기 위해 위의 절점과 밑의 절점사이에 식을 정의하여 줄 수도 있다.

사용하는 곳은 CPDISP와 거의 동일하고, 거리 효과를 고려하기 위해 사용하며 뒤에서 설명할 Rigid Link도 실제로는 MPCEQN으로 변경이 되어 사용된다.

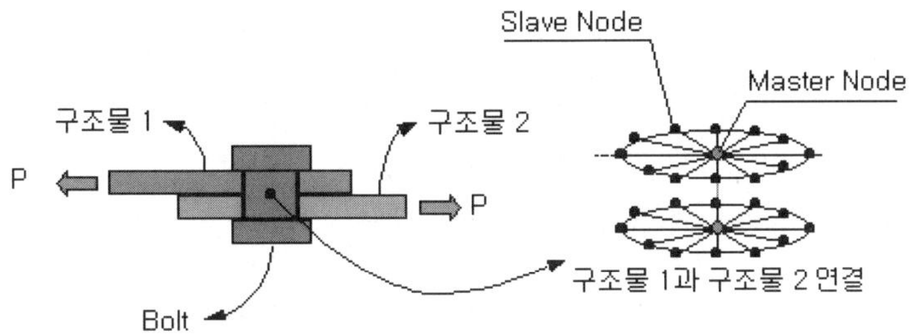

[그림 1.7] 볼트부위 연결

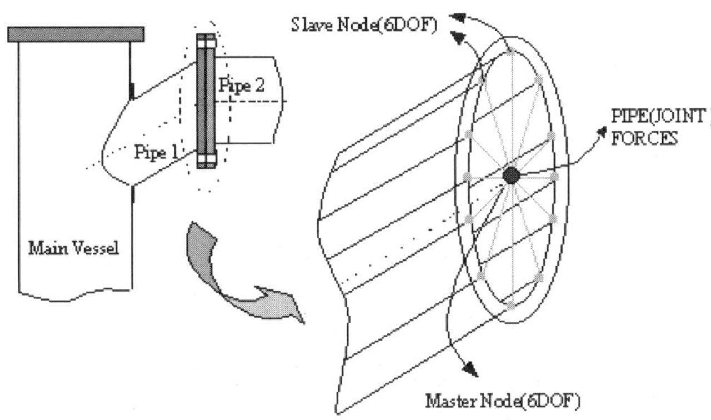

[그림 1.8] Pipe Joint Force Model

Pipe1과 Pipe2의 Joint 부위에서 발생하는 Joint Force를 Master Node에 6자유도의 경계조건에 입력하면 Pipe2에서 Pipe1으로 Joint Force가 전달된다.

Slave Node로 Joint Force가 분산이 되서 Pipe1으로 전달되며, Pipe2의 모델은 불필요하다.

ⓒ **Rigid Link**

Rigid Link는 MPCEQN과 동일하다. 단지 사용자가 MPCEQN을 일일이 수작업으로 절점간의 거리 및 변위사이의 식을 정의하기가 어렵기 때문에 정의하기 쉽게 만들어 놓은 방법이다.

개념은 강성이 무한대인 보요소대용이라고 생각하면 된다. 일반적으로 사용하는 곳은 용접부위, 볼트 체결부위, 혹은 응력해석이 필요없어 모델링은 필요없지만 경계조건을 주기 위해 모델을 할 경우 그 부분을 Rigid Link로 치환한다. 주의사항은 다음과 같다.

경계조건이나 하중을 주기 위한 절점은 반드시 Master Node로 정의하여야 한다.

① Slave Node에는 변위구속이나 하중을 주지 못한다.
② Slave Node는 한 개의 Master Node를 가진다.
③ 하나의 Master Node는 여러개의 Slave Node를 가질 수 있다.

이러한 구속조건을 사용할 때 가장 주의할 점은 절점간의 상대변위를 인정하지 않으므로 응력이 크게 발생할 요인이 많다. 특히 온도에 의한 응력해석인 경우에는 이러한 구속조건은 주의해야 한다.

1.6 모델링 방법

유한요소 해석시 가장 시간이 많이 소요되는 작업은 모델링 작업이다.

모델링 작업이라 함은 이상화시킨 구조물에 요소를 만들고 경계조건과 하중을 입력하여 최종적으로 해석을 수행할 수 있는 바로 전단계까지의 작업을 말하는데 복잡한 구조물에 요소를 만드는 것은 매우 힘들고 숙련된 기술이 필요한 작업이다.

유한요소 해석을 많이 수행해야 하는 기업체의 경우 엔지니어가 직접 모델링하는 경우도 있지만, 대부분의 해석작업에서 모델링과 관련된 시간을 줄이기 위해 주로 별도의 용역을 주거나 모델링만 전문으로 하는 인력을 배치하여 해석작업에 참여한다.

1.7 하중 입력

외부로부터 작용하는 영향을 가장 적절하게 해석방법으로 치환한 것은 하중 조건이다. 하중 입력시 하중의 크기와 방향이 매우 중요한데 주로 하중 방향의 경우 대부분의 상용 프로그램들은 전체좌표계(Global Coordinate System)와 국부좌표계(Local Coordinate System)로 입력이 가능하도록 되어 있다. 또한 요소의 종류에 따라 입력할 수 있는 하중 조건이 정해져 있고 절점에 부여되는 하중 조건과 요소에 부여되는 하중 조건이 구분되어 있으므로 하중 입력시 조건을 신중히 고려하여야 한다.
가장 빈번하게 사용되는 하중의 종류는 다음과 같다.

하중의 종류	비고
자중	입력된 요소의 자중 고려
집중하중	절점에 입력
보하중	보요소에 입력
압력하중	평면응력, 평면변형, 축대칭, 입체요소에 입력
포텐셜하중	판요소에 입력
프리스트레스하중	트러스 및 보요소에 입력
온도하중	

각 하중조건에 대해서 살펴보면 다음과 같다.

▶ 자중

대부분의 상용 유한요소 프로그램들의 경우, 자중은 입력된 요소의 부피와 비중량을 이용하기 때문에 사용자가 별도의 작업없이 자중 팩터값만 입력하면 고려가 되도록 되어 있다. 이때 팩터값과 작용방향을 신중히 고려하여야 한다. 해석시에는 요소의 자중에 의해 유발되는 힘과 모멘트가 요소를 이루는 절점의 집중하중으로 부가되는 것으로 고려되어 계산을 수행한다.

▶ 집중하중

집중하중은 임의 절점에 선택된 좌표계를 기준으로 6개의 자유도 방향에 대해 집중력 또는 집중모멘트 형태로 입력이 된다.

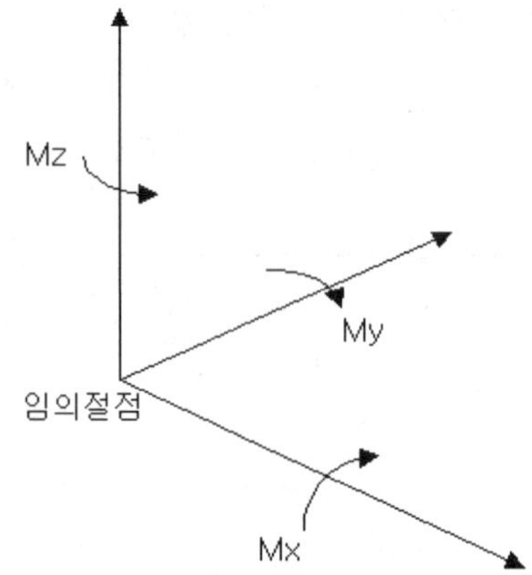

[그림 1.9] 자유도의 방향

▶ **보하중**

보하중(Beam Load)은 보요소상에 재하되는 집중하중 또는 분포성하중을 정의하는데 사용된다.

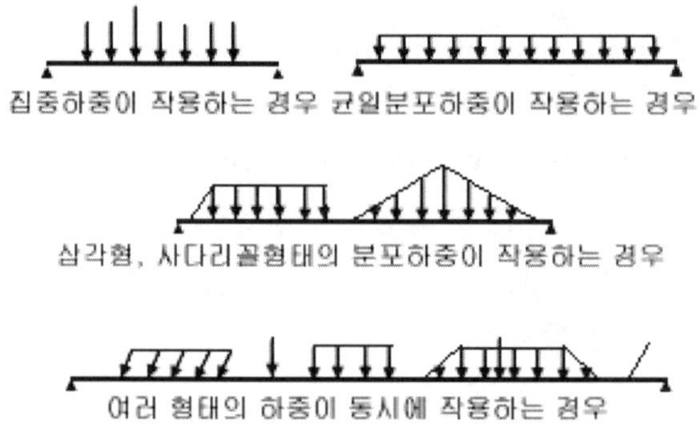

[그림 1.10] 보하중의 종류

▶ **압력하중**

주로 평면응력, 평면변형, 축대칭, 판, 입체요소의 변이나 면상에 단위면적당의 분포성 하중을 입력하는데 사용된다. 압력하중은 균일분포 형태(Uniform Pressure)와 선형 비균일분포 형태(Linealy Distributed Pressure)로 입력되며 프로그램 내부에서 등가의 절점력으로 치환되어 고려한다.

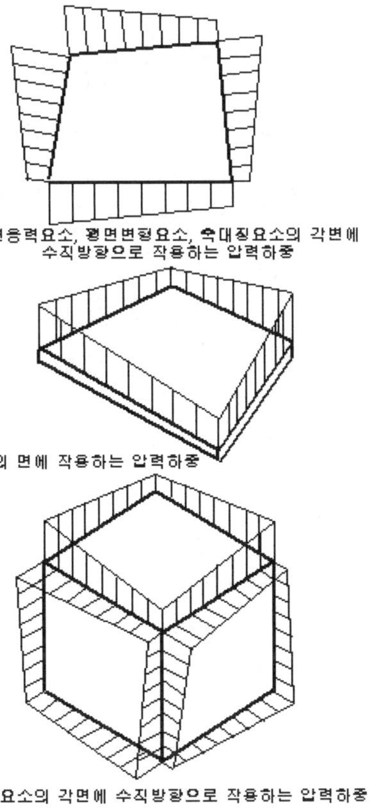

[그림 1.11] 압력하중의 종류

▶ 포텐셜하중

포텐셜하중은 유체의 위치에너지(Hydraulic Potential)에 따른 압력(Hydro-static Pressure)을 판요소상에 입력하는데 사용된다.

포텐셜하중은 주어진 유체표면부터 해당 요소의 연결절점까지의 거리에 유체의 비중을 곱하여 요소의 모서리절점에 등가의 집중력 형태로 입력되며 작용방향은 판요소의 요소좌표계 z축 방향으로 입력된다.

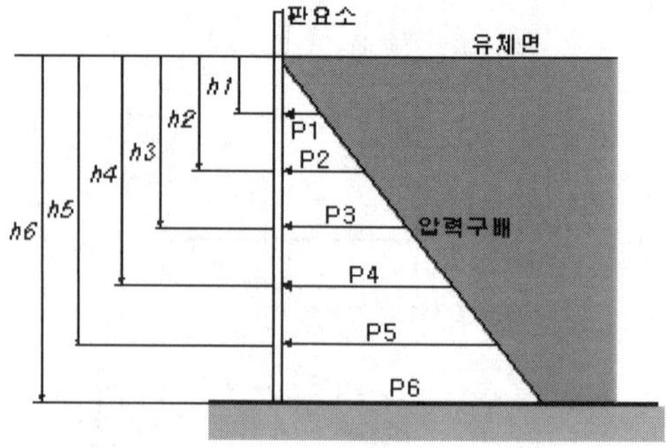

[그림 1.12] 포텐셜 하중

▶ **프리스트레스하중**

프리스트레스하중(Prestressing Load)은 다음과 같은 2가지 용도로 사용된다.

① 트러스요소에 Pre-compression이나 Pretension을 가할 경우이며, Cable 지지구조물에서 Cable에 Pretension을 가하는데 주로 사용된다.

② 보요소에 Cable Drape를 통해서 프리스트레스하중을 가할 경우이다.

▶ **온도하중**

열응력 해석시 사용되며 온도변화하중(Temperature Change Load)과 온도구배하중(Temperature Gradient Load)이 있으며 초기온도와 나중온도의 변화를 열변형률과 그에 따른 부재내력으로 치환하여 해석한다.

1.8 경계조건

경계조건은 임의 절점의 6개 자유도성분에 대해 입력할 수 있으며 일반적으로 다음과 같은 방법들이 있다.

① 탄성경계요소(Boundary Spring Element)를 사용하는 방법

② 강제변위(Specified or Forced Displacement/Rotation)를 부과하는 방법

③ 자유도를 구속하는 방법

1.9 해석(Analysis)

유한요소 프로그램 각각의 성능에 따라 해석기능의 차이가 있는데 가장 일반적인 해석의 종류는 아래와 같다.

① 선형 정적 해석(Linear Static Analysis)
② 비선형 정적 해석(Nonlinear Static Analysis)
③ 선형 비선형 동적 해석(Linear and Nonlinear Dynamic Analysis)
④ 버클링 해석(Buckling Analysis)
⑤ Stress Stiffening
⑥ 열전달 해석(Heat Transfer Analysis)

1.10 후처리 과정

모델링에서 해석까지 일련의 과정을 통해 유한요소 해석을 하고 나면 사용자는 반드시 해석을 통해 계산된 결과들을 분석할 수 있어야 한다. 해석결과에 대한 정확한 결과분석이 없다면 그 해석은 무의미하기 때문에 해석결과의 분석은 유한요소 해석시 가장 중요한 과정이라고 볼 수 있다.

사용자는 모델링 단계에서부터 자신이 어떤 결과를 알고 싶어 하는지를 잘 파악해야지만이 정확한 해석이 가능하기 때문에 어떤 해석결과를 어떻게 이용할 것인가 하는 생각을 미리 가지고 모델링을 시작하여야 한다.

해석이 끝난 후 그 결과들을 분석하고 설계에 이용하는 단계를 후처리 과정이라고 하며, 결과들을 사용자가 시각적으로 쉽게 확인 또는 분석할 수 있도록 다양한 형태로 화면상에 도화처리하는 프로그램을 후처리 모듈(Post-Prpcessor)이라고 한다.

모든 해석의 결과는 수치로 표현되는데 이러한 수치값을 일일이 확인한다는 것은 참으로 힘든 작업일 것이다. 하지만 구조물 전체에 걸친 응력이나 변위 등을 직접 시각적으로 분석할 수 있다면 작업시간이 훨씬 줄어들 뿐 아니라 자칫 범하기 쉬운 오류들도 피할 수 있을 것이다.

1.11 유한요소 해석을 위한 참고사항

① 물체의 정지상태에 대한 설명(평형조건), 응력, 응력 상태(1차원, 2차원, 3차원)

ⓐ **물체의 평형조건** : 힘의 평형, 모멘트의 평형

ⓑ **내력(내부 저항력)과 응력**

▶ **내력과 응력**

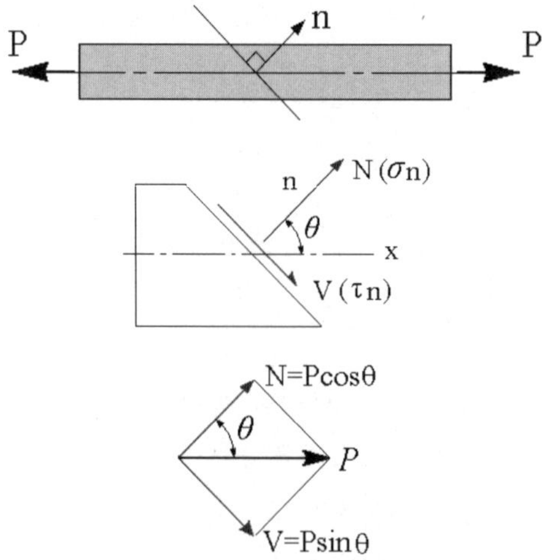

[그림 1.13] 경사단면에 작용하는 힘

경사단면적: $A_n = \dfrac{A}{\cos\theta}$

경사단면에 수직한 힘(수직력): $N = P\cos\theta$

경사단면에 수평한 힘(전단력): $V = P\sin\theta$

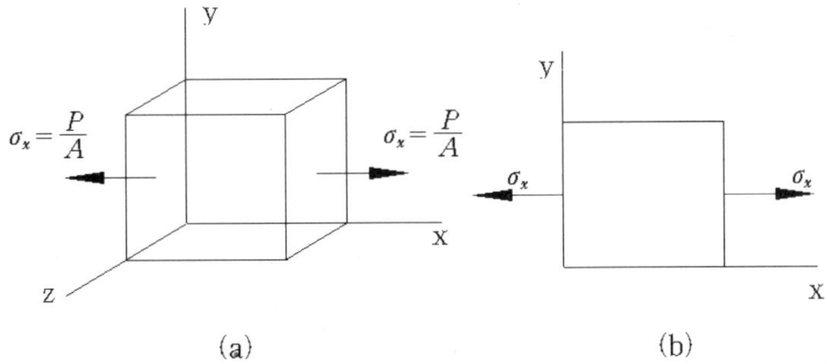

[그림 1.14] 1축 인장응력

수직응력:

$$\sigma_n = \frac{P\cos\theta}{A_n} = \frac{P\cos\theta}{A/\cos\theta}$$

$$= \sigma_t \cos^2\theta = \frac{\sigma_t}{2}(\cos 2\theta - 1)$$

$$[\cos 2\theta = 2\cos^2\theta - 1 \Rightarrow \cos^2\theta = \frac{1}{2}(\cos 2\theta + 1)]$$

전단응력:

$$\tau_n = \frac{P\sin\theta}{A_n} = \sigma_t \sin\theta\cos\theta = \frac{\sigma_t}{2}\sin 2\theta \;(☑\; \sin 2\theta = 2\sin\theta\cos\theta)$$

◘ 한 면의 응력 3성분 :

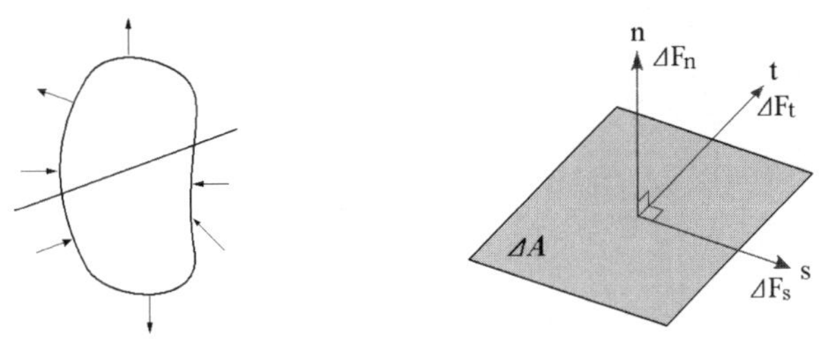

[그림 1.15] 면적 ΔA 상의 힘 성분

$$\sigma_{nn} = \lim_{\Delta A \to 0}\left(\frac{\Delta F_N}{\Delta A}\right),\; \tau_{ns} = \lim_{\Delta A \to 0}\left(\frac{\Delta F_s}{\Delta A}\right),\; \tau_{nt} = \lim_{\Delta A \to 0}\left(\frac{\Delta F_t}{\Delta A}\right)$$

ⓒ 한 점의 응력 상태

㉠ 3차원 응력 상태

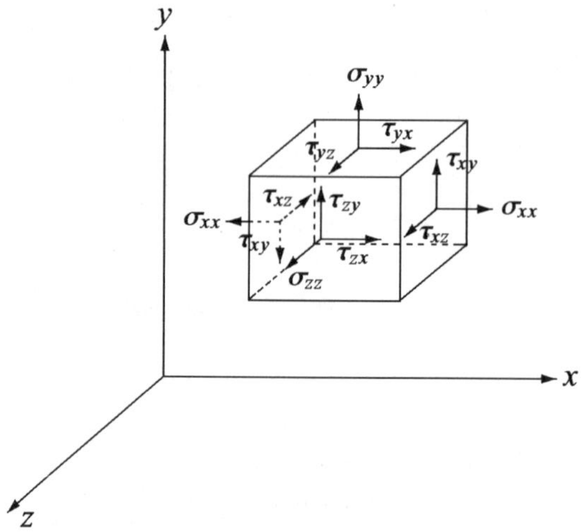

[그림 1.16] 한 점에서의 3차원 응력 상태

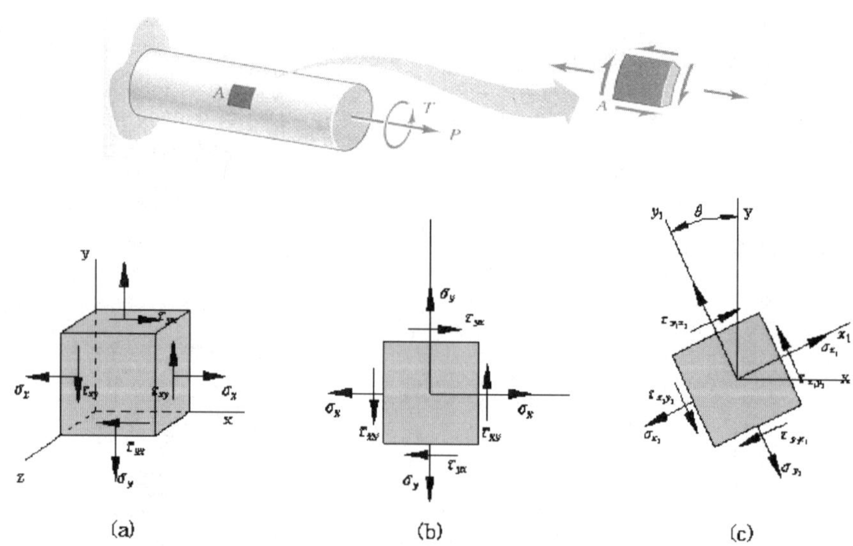

[그림 1.17] 한 점에서의 평면응력 상태

비교 평면변형률 상태

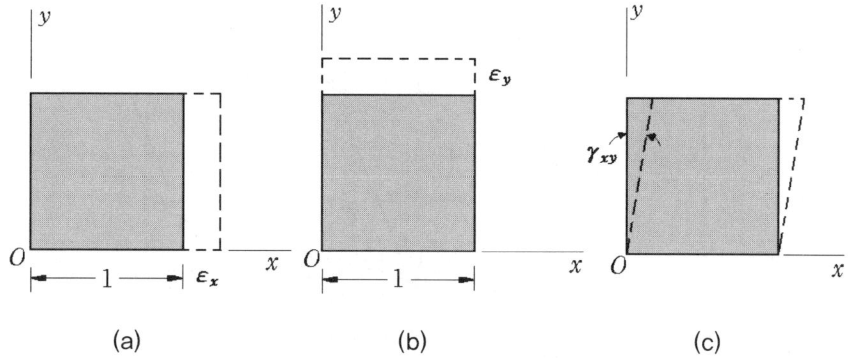

[그림 1.18] 한 점에서의 평면변형률 상태

㉡ 변위와 변형률, 응력과 변형률 관계(후크의 법칙)

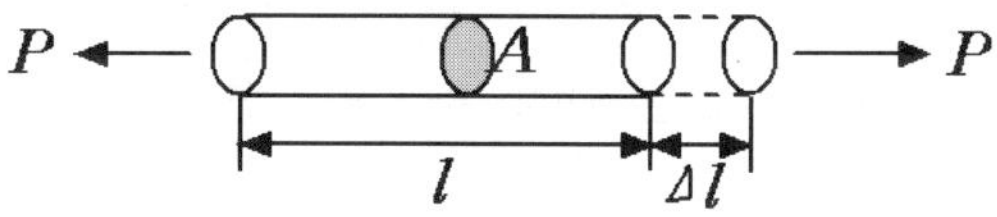

인장력을 받는 균일단면 봉

$$\sigma = \frac{P}{A},\quad \epsilon = \frac{\Delta l}{l}\text{(변형률)}$$

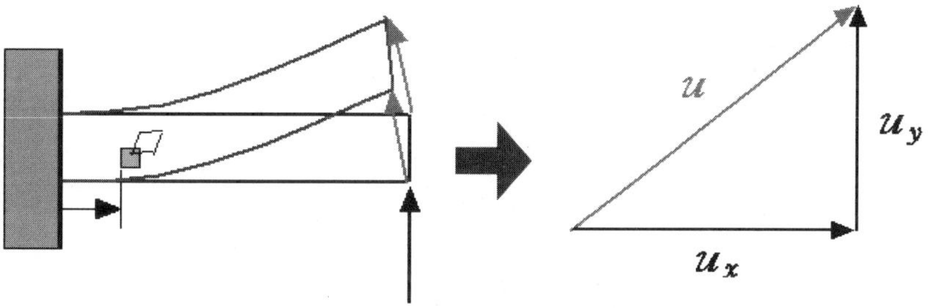

$u = iu_x + ju_y$

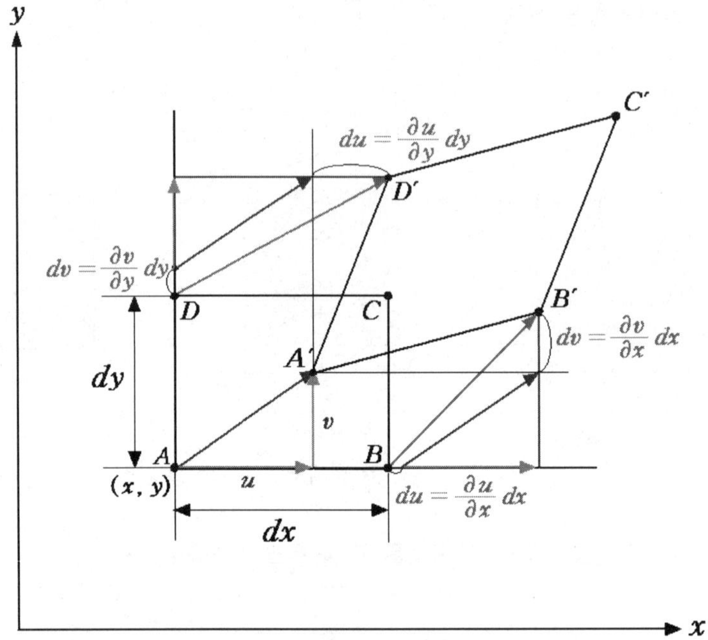

[그림 1.19] 미소단면에 발생하는 변위와 변형률과의 관계

변위 u, v는 x, y의 함수 : $u(x,y)$, $v(x,y)$

$$du(x,y) = \frac{\partial u(x,y)}{\partial x}dx + \frac{\partial u(x,y)}{\partial y}dy$$

$$dv(x,y) = \frac{\partial v(x,y)}{\partial x}dx + \frac{\partial v(x,y)}{\partial y}dy$$

ⓒ 변형률(Strain)

$$\epsilon_{xx} = \frac{\left(dx + \frac{\partial u}{\partial x}dx\right) - dx}{dx} = \frac{\partial u}{\partial x}$$

$$\epsilon_{yy} = \frac{\left(dy + \frac{\partial v}{\partial y}dy\right) - dy}{dy} = \frac{\partial v}{\partial y}$$

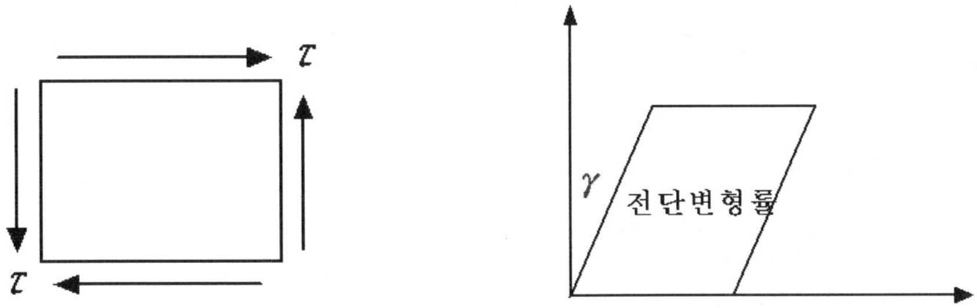

[그림 1.20] 순수전단응력과 전단변형률

$\gamma \fallingdotseq \tan\gamma$ ➡ γ가 아주 작은 각도이므로

$$\gamma_{xy} = \frac{\frac{\partial v}{\partial x}dx}{dx + \frac{\partial v}{\partial x}dx} + \frac{\frac{\partial u}{\partial y}dy}{dy + \frac{\partial u}{\partial y}dy} = \frac{\partial v}{\partial x} + \frac{\partial u}{\partial y}$$

$$\epsilon_{xx} = \frac{\partial u}{\partial x}\ ,\ \epsilon_{yy} = \frac{\partial v}{\partial y}\ ,\ \gamma_{xy} = \frac{\partial v}{\partial x} + \frac{\partial u}{\partial y}$$

㉣ 후크(Hooke)의 법칙: 응력과 변형률 관계

후크의 법칙은 영국의 과학자 후크(Robert Hooke)가 1678년 처음으로 균일단면봉의 인장시험 결과 탄성한도 내에서 신장량 δ는 힘 P와 길이 l에 비례하고, 단면적 A에 반비례한다는 것을 실험에 의하여 증명하였다.

이 관계식을 표시하면 다음과 같다.

$$\delta \propto \frac{Pl}{A} \tag{1}$$

$$\delta = \frac{1}{E} \cdot \frac{Pl}{A} = \frac{Pl}{AE} \tag{2}$$

따라서 위 식은 비례식을 표시하고 식(2)는 비례상수 $\frac{1}{E}$을 대입하여 항등식을 정의한 것이다. 이것을 후크의 법칙(Hooke's law)이라 한다.

$$\sigma \propto \epsilon$$

$$\sigma = E \cdot \epsilon \text{ 또는 } \epsilon = \frac{\sigma}{E}$$

$$E = \frac{\sigma}{\epsilon} = \frac{\frac{P}{A}}{\frac{\lambda}{l}} = \frac{Pl}{A\lambda}$$

즉, $\frac{\text{응력}(\sigma)}{\text{변형률}(\epsilon)}$ =정수(constant)

이 정수를 탄성계수(modulus of longitudinal elasticity)라 하고 단위는 kg/cm^2이 된다.

1.12 파손 이론

기계 및 기계구조물의 설계자에게는 설계인자에 대한 변형거동을 해석하거나 기계구조물이 파손될 때 응력과 변형의 크기를 결정하는 것이 주요한 과제로 알려져 있다. 일반적으로 기계구조물의 파손 시에 응력이나 변형을 고찰하는 것이 설계자에게는 중요한 것이기 때문에 재료의 파손에 대한 이론을 살펴볼 필요가 있다.

재료의 파손에 대한 이론은 크게 연성파손과 취성파손으로 나눌 수 있다. 연성파손에서는 연성재료에 대한 파손 조건을 명시한 것이며, 일축 응력이 항복응력과 같은 값이 되었을 때 그 재료는 파손된다는 것이다. 즉, 파손의 기준이 항복응력이 된다. 취성재료에 대한 파손 이론은 극한인장강도에서 파손이 발생한다는 것이다. 그러나 실제로 기계 및 기계구조물의 요소는 다축 응력을 받는 경우가 많기 때문에 재료의 파손 시에 응력 상태를 결정하는 것은 쉽지 않다. 따라서 다축 하중을 받는 부재에 인장시험(혹은 압축시험, 비틀림 시험)의 결과를 적용하기 위해서는 파손에 대한 역학을 고려하여야 한다.

1. 연성재료에 대한 파손 이론

연성재료의 파손 이론에는 일반적으로 최대 전단응력 이론(Maximum shear stress theory)과 최대 전단변형 에너지 이론(Maximum distortion energy theory)이 있다.

① 최대 전단응력 이론(Tresca 항복 이론)

재료의 항복이 발생하는 역학은 어떤 면에서 미끄럼(Slip)이 발생한다는 것이며, 슬립은 최대 전단응력이 나타나는 평면에서 발생하기 때문에 다음과 같은 식으로 나타낼 수 있다.

$$\tau_{\max} = \frac{\sigma_{\max} - \sigma_{\min}}{2}$$

여기서, $\sigma_{\max}$ 는 최대주응력, $\sigma_{\min}$ 는 최소주응력이다. 식 (2.1)에서 주어진 최대 전단응력이 사용재료의 항복전단응력과 같거나 클 때 전단변형이 발생하고 이것을 연성파손이라 한다.

② 최대 전단변형 에너지 이론(Mises 항복 이론)

다축 하중을 받고 있는 물체의 형상변화에 의해 발생되는 변형 에너지가 일축 항복응력에 의한 전단변형 에너지와 같을 때 항복이 발생한다는 이론이다. 즉, 단위체적당 전단변형 에너지가 동일 재료인 단순인장응력하에서 항복되었을 때 단위체적당 전단변형 에너지와 같거나 클 때 연성재료는 항복한다. 이 이론은 실제 재료의 실험 데이터와 잘 일치하는 것으로 알려져 있기 때문에 일반적으로 구조설계에서 많이 사용되고 있다. 최대 전단변형 에너지 이론에 의한 연성파손은 작용하중에 의한 응력 상태가 식 (2.2)를 만족할 때 발생한다는 것이다.

$$(\sigma_1 - \sigma_2)^2 + (\sigma_2 - \sigma_3)^2 + (\sigma_3 - \sigma_1)^2 = 2\sigma_y^2$$

여기서 σ_1, σ_2, σ_3 는 주응력이고, σ_y 은 재료의 인장항복응력이다.

최대 전단변형 에너지 이론을 적용할 때 일반적으로 Mises 상당응력(Mises equivalent stress)을 사용하는데 다음과 같다.

$$\sigma_M = \frac{\sqrt{2}}{2}\left[(\sigma_1 - \sigma_2)^2 + (\sigma_2 - \sigma_3)^2 + (\sigma_3 - \sigma_1)^2\right]^{1/2}$$

Mises 상당응력이 재료의 단축인장 항복응력과 같을 때 ($\sigma_M = \sigma_y$) 항복, 즉 연성파손이 발생한다.

2. 취성재료에 대한 파손 이론

취성재료의 파손 이론은 최대 수직응력 이론(Maximum normal stress theory)이라 말할 수 있다. 인장을 받는 취성재료는 파괴 전에 항복하는 흔적이 없이 갑자기 파손되기 때문에 파손조건은 파단시의 응력을 기준으로 하고 있다. 즉, 재료 내의 최대 주응력이 재료의 단축 인장시험에서 얻어지는 극한응력과 같을 때 취성재료는 파손된다. 압축하중을 받을 때의 압축파손은 일반적으로 인장파손이 발생되는 극한응력과 같은 값에서 발생한다고 가정한다.

1.13 평형방정식 · 적합방정식

① 평형방정식

힘의 평형

b_i : 체적력(예 원심력, 중력)

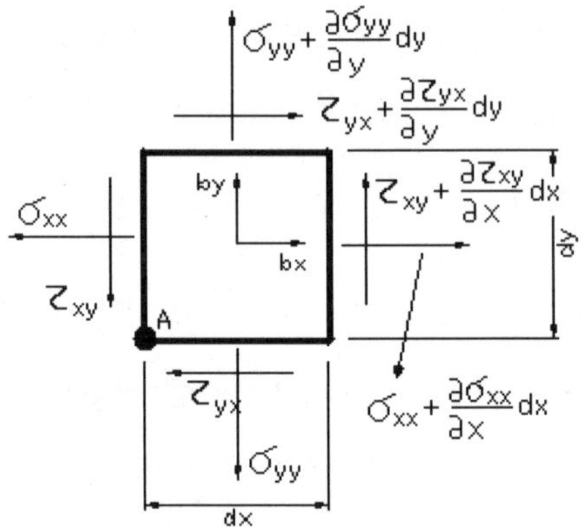

[그림 1.21] 힘의 평형관계

x 방향의 힘의 평형

$$\left(\sigma_{xx}+\frac{\partial\sigma_{xx}}{\partial x}dx\right)dy-\sigma_{xx}dy+\left(\tau_{yx}+\frac{\partial\tau_{yx}}{\partial y}dy\right)dx-\tau_{yx}dx+b_x dxdy=0$$

$$\therefore\ \frac{\partial\sigma_{xx}}{\partial x}+\frac{\partial\tau_{yx}}{\partial y}+b_x=0$$

y 방향의 힘의 평형

$$\left(\sigma_{yy}+\frac{\partial\sigma_{yy}}{\partial y}dy\right)dx-\sigma_{yy}dx+\left(\tau_{xy}+\frac{\partial\tau_{xy}}{\partial x}dx\right)dy-\tau_{xy}dy+b_y dxdy=0$$

$$\therefore\ \frac{\partial\tau_{xy}}{\partial x}+\frac{\partial\sigma_{yy}}{\partial y}+b_y=0$$

$\therefore\ \sigma_{ij,j}+b_j=0$ ➡ 정적상태의 힘의 평형방정식(탄성론의 기본방정식)

여기서,

$i=x\,,\,y\ \ /\ \ j=x\,,\,y$ ➡ 2차원

$i=x\,,\,y\,,\,z\ \ /\ \ j=x\,,\,y\,,\,z$ ➡ 3차원

② 모멘트의 평형

A점에 대한 모멘트의 평형을 생각하면

$$\left(\tau_{xy}+\frac{\partial\tau_{yx}}{\partial y}dy\right)dxdy+\left(\frac{\partial\sigma_{xx}}{\partial x}dx\right)dy\frac{dy}{2}+b_x dxdy$$

$$-\left(\frac{\partial\sigma_{yy}}{\partial y}dy\right)dx\frac{dx}{2}-\left(\tau_{xy}+\frac{\partial\tau_{xy}}{\partial x}dx\right)dydx-b_y dxdy\frac{dy}{2}=0$$

고차항을 무시하면(고차 미소량),

$$\tau_{yx}\,dx\,dy-\tau_{xy}\,dx\,dy=0$$

$\tau_{yx}=\tau_{xy}$ ➡ 모멘트의 평형 조건에서 응력의 대칭성

일반적으로 표시하면

$\therefore\ \sigma_{ij} = \sigma_{ji}$ ➡ 응력텐서의 대칭성

여기서,

$i = x\ ,\ y\ \ /\ \ j = x\ ,\ y$ ➡ 2차원

$i = x\ ,\ y\ ,\ z\ \ /\ \ j = x\ ,\ y\ ,\ z$ ➡ 3차원

1.14 적합방정식(Compatibility equation)

점 $P^0\ (\ x_1\ ,\ y_1\ ,\ z_1\ )$에 있어서의 변위 u_i^0

점 $P^*\ (\ x_2\ ,\ y_2\ ,\ z_2\ )$에 있어서의 변위 u_i^*

변위가 영역 내부에서 1이 연속이라면 경로에 무관하다.

$$u_i^* = u_i^0 + \int_{P^0}^{P^*} du_i = u_i^0 + \int_{P^0}^{P^*} u_{i,j} dx_j$$

$$\epsilon_{i,j} = \frac{1}{2}(u_{i,j} + u_{j,i})$$

$$\omega_{ij} = \frac{1}{2}(u_{i,j} - u_{j,i})\text{이므로}$$

$$u_i^* = u_i^0 + \int_{P^0}^{P^*} \epsilon_{ij} dx_j + \int_{P^0}^{P^*} \omega_{ij} dx_j$$

여기서, $\int_{P^0}^{P^*} \omega_{ij} dx_j \equiv \int_{P^0}^{P^*} \omega_{ij} d(x_j - x_j^*)$

부분적분을 하면 $\int uv'dx = uv - \int u'vdx$

$$= \left|\omega_{ij}(x_j - x_j^*)\right|_{P^0}^{P^*} - \int_{P^0}^{P^*}(x_j - x_j^*)d\omega_{ij}$$

$$= -\omega_{ij}^0(x_j^0 - x_j^*) - \int_{P^0}^{P^*}(x_j - x_j^*)\omega_{ij,k}dx_k$$

또, $w_{ij,k} = \frac{1}{2}(u_{i,jk} - u_{j,ik}) = \frac{1}{2}[(u_{i,j} - u_{j,i})]_{,k}$

$$= \frac{1}{2}(u_{i,jk} + u_{k,ij}) - \frac{1}{2}(u_{j,ik} + u_{k,ij})$$

$= \epsilon_{ik,j} - \epsilon_{jk,i}$ 이다.

$$u_i^* = u_i^0 - w_{i,j}^0(x_j^0 - x_j^*) + \int_{p^0}^{p^*}\left\{\epsilon_{i,k} - (x_j - x_j^*)w_{ij,k}\right\}dx_k$$

u_i가 일가연속이라면 적분경로에 독립이다.

즉, $\int_{p^0}^{p^*}\left\{\epsilon_{ik} - (x_j - x_j^*)w_{ij,k}\right\}dx_k$이 적분경로에 관계없이 일정해야 한다.

$$I = \int_{p^0}^{p^*}\left\{\epsilon_{ik} - (x_j - x_j^*)w_{ij,k}\right\}dx_k$$
$$= \int_{p^0}^{p^*}U_{ik}dx_k$$

$U_{ik,l} = U_{il,k}$가 성립하면, 그러면 $U_{ik} = -\phi_{,k}$인 포텐셜 ϕ가 존재한다.

따라서 $I = \int_{p^0}^{p^*}(-\phi_k)dx_k$

$$= -\int_{p^0}^{p^*}d\phi$$

$= -[\phi]_{p^o}^{p^*}$ ☜ 적분경로에 관계없이 일정

$\therefore\ U_{ik,l} - U_{il,k} = 0$ ☜ 변위의 일가 연속을 보증하는 구속 조건

$$\therefore\ \epsilon_{ik,j} - \delta_{jl}(\varepsilon_{ik,j} - \varepsilon_{jk,i}) - (x_j - x_j^*)(\varepsilon_{ik,jl} - \varepsilon_{jk,il})$$

$$-\varepsilon_{il,k} + \delta_{jk}(\varepsilon_{il,j} - \varepsilon_{jl,i}) + (x_j - x_j^*)(\varepsilon_{il,jk} - \varepsilon_{jl,ik}) = 0$$

다시 정리하면

$$(\varepsilon_{ik,l} - \varepsilon_{il,k}) - (\varepsilon_{ik,l} - \varepsilon_{lk,i}) + (\varepsilon_{il,k} - \varepsilon_{kl,i}) +$$

$$(x_j - x_j^*)(\varepsilon_{il,jk} + \varepsilon_{jk,il} - \varepsilon_{ik,jl} - \varepsilon_{jl,ik}) = 0$$

$$\therefore \varepsilon_{il,jk} + \varepsilon_{jk,il} - \varepsilon_{ik,jl} - \varepsilon_{jl,ik} = 0$$

구체적으로

$$\frac{\partial^2 \epsilon_{xx}}{\partial y^2} + \frac{\partial^2 \epsilon_{yy}}{\partial x^2} = \frac{\partial^2 \gamma_{xy}}{\partial x \partial y}$$

여기서 $\epsilon_{ij} = \frac{1}{2} \gamma_{ij}$

$$\frac{\partial^2 \epsilon_{yy}}{\partial z^2} + \frac{\partial^2 \epsilon_{zz}}{\partial y^2} = \frac{\partial^2 \gamma_{yz}}{\partial y \partial z}$$

$$\frac{\partial^2 \epsilon_{zz}}{\partial x^2} + \frac{\partial^2 \epsilon_{xx}}{\partial z^2} = \frac{\partial^2 \gamma_{zx}}{\partial z \partial x}$$

$$2\frac{\partial^2 \epsilon_{xx}}{\partial y \partial z} = \frac{\partial}{\partial x}\left(-\frac{\partial \gamma_{yz}}{\partial x} + \frac{\partial \gamma_{xz}}{\partial y} + \frac{\partial \gamma_{xy}}{\partial z}\right)$$

$$2\frac{\partial^2 \epsilon_{yy}}{\partial z \partial x} = \frac{\partial}{\partial y}\left(-\frac{\partial \gamma_{zx}}{\partial y} + \frac{\partial \gamma_{yx}}{\partial z} + \frac{\partial \gamma_{yz}}{\partial x}\right)$$

$$2\frac{\partial^2 \epsilon_{yy}}{\partial z \partial x} = \frac{\partial}{\partial z}\left(-\frac{\partial \gamma_{xy}}{\partial z} + \frac{\partial \gamma_{zy}}{\partial x} + \frac{\partial \gamma_{zx}}{\partial y}\right)$$

1.15 중조화 미분방정식 · 극좌표계의 중조화 미분방정식

◎ Airy의 응력함수(Airy Stress Function)

체적력 $B_i = 0$라 하면 평형방정식

$$\sigma_{ji,j} = 0$$

평면 문제에서

$$\frac{\partial \sigma_{xx}}{\partial x} + \frac{\partial \sigma_{yx}}{\partial y} = 0$$
$$\frac{\partial \sigma_{xy}}{\partial x} + \frac{\partial \sigma_{yy}}{\partial y} = 0$$

위의 식을 만족하는 다음과 같은 Airy의 응력함수 Φ을 생각하면

$$\sigma_{xx} = \frac{\partial^2 \Phi}{\partial y^2},\ \sigma_{yy} = \frac{\partial^2 \Phi}{\partial x^2},\ \sigma_{xy} = -\frac{\partial^2 \Phi}{\partial x \partial y}$$

이 된다.

구성법칙(일반적)인 경우는

$$\epsilon_{ij} = S_{ijkl} = \sigma_{kl}$$

이다.

평면응력인 경우는

$$\epsilon_{xx} = \frac{1}{E}(\sigma_{xx} - \nu\sigma_{yy})$$
$$\epsilon_{yy} = \frac{1}{E}(\sigma_{yy} - \nu\sigma_{xx})$$
$$\epsilon_{zz} = -\frac{\nu}{E}(\sigma_{xx} + \sigma_{yy})$$
$$\gamma_{xy} = \frac{1}{G}\sigma_{xy}$$

평면변형률의 경우는

$$\epsilon_{xx} = f(\sigma_x,\ \sigma_y,\ \sigma_z)$$
$$\epsilon_{yy} = f(\sigma_x,\ \sigma_y,\ \sigma_z)$$
$$\epsilon_{zz} = 0 \rightarrow \sigma_z = f(\sigma_x,\ \sigma_y)$$
$$\gamma_{xy} = \frac{1}{G}\sigma_{xy}$$

이며, 이 식에 응력과 Airy의 응력함수 관계식을 대입하면 다음 관계가 된다.

$$\epsilon_{xx} = \frac{1}{E}\left(\frac{\partial^2 \Phi}{\partial y^2} - \nu \frac{\partial^2 \Phi}{\partial x^2}\right)$$

$$\epsilon_{yy} = \frac{1}{E}\left(\frac{\partial^2 \Phi}{\partial x^2} - \nu \frac{\partial^2 \Phi}{\partial y^2}\right)$$

$$\epsilon_{zz} = -\frac{\nu}{E}\left(\frac{\partial^2 \Phi}{\partial y^2} + \frac{\partial^2 \Phi}{\partial x^2}\right)$$

$$\gamma_{xy} = -\frac{1}{G}\frac{\partial^2 \Phi}{\partial x \partial y}$$

이 식을 적합방정식에 대입한다.

일반적인 경우의 적합방정식은

$$\epsilon_{ij,lk} + \epsilon_{lk,ij} \cdot \epsilon_{lj,ki} - \epsilon_{ki,lj} = 0$$

평면 문제에서

$$\frac{\partial^2 \epsilon_{xx}}{\partial y^2} + \frac{\partial^2 \epsilon_{yy}}{\partial x^2} = \frac{\partial^2 \gamma_{xy}}{\partial x \partial y}$$

이다.

대입하여 정리하면

$$\frac{\partial^4 \Phi}{\partial x^4} - 2\nu \frac{\partial^4 \Phi}{\partial x^2 \partial y^2} + \frac{\partial^4 \Phi}{\partial y^4} = -\frac{E}{G}\frac{\partial^4 \Phi}{\partial x^2 \partial y^2} \ , \quad G = \frac{E}{2(1+\nu)}$$

이므로

$$\therefore \frac{\partial^4 \Phi}{\partial x^4} + 2\frac{\partial^4 \Phi}{\partial x^2 \partial y^2} + \frac{\partial^4 \Phi}{\partial y^4} = 0 \text{ 또는 } \nabla^4 \Phi = 0$$

이다.

1.16 무한판 · 유한판 내의 원공문제의 유한요소 해석

원공이 있는 무한 평판에 σ_y^∞의 응력이 작용하게 되면 원공의 끝단에 응력집중 현상이 일어나게 되고 이를 수식으로 나타내면

$$\sigma_{rr} = \frac{1}{2}\left(1 - \frac{a^2}{r^2}\right)\sigma_y^\infty - \frac{1}{2}\left(1 + 3\frac{a^4}{r^4} - 4\frac{a^2}{r^2}\right)\sigma_y^\infty \cos 2\theta$$

$$\sigma_{\theta\theta} = \frac{1}{2}\left(1 + \frac{a^2}{r^2}\right)\sigma_y^\infty + \frac{1}{2}\left(1 + 3\frac{a^4}{r^4}\right)\sigma_y^\infty \cos 2\theta$$

$$\tau_{r\theta} = \frac{1}{2}\left(1 - 3\frac{a^4}{r^4} + 2\frac{a^2}{r^2}\right)\sigma_y^\infty \sin 2\theta$$

로 나타내어지고 $r = a$이고 $\sigma_{rr} = 0$, $\tau_{r\theta} = 0$, $\sigma_{\theta\theta} \neq 0$일 때, $\sigma_{\theta\theta} = \sigma_{yy}$가 되어 $\underline{\sigma_{yy} = 3\,\sigma_y^\infty}$가 된다.

따라서, 위 사항은 무한판에서의 값이기 때문에 유한판에서 σ_{yy}는 최소한 3 이상의 값을 가지게 된다. 이는 무한판에서만 증명된 사실이고 유한판에서는 아직 수식화 되지는 않았다. 그러므로, 이를 유한요소 관련 프로그램을 통하여 유한판에서 응력집중값을 계산하여 $\sigma_{yy} \geqq 3$임을 밝힌다.

유한요소 해석(FEA: Finite Elemet Analysis)이란 구조물 내 무한개의 미지수점들을 유한개의 이산화된 위치들을 절점(node)으로 나타내고, 이들간에 서로 유기적인 관계를 맺어주는 요소(element)를 이용하여 전체구조물이나 실제의 물리적 시스템을 절점들의 변위를 미지수로 하는 연립방정식으로 나타내고, 이를 계산하여 각 절점에서의 변위를 구함으로써 구조물 내 임의의 점에서의 변위, 응력, 변형률 등의 결과값을 수치적인 근사화를 통해 얻어내는 것을 말한다. 요소라는 것은 도식적으로 다음 그림과 같이 절점과 절점들을 연결하는 블록의 형태를 가지고 있지만 실제로는 각 절점들 간의 관계를 나타내는 정보의 집합이라고 할 수 있다.

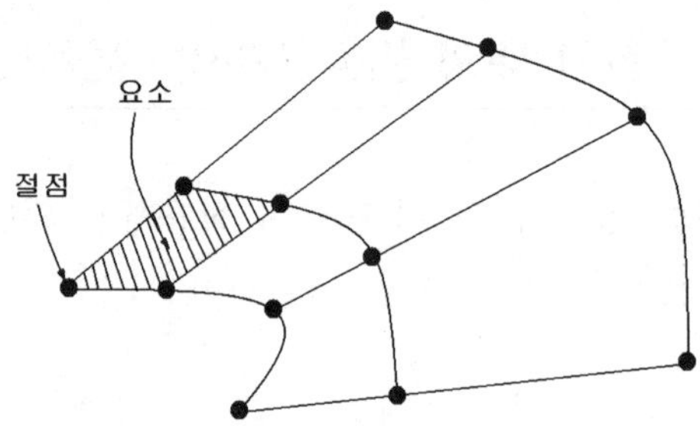

[그림 1.22] 요소와 절점의 관계

유한요소 해석의 흐름을 이해하기 위해 기본적인 이론식 몇 가지를 정리해 보면, 우선 재질이 등방성(Isotropic)인 선형탄성 재료에 대하여 응력과 변형률의 관계를 후크의 법칙에 의하여 다음 식과 같이 쓸 수 있다.

$$\epsilon_{xx} = \frac{1}{E}\{\sigma_{xx} - \nu(\sigma_{yy} + \sigma_{zz})\}, \ \gamma_{xy} = \frac{\tau_{xy}}{G}$$

$$\epsilon_{yy} = \frac{1}{E}\{\sigma_{yy} - \nu(\sigma_{xx} + \sigma_{zz})\}, \ \gamma_{yz} = \frac{\tau_{yz}}{G}$$

$$\epsilon_{zz} = \frac{1}{E}\{\sigma_{zz} - \nu(\sigma_{xx} + \sigma_{yy})\}, \ \gamma_{zx} = \frac{\tau_{zx}}{G}$$

1.17 열전도 방정식과 열응력의 유한요소법에 의한 해석

물체의 온도가 변화하면 그 치수가 변화하게 된다. 즉 변형이 발생하게 된다. 예를 들어 그림과 같이 균질(homogeneous)이고, 등방성(isotropic) 재료로 된 사각봉재가 모든 방향으로 자유롭게 팽창할 수 있다면, 이 재료에 균일하게 가열된다면 사각봉재의 각 변은 길이가 증가할 것이다.

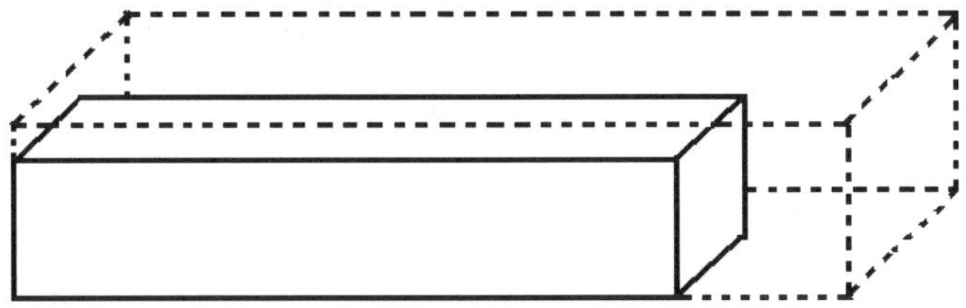

[그림 1.23] 열팽창에 의한 변형

재료는 선으로 표시된 모양으로 균일열변형률 ϵ_T을 일으키게 된다.

$$\epsilon_T = \alpha(\Delta T)$$

여기서, α는 열팽창계수(coefficient of thermal expansion)이고 ΔT는 온도증가량이다. 계수 α는 재료의 물성치로서 온도변화의 역수와 같은 단위를 갖는다.

열변형률(thermal strain) ϵ_T는 무차원이며 팽창하면 양(+)이고, 수축하면 음(−)으로 나타낸다. 보통의 재료들은 가열하면 팽창하고 냉각하면 수축하므로 온도를 증가시키면 양(+)의 열변형률을 발생한다. 열변형률은 일반적으로, 온도를 원상태로 되돌렸을 때 재료가 원상태의 형상으로 복귀한다는 점에서 가역적(reversible)이다.

사각봉 물질의 변형량은

$$\epsilon_T = \frac{L' - L}{L} = \frac{\delta_T}{L}$$

$$\delta_T = \epsilon_T L = \alpha(\Delta T) L$$

여기서 ϵ_T는 열변형률(thermal strain)이며 δ_T는 온도 증가 ΔT로 인한 팽창량(열변형량)을 나타낸다.

1. 열효과(thermal effect)에 대한 이들 개념

① 팽창 · 수축이 자유로운 구조물(정정구조물)

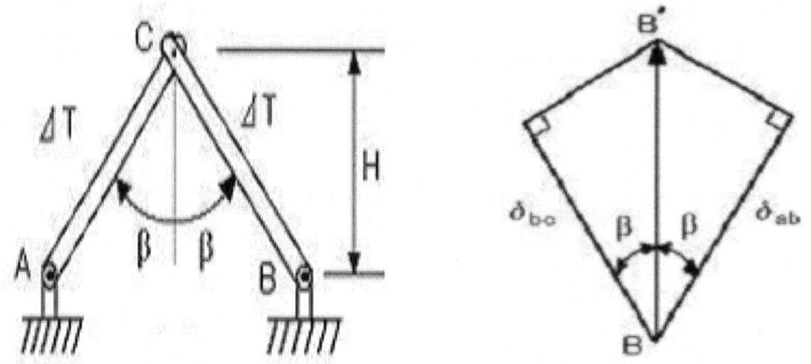

[그림 1.24] 정정구조물에 대한 열팽창

대칭인 두 봉재 트러스 ABC에 온도를 ΔT 만큼 상승시켰다고 가정한다.

트러스가 정정이므로 봉재들은 자유롭게 늘어나서 절점 B에 연직변위를 일으키게 된다. 이때 봉재들의 신장량은 다음과 같이 구해진다.

$$\delta_{ab} = \delta_{bc} = \frac{\alpha(\Delta T)H}{\cos\beta}$$

여기서 $\dfrac{H}{\cos\beta}$는 봉재의 길이이다.

절점 B의 변위(각 봉재들의 온도변화에 의한 길이변화)를 구하기 위하여 이들 봉재의 축력에 의하여 발생했을 때와 같은 방법으로 취급하여 절점 B의 최종 변위선도는 그림 1.25(b)와 같으며, 연직변위 δ_b는 다음과 같이 구할 수 있다.

$$\delta_b = \frac{\delta_{ab}}{\cos\beta} = \frac{\alpha(\Delta T)H}{\cos^2\beta}$$

이 변위는 ΔT가 양(+: 가열)일 때에는 위 방향으로 발생(팽창)하고, 음(−: 냉각)일 때에는 아래 방향으로 발생(수축)한다.

② 팽창 · 수축이 불가능한 구조물(부정정구조물) – 열응력과 열변위가 발생

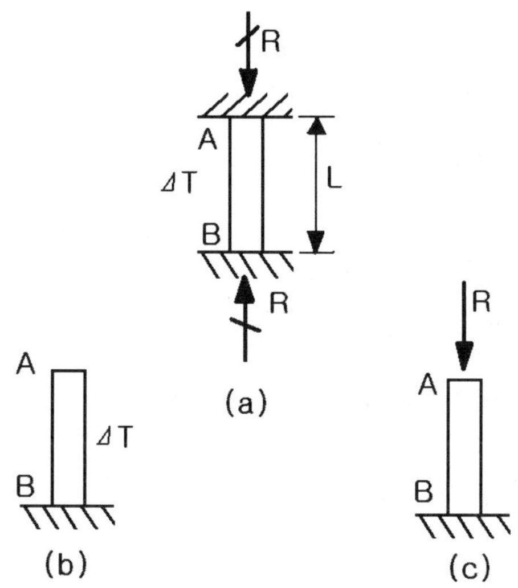

[그림 1.25] 부정정구조물에 대한 열팽창

그림 1.25와 같이 구조물이 부정정일 때에는 자유로운 팽창이나 수축이 불가능하게 된다. 그림 1.25(a)에 보는 바와 같이 온도를 균일하게 ΔT 만큼 상승시키면 압축축력 R이 봉재에 발생할 것이며, 유연도법(柔軟度法)과 강성도법(剛性度法)으로 계산을 할 수 있다.

유연도법을 사용하면, 봉재의 상단을 절단하여 지지점을 제거한 그림 1.25(b)에 대하여

ⓐ 온도변화 ΔT로 인한 A점에서 이 이완구조물에 위 방향으로 신장을 일으키게 된다. 따라서, 온도에 의한 변위는

$$\delta_T = \alpha(\Delta T)L$$

ⓑ 완구조물에 온도변화에 의한 신장을 지지점이 억제한다.
따라서, 작용하는 힘 R는 아래 방향 변위는

$$\delta_R = \frac{RL}{EA}$$

ⓒ 따라서, 실제 봉재 상단의 변위는 일어나지 않는다. 즉 변위는 0이므로 다음과 같은 적합방정식을 얻을 수 있다.

$$\delta_T - \delta_R = \alpha(\Delta T)L - \frac{RL}{EA} = 0$$

ⓓ 이 방정식으로부터 반력 R은

$$R = EA\alpha(\Delta T)$$

이때 R은 봉재의 길이에 의존하지 않는다.

ⓔ 따라서 봉재의 압축응력을 계산할 수 있다.

$$\sigma = \frac{R}{A} = E\alpha(\Delta T)$$

만약 봉재의 단면이 서로 다른 두 부분으로 되어 있는 경우에는 온도변화에 의하여 축방향 변형률과 응력이 함께 발생하게 될 것이다.

1.18 유한요소법에 의한 3차원 응력해석

이 장에서는 3차원의 고체 요소를 고려한다. 이러한 요소는 2차원 해석이나 축대칭 해석보다 더 정확한 해석을 얻고자 하는 일반적인 3차원 물체의 응력해석에 유용하다. 3차원 문제의 예제는 아치 댐, 두꺼운 벽을 가진 압력용기, 중장비와 자동차 산업에서 사용하는 단조 부품 등이다, 사면체는 기본적인 3차원 요소이므로 이를 이용하여 전체좌표계의 함수로 형상함수, 강성행렬, 힘행렬들 유도한다. 이어서 육면체나 벽돌 요소에 대한 강성행렬의 등매개변수 정식화를 전개한다. 마지막으로 전형적인 3차원 해석의 응용도 제공할 것이다.

1. 좌굴문제, 유한요소법에 의한 좌굴해석

좌굴하중을 결정하는 방법은 아주 까다롭고 어려운 것이라 할 수 있다. 실제로 기둥의 단면이 변화하는 대부분의 경우에 해석적인 방법은 불가능한 경우조차 있고 이와 같은 경우에는 수치해석법을 이용해야 한다.

좌굴해법으로 유한차분법에 의한 근사해, 이완법에 의한 근사해, 고계 유한차분법에 의한 근사해, 외삽법에 의한 근사해, 에너지법에 의한 근사해 등으로 좌굴하중등을 계산할 수 있음을 보인다.

2. 에너지법에 의한 보의 처짐

변형에너지의 개념을 이용하여 보의 굽힘에 적용시키고자 한다. 선형 탄성적으로 변형하는 보만을 고려하므로 재료는 Hooke의 법칙을 따르며 처짐과 회전각이 매우 작아야 한다.

① 비선형 탄성체

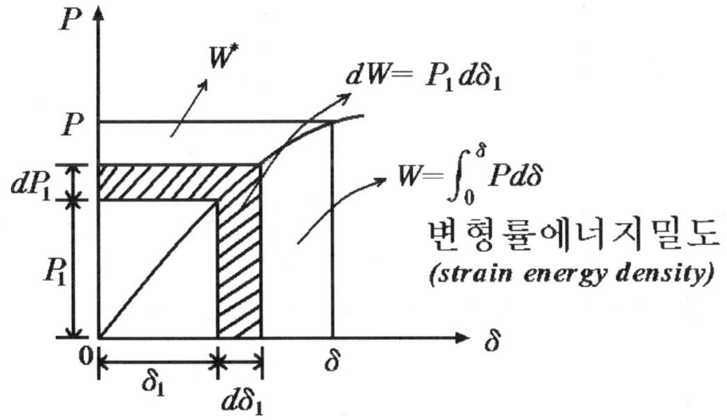

[그림 1.26] 비선형 탄성체의 하중과 변형 선도

- $W = \int_0^{\delta} P_1 \, d\delta_1$; 변형률 에너지 밀도(strain energy density)

- $W^* = \int_0^{P} \delta_1 \, dP_1$; 공액 변형률 에너지 밀도(complementary strain energy density)

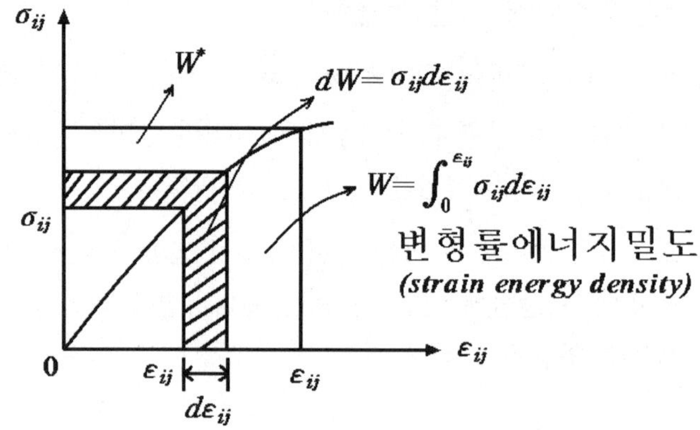

[그림 1.27] 비선형 탄성체의 응력과 변형률 선도

② 선형 탄성체(linear elastic body)

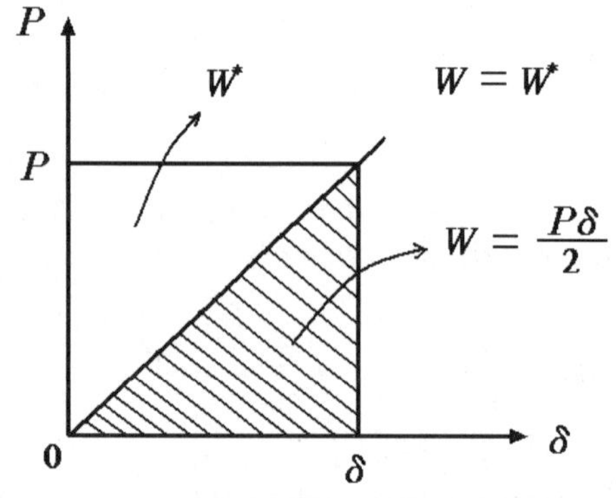

[그림 1.28] 선형 탄성체의 하중과 변형 선도

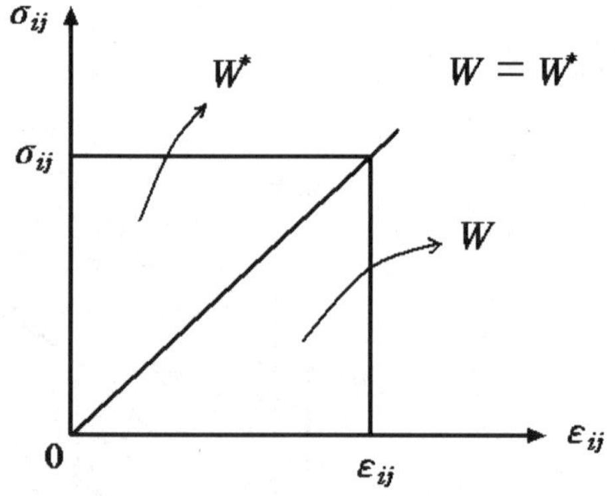

[그림 1.29] 선형 탄성체의 응력과 변형률 선도

- $W = W^*$
- $W = \int_0^{\delta} P\, d\delta = \frac{P\delta}{2}$; 변형률 에너지 밀도(strain energy density)
- $W^* = \int_0^{P} \delta\, dP = \frac{P\delta}{2}$; 공액 변형률 에너지 밀도(complementary strain energy density)

제 2 장

ANSYS Workbench simulation 소개

2.1 ANSYS Workbench란?

• ANSYS Workbench란?

ANSYS Workbench는 ANSYS solver를 이용하여 ANSYS사가 개발한 새로운 개념의 통합 Solution 환경이다. 이 환경은 CAD system과의 통합, 설계과정, 최상의 해석결과를 제공한다.

• ANSYS Workbench에서 이용 가능한 작업 및 프로그램

- ANSYS solver를 이용하여 구조해석 및 열 해석 수행을 하기 위한 Simulation
- 해석을 하기 위한 CAD 모델의 수정, Solid 모델을 생성하는 기능의 Geometry (DesignModeler)
- 구조 및 전산유동해석 격자를 만들기 위한 Meshing
- 격자생성 전용 프로그램인 ICEM-CFD를 사용하여 구조 및 CFD mesh를 만들기 위한 Advanced Meshing
- CFX solver를 사용하여 진보된 잔산유동해석을 하기 위한 Advanced CFD
- 최적화 해석을 위한 DesignXplorer와 DesignXplorer VT
- ANSYS를 사용하기 위해 NASTRAN과 ABAQUS mesh를 변환시킬 수 있는 Finite Element Model(FE Modeler)
- Blade 모델을 만들기 위한 Blade Geometry(BladeModeler)
- 비선형 동역학 해석을 위한 AUTODYN

이상과 같은 해석 목적이 다른 프로그램을 ANSYS Workbench 환경 내에서 통합적으로 연동 해석을 수행할 수 있고 프로그램 사이의 데이터 전달을 용이하게 해주고 사용자의 편의를 향상시킨 환경이다.

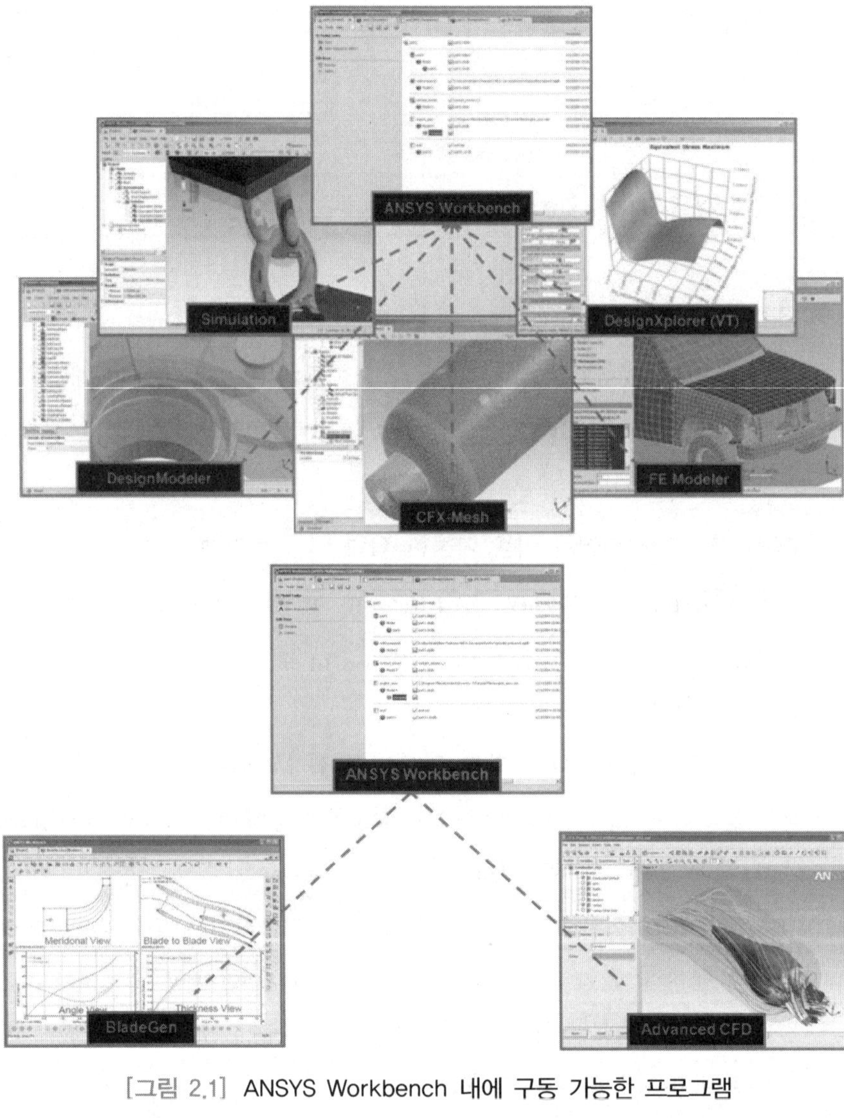

[그림 2.1] ANSYS Workbench 내에 구동 가능한 프로그램

2.2 ANSYS Workbench Simulation

- ANSYS Workbench Simulation이 지원하는 해석의 형태는 다음과 같다.
  - **구조 해석** : 선형 해석과 대변형, 재료비선형, 접촉비선형 해석
  - **열전달 해석**(정상 및 비정상)
- 온도분포 및 열전달에 대한 열해석
- 대류 조건(대류열 전달계수 입력 가능)
- 열-구조 연성 해석 : 열전도 해석을 이용한 열변형 해석
  - **위상최적화** : Topological Optimization 기술을 이용한 부분구조물에 작용하는 하중의 경로를 예측

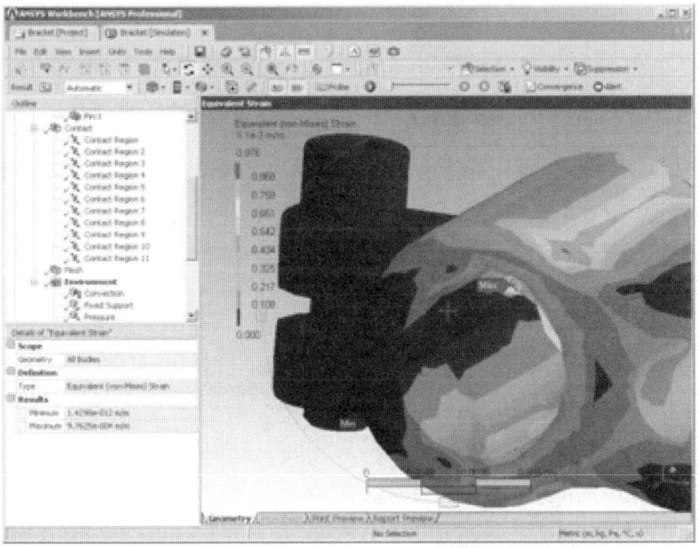

[그림 2.2] **선형구조해석의 결과 예**

- **모달 해석** : 구조물에 작용하는 하중의 영향을 포함하는 시스템(자유진동)의 고유진동수의 해석
- **하모닉 해석** : sine파 형태의 가진력에 대한 구조물의 응답 예측
- **선형좌굴 해석** : 좌굴, 안전계수 등에 대한 좌굴하중 예측

- **동역학 해석** : Flexible Dynamics(과도응답 해석)는 구조물에 시간에 따라 다양한 하중효과를 부여하여 구현, Rigid Dynamics(다물체 동역학 해석)는 조인트와 스프링으로 연결된 조립품의 동적 응답을 구현, Random Vibration Analysis(불규칙 진동해석)은 불규칙 진동하중에 대한 응답을 구현
- **전자기장 해석** : 3D 정적 자기를 띈 영역의 해석을 이행

2.3 ANSYS Workbench Simulation 시작하기

Workbench 시작 창을 실행하는 방법은 두 가지가 있다.

① CAD 프로그램에서 바로 시작하는 방법

- CAD 프로그램 메뉴의 "ANSYS 11.0 → Workbench"를 선택한다.

- 만약 CAD 프로그램으로부터 실행하였다면, 활성화 되어 있는 파트나 어셈블리 이름이 ANSYS Workbench Project page에 들어오게 된다.

모델명을 선택 후에 Simulation 환경을 선택하면 해석 환경에 선택된 모델이 open된다.

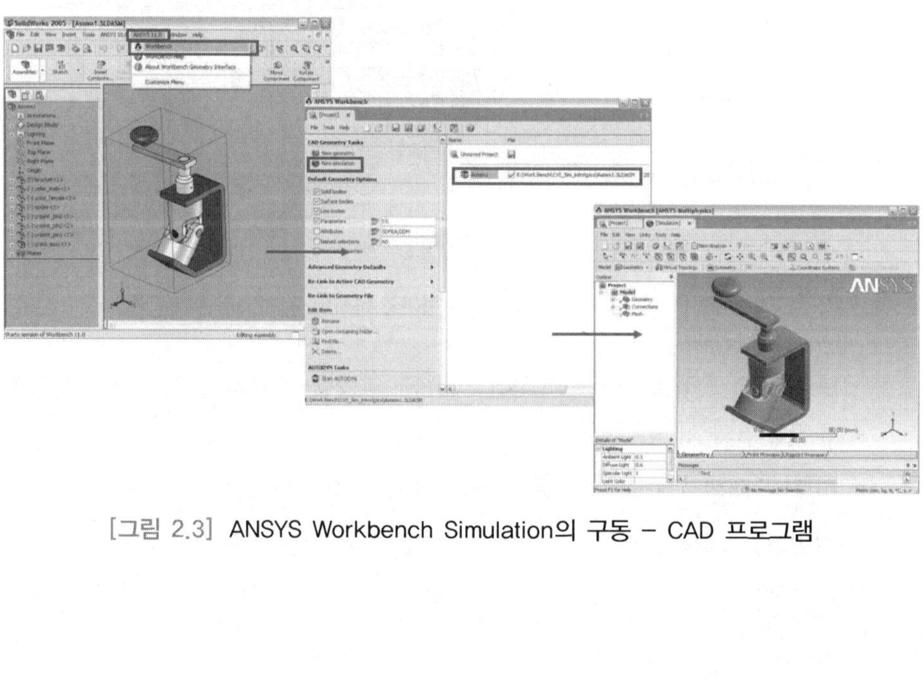

[그림 2.3] ANSYS Workbench Simulation의 구동 - CAD 프로그램

② ANSYS Workbench에서 실행하는 방법

"시작 → 프로그램 → ANSYS 11.0 → ANSYS Workbench"를 선택

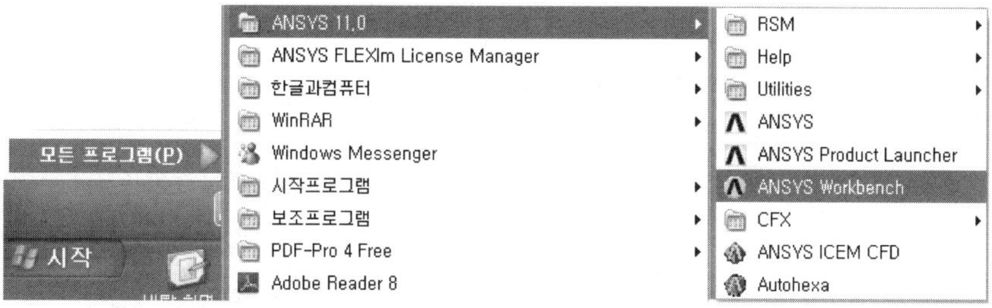

[그림 2.4] ANSYS Workbench의 구동

- ANSYS Workbench 시작 창에서, Start page는 각 항목에 해당하는 작업 파일들을 open할 수 있다.

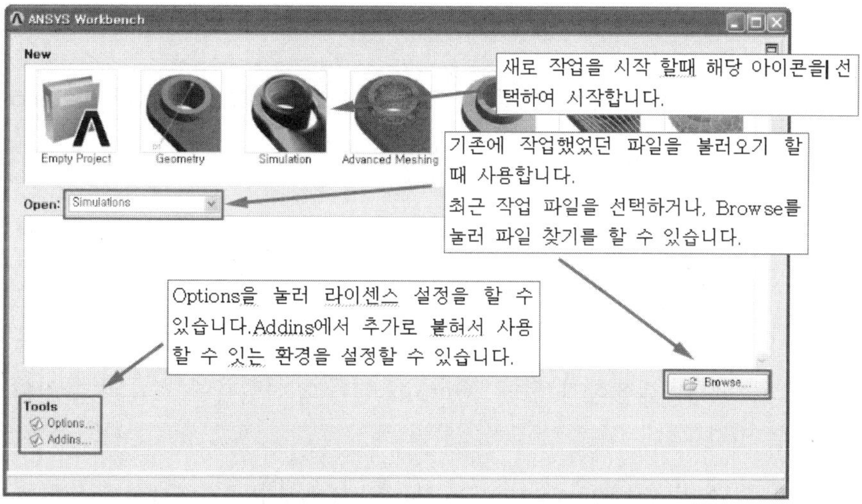

[그림 2.5] ANSYS Workbench Simulation의 구동 및 형상 파일의 구동

- Workbench 시작 창을 먼저 실행한 경우
  - 시작페이지에서 "Simulation" 아이콘을 선택한다.
  - Context toolbar에서 "Geometry" 항목을 선택하여 CAD 모델 import

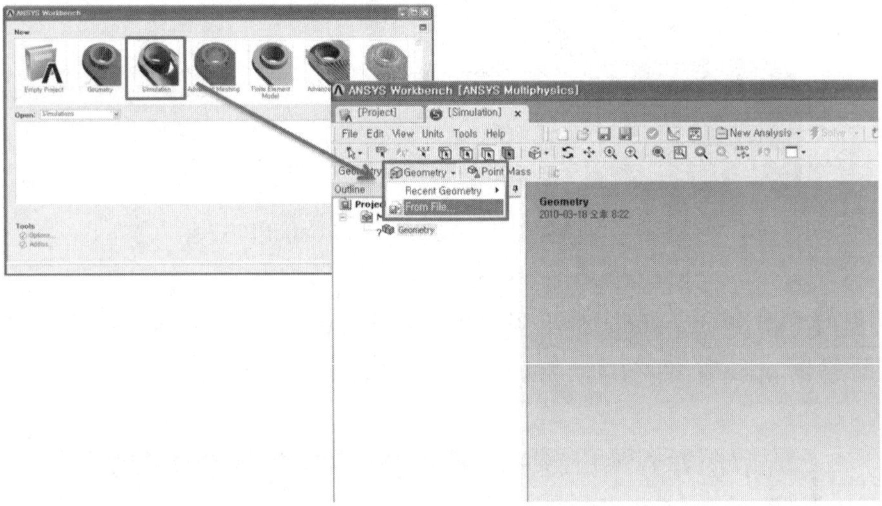

[그림 2.6] ANSYS Workbench Simulation의 구동 및 형상 파일의 구동

2.4 Options Page

- Simulation을 실행하기 전에 "Options …"을 선택하여 현재의 라이센스를 설정할 수 있다.
  - 이는 다양한 형태의 ANSYS license를 보유하고 있는 사용자에게 유용하게 쓰여지며, 각 프로그램에 대하여 필요에 따라 다른 라이센스를 설정하여 사용할 수 있다(예 DesignSpace, Structural, Mechanical, etc.).
  - 옵션 박스를 통하여 모든 Workbench 모듈에 대한 라이센스를 제어할 수 있다.

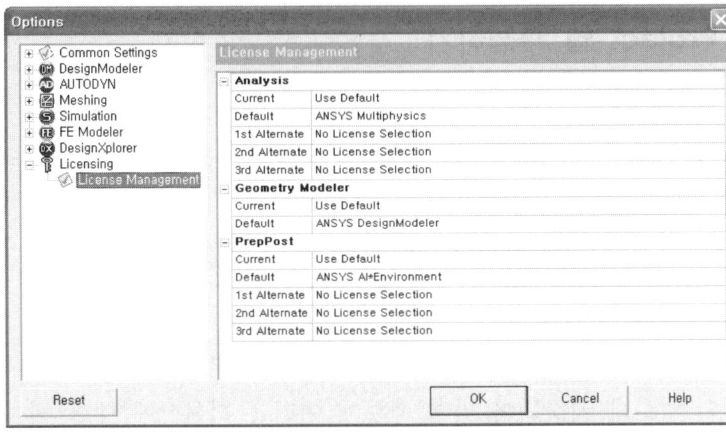

[그림 2.7] Option page의 라이센스 설정

2.5 Workbench Databases

- 다음과 같이 다양한 형태의 Workbench 파일 확장자들이 있으며, 각각의 확장자를 확인하여 파일에 대한 성격을 구별할 수 있다.
  - *.wbdb : Workbench Project database 파일
  - *.dsdb : Simulation database 파일
  - *.agdb : DesignModeler database 파일
  - *.dxdb : DesignXplorer/DesignXplorer VT database 파일
  - *.cmdb : CFX-Mesh database 파일
  - *.fedb : FE Modeler database 파일

2.6 Project 탭 사용하기

- "Project" 탭에서는 다른 CAD 데이터나 Workbench의 파일 리스트를 확인할 수 있다.
- Simulation(*.dsdb) 파일이 생기면 Workbench(*.wbdb) 파일이 이 경로를 포함한다.
- Saving the Workbench 데이터베이스 파일을 저장하지 않아도 되지만, 다른 작업들의 경로가 저장되어 있기 때문에 여러 물리현상에 대한 해석시 연계작업을 손쉽게 수행할 수 있도록 해준다.

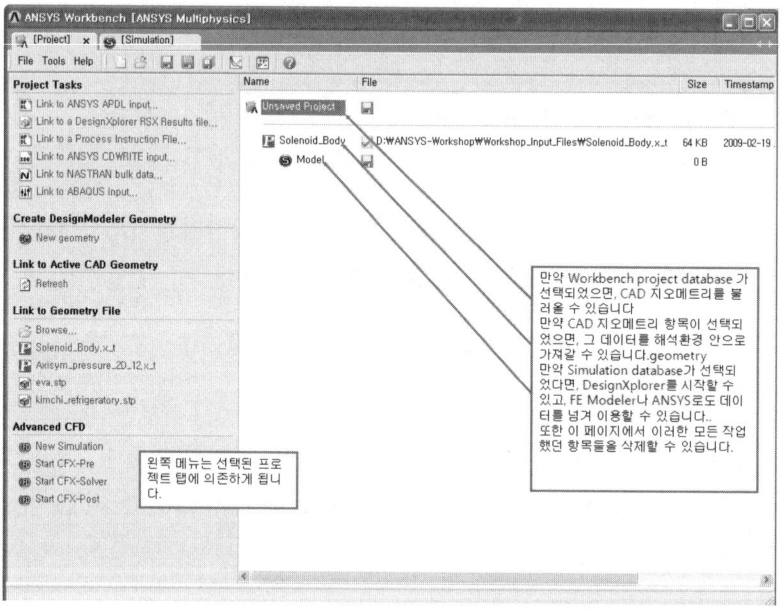

[그림 2.8] Project 탭의 사용 및 파일 저장

2.7 Workbench의 종료

Workbench를 종료할 때, 각각의 항목을 저장할 것인지의 여부를 확인한다. 보통은 작업하는 도중에 저장을 하기 때문에 이 경우 do not save any item 옵션을 선택하여 빠져나가는 것이 일반적이다. 만약 작업 도중이나 마지막 작업시 저장을 수행하지 않았다면 save all highlighted items를 선택하여 작업한 파일들을 저장할 수 있다.

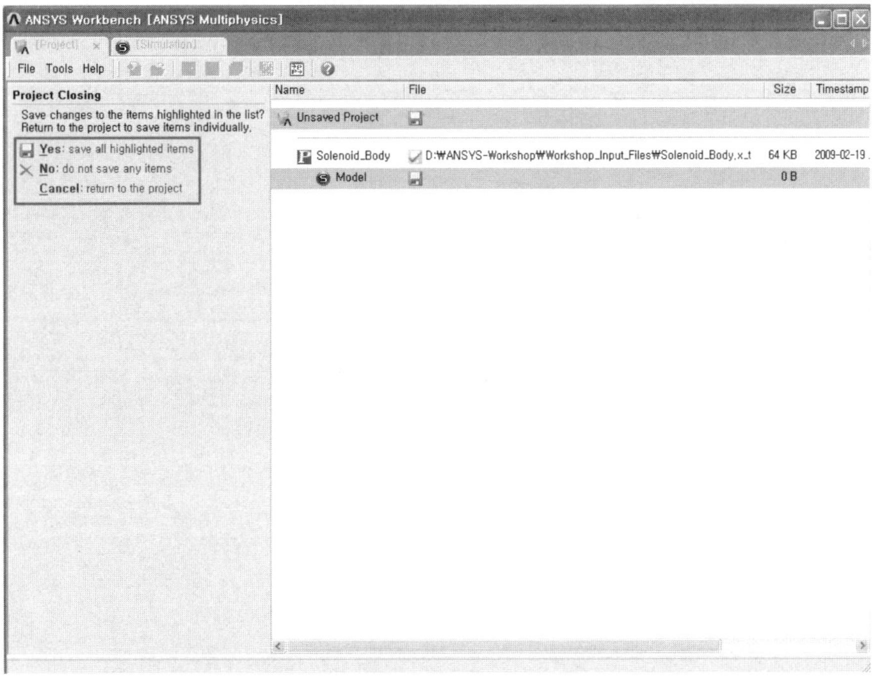

[그림 2.9] 작업 파일의 저장 및 exit

제 3 장

Simulation을 이용한 해석 수행 과정

- ANSYS Workbench Simulation을 이용한 해석 수행 과정은 다음과 같다.
  - Simulation의 GUI와 사용법
  - Simulation Wizard 소개
  - 일반적인 해석 절차

3.1 Simulation 시작하기

2장에서 언급한 바와 같이 Simulation을 실행하는 방법은 아래 그램과 같은 두 가지 방법이 사용된다. 각각의 특징에 대한 것은 2장에서 언급한 내용과 같다.

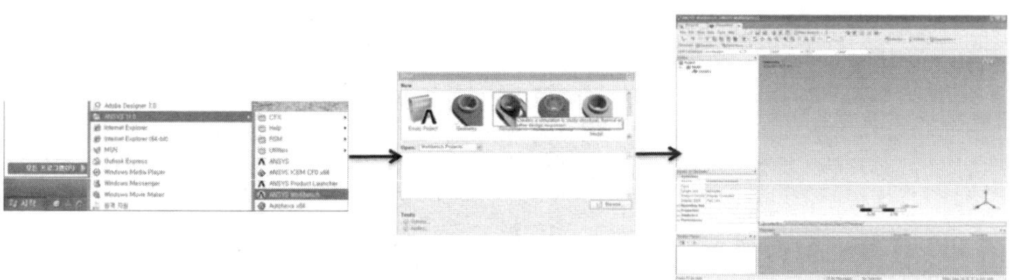

[그림 3.1] ANSYS Workbench에서 Simulation 실행하기

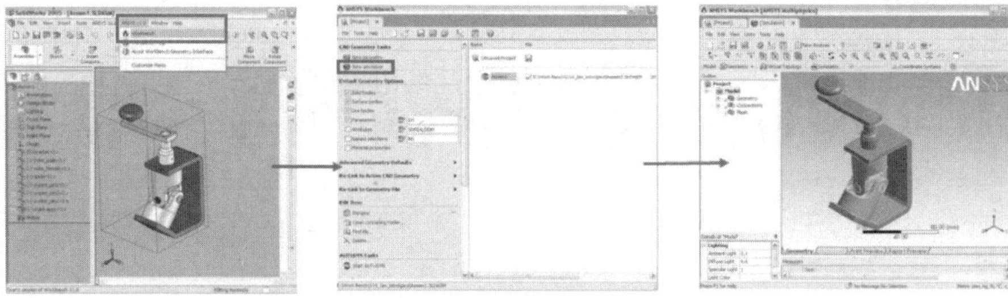

[그림 3.2] CAD system에서 Simulation 실행하기

3.2 Simulation 환경(GUI)

Simulation의 GUI Menu의 구성은 다음과 같다. 상단에는 menus와 Toolbar들이 있으며 좌측에는 작업한 과정을 한눈에 파악할 수 있는 Tree로 구성되어 있다. 화면 중앙에는 작업하고자 하는 모델의 3차원 형상이 나타나 있으며 해석을 위해 설정되는 것을 화면을 통해 간단하게 확인해 볼 수 있다. 그리고 마지막으로 우측에는 Simulation Wizard가 있으며 다양한 해석 형태에 대한 설정을 간소화 시켜주는 역할을 한다.

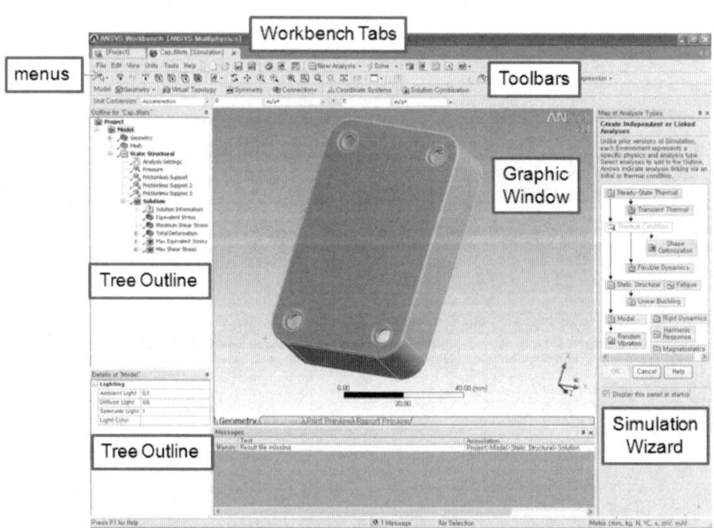

[그림 3.3] ANSYS Workbench Simulation의 GUI 환경

3.3 Simulation menu

- Simulation의 Menu들은 주로 기능적인 역할을 수행한다.
- 역할들은 다음과 같다.
  - 가장 상위의 Title bar는 현재 띄워진 창의 현재 보유하거나 구동되고 있는 ANSYS 제품의 라이센스 상태에 대해 보여준다. 사용자는 상태를 확인하여 해석가능한 영역을 확인할 수 있다.
  - "File 〉 Save" : Simulation 파일(.dsdb)을 저장한다.
  - "File 〉 Clean" : database의 mesh와 해석된 결과를 삭제한다.
  - "Edit 〉 Select All" : 작업 창에서 활성화된 선택필터의 전체에 대한 선택을 수행한다.
  - "Units" : 해석하는 문제에 대한 단위를 변경 및 설정한다.
  - "Tools 〉 Options…" : 전체 해석과 관련된 환경설정 및 옵션을 설정한다.
  - "Help 〉 ANSYS Simulation Help" : Simulation이 제공하는 도움말을 확인해 볼 수 있다.

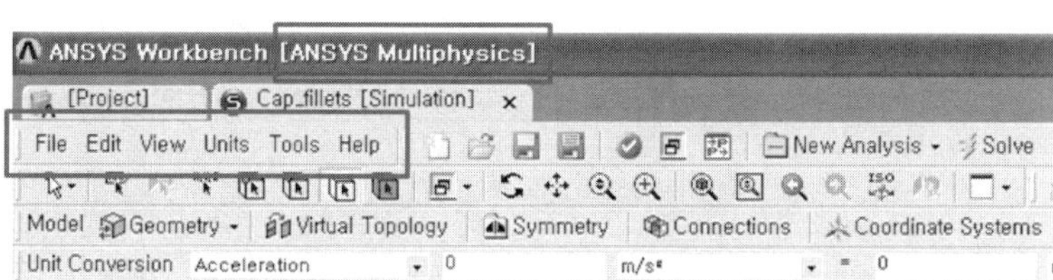

[그림 3.4] ANSYS Workbench Simulation의 menu 환경

3.4 Simulation Toolbar

- Toolbar는 다섯 개의 단축아이콘 군으로 이루어져 있으며, 이는 사용자가 빠르게 명령을 실행할 수 있도록 도와준다.
  - 모든 Toolbar들은 Simulation 환경의 위쪽 부분에 사용자가 원하는 임의의 위치에 정렬할 수 있다.
  - "Context" toolbar는 "Outline" tree의 커서의 위치에 따라서 변경된다.
  - Toolbar 아이콘에 대한 내용을 알고 싶다면 커서를 아이콘 근처로 가져가면 아이콘에 관한 설명을 보여준다.

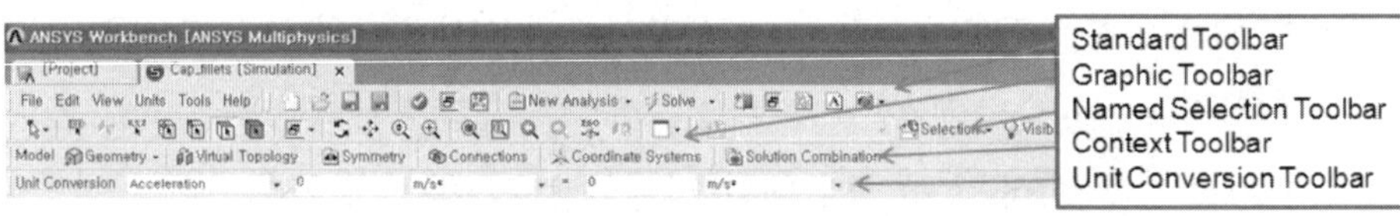

[그림 3.5] ANSYS Workbench Simulation의 Toolbar 구성

- "Standard" toolbar는 다음과 같이 총 9가지의 기능으로 구성되어 있다. 각각의 기능은 아래 그림을 참조하여 사용한다.

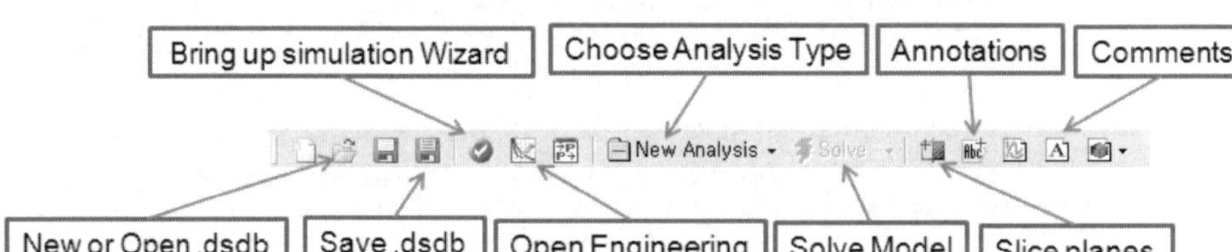

[그림 3.6] Standard toolbar의 구성

- "Graphics(그래픽)" toolbar는 다음과 같이 사용된다.
  - 좌측 마우스 버튼은 "선택" 모드 또는 "그래픽" 모드로 사용된다. Toolbar 버튼들을 이용하여 "선택필터" 또는 "그래픽 관련 메뉴"를 선택하여 사용할 수 있다.

- CAD 모델의 요소들은 왼쪽 마우스 버튼의 클릭 또는 박스 선택에 의해 선택 또는 해제를 수행할 수 있다. 이는 "선택"모드 아이콘에 의해 바꿀 수도 있다.

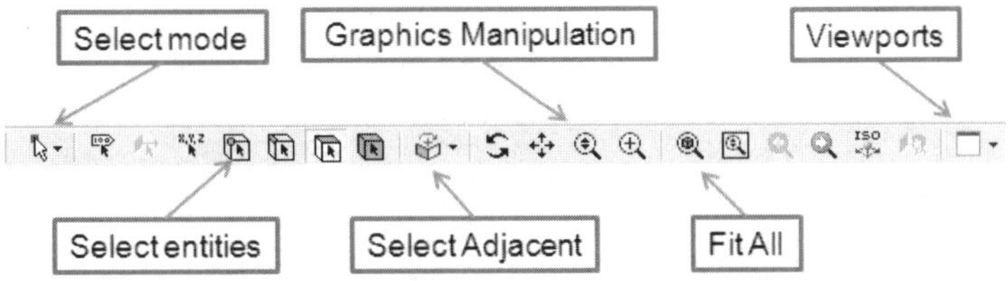

[그림 3.7] Graphics toolbar의 구성

3.5 Outline Tree

- 화면 좌측에 위치한 Outline Tree는 해석을 수행함에 있어서 모델, 물성치 설정, 요소망, 하중 및 경계조건, 결과확인 등의 과정을 쉽게 접근할 수 있도록 도와준다. 또한 해석에 대한 모든 설정들을 한눈에 파악할 수 있는 아주 유용한 구조라 할 수 있으며 실제 해석시 가장 많이 사용되는 부분이다. 각각의 기능은 아래와 같다.
  - "Project" : 가장 상위 항목으로 다수의 해석모델을 포함할 수 있다.
  - "Model" : 현재 불러온 해석 모델에 대하여 여러 가지 타입의 해석을 수행할 수 있다.
  - "Geometry" : 해석 모델이 여러 개의 파트로 이루어져 있다면, 각 파트에 대한 물성치를 각각 부여할 수 있는 항목이다.
  - "Static Structural" : 해석하고자 하는 구조물에 하중 및 구속조건을 정의한다.
  - "Solution" : 해석이 수행된 결과를 볼 수 있다.

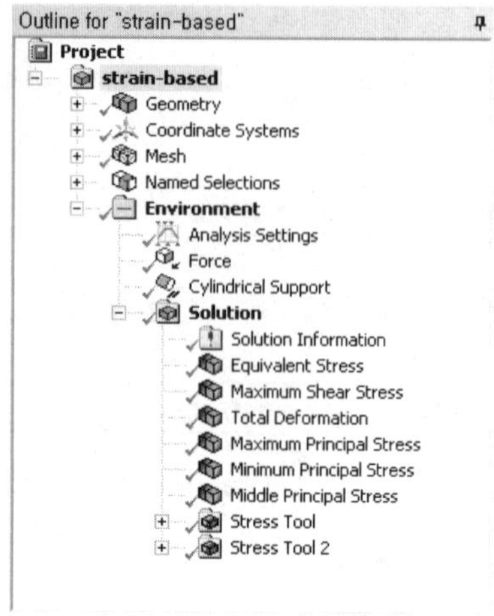

[그림 3.8] Outline tree의 구성

- Outline Tree 아이콘의 기능

- Outline Tree의 각 항목의 앞에 아이콘은 현재 상태를 보여준다.

  - 체크표시는 명령이 정의된 상태를 나타낸다.
  - 물음표는 데이터 입력이 부족한 상태를 나타낸다(더 많은 입력 값이 필요).
  - 번개표시는 solving이 필요한 상태를 나타낸다.
  - 느낌표는 현재 설정한 문제가 이상이 있음을 알려준다.
  - "X"표시는 모델이 suppress(비활성화)된 상태를 나타낸다(해석에 참여하지 않음).
  - 투명도 체크표시는 body 또는 파트가 숨겨져 있는 상태를 나타낸다.
  - 초록색 번개표시는 현재 계산이 진행 중인 상태를 의미한다.
  - 마이너스 표시는 mapped face meshing이 실패했다는 의미이다.
  - 체크표시에 \표시가 함께 있는 것은 mesh된 파트를 의미한다.
  - 빨간색 번개표시는 계산이 실패했음을 의미한다.

사용자는 위와 같은 Outline Tree의 아이콘을 확인함으로써 해석과 관련된 현재모델의 상태를 쉽게 확인할 수 있다.

3.6 Details View

- Details View는 입력데이터의 상세한 정보를 보여준다. 현재 선택된 Outline tree 항목의 위치에 따라 그 내용이 바뀌게 된다. 즉 아래와 같이 조건에 따라 다르게 보여진다.
  - **흰색 영역** : 현재의 입력 데이터 항목을 표시한다. 흰색 영역에서의 데이터는 클릭함으로써 쉽게 바꿀 수 있다. 어떤 경우는 모델을 선택하고 "Apply"를 클릭해야 하는 경우도 있다.
  - **회색 영역** : 입력데이터 항목의 정보를 표시한다. 이 영역은 수정할 수 없다. 이들 영역은 대개 최대응력 또는 mesh에 의해 생성된 절점번호와 같은 정보나 결과 데이터를 제공한다.
  - **노란색 영역** : 데이터의 입력이 필요함을 알려준다. 이 영역은 입력데이터가 불충분 함을 알려준다. 따라서 노란색 영역에서는 사용자가 데이터를 충분히 입력해야 원활한 해석이 가능하다.

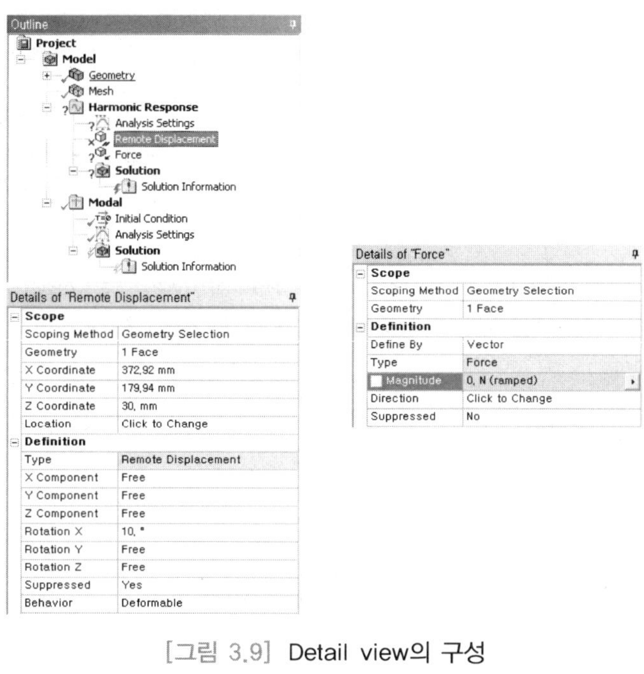

[그림 3.9] Detail view의 구성

3.7 Graphics Window

- 그래픽 창은 3차원 형상과 해석결과를 보여준다. 다음의 그림은 왼쪽 상단부터 각각 Geometry 탭, Worksheet 탭, Print Preview 탭, eport Preview 탭으로 이동했을 때의 화면 구성이다.

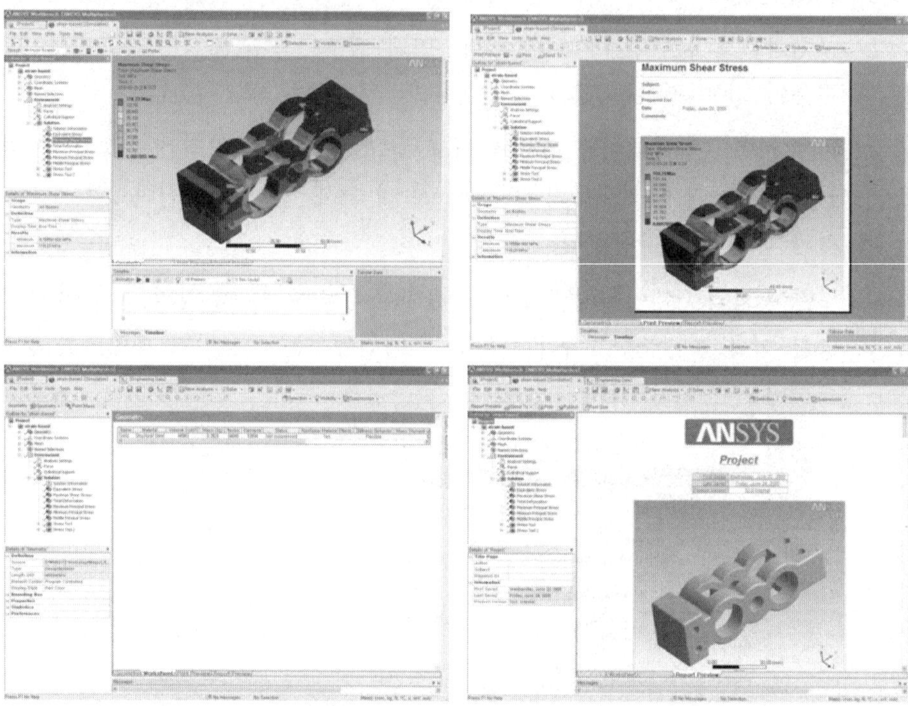

[그림 3.10] Geometry 탭, Worksheet 탭, Print Preview 탭, Report Preview 탭으로 이동했을 경우의 Graphics Window의 화면 구성

3.8 Map Of Analysis Types

- Map of Analysis Types는 사용자가 미리 해석 타입을 지정할 수 있도록 한다.
- 여러 개의 해석 환경들을 연결시켜 해석할 수 있다.
- Map에 표시된 화살표들은 여러 가지 환경들은 어떻게 연결하여 사용할 수 있는가를 보여준다.
- 사용예 : 선택된 정상상태 열 해석과 구조 해석은 열 해석을 통해 계산된 온도분포를 가지고 구조 해석시에 초기조건으로 입력하여 해석을 수행하게 된다.

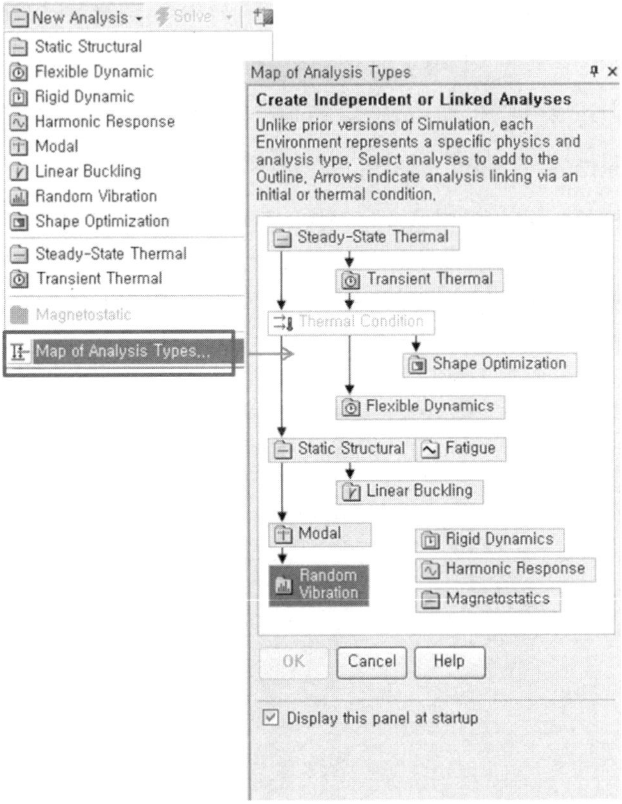

[그림 3.11] Map of Analysis Types에 의한 열-구조 연성해석

3.9 Simulation Wizard

- Simulation Wizard는 해석시 사용자의 편의에 따라 선택적으로 활성화 및 비활성화를 수행할 수 있다. 이 기능을 이용하여 해석을 용이하게 진행할 수 있다. Simulation Wizard는 각각의 해석 진행단계에 따른 설정상태를 아래와 같이 다르게 알려준다.
  - 녹색 체크표시는 해석에 사용되는 설정에 문제가 없음을 나타낸다.
  - 녹색 "i"표시는 확인이 필요하지만, 확인 작업을 하지 않아도 해석 진행에는 문제가 없음을 나타낸다.
  - 회색 표시는 전 단계가 완료될 때까지 나머지 설정들이 불가능함을 나타낸다.
  - 붉은색 물음표는 이 항목과 관련되어 Outline tree 메뉴에서 설정이 불완전한 상태임을 알려주며 부족한 설정치를 보완해야 다음 해석을 진행할 수 있다.
  - "x"표시는 아직 해당 명령이 수행되지 않았음을 나타낸다.
  - 번개표시는 해당 아이콘을 실행할 준비가 되었음을 알려준다.
- Simulation Wizard는 Toolbar의 아이콘을 실행하여 사용자가 원하는 바와 같이 마법사를 켤 수도 있고 끌 수도 있다.

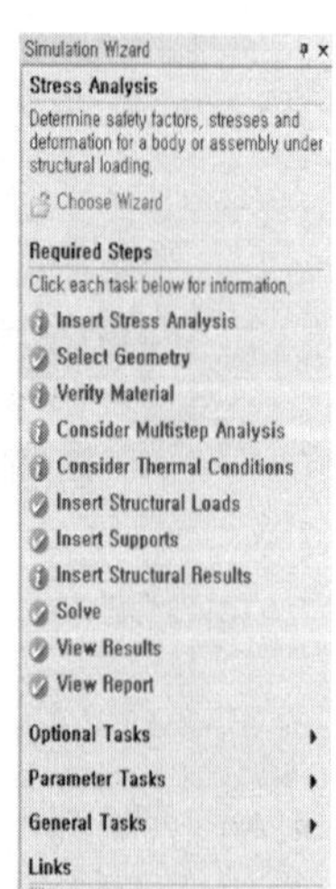

[그림 3.12] Simulation Wizard의 Toolbar 아이콘

- "Required Steps"의 항목을 선택하면 다음 설정을 어떻게 해야 하는지 부가적인 도움말을 제공한다.
  - 아래의 예는 "Verify Materials"이 선택되었을 때, 사용자가 어느 위치로 가서 입력 또는 설정을 해야 하는지 알려주게 되고 사용자는 설명에 따라 나머지 작업을 진행하면 된다.

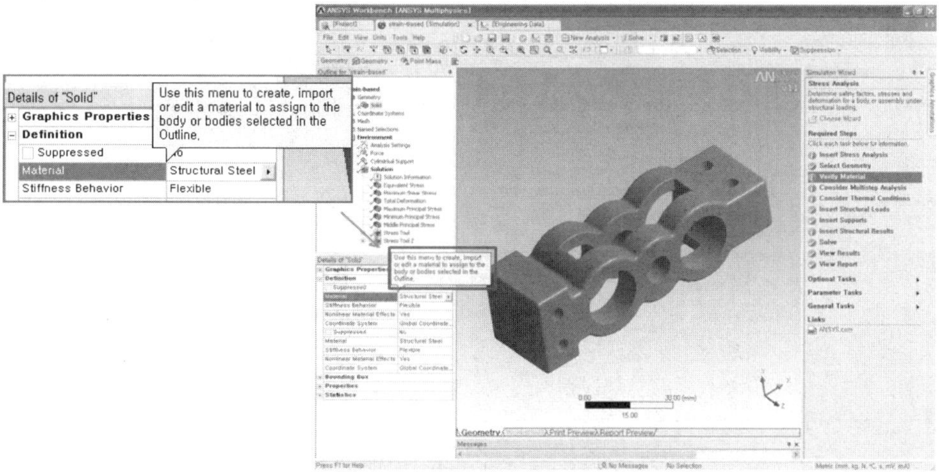

[그림 3.13] Simulation Wizard의 Verify Materials

- Simulation Wizard 기능은 Simulation에 익숙하지 않는 해석자나 엔지니어들에게 해석에 대한 설정과 진행과정을 사용자가 알기 쉽게 구성하고 있으므로 매우 유용한 도구가 될 수 있다. 따라서 처음 사용하거나 기능을 자주 사용하지 않는 사용자에게 적합한 설정방법이다. Simulation Wizard는 기본적인 기능 외에 그림 3.14와 같이 고급 기능도 사용할 수 있다.

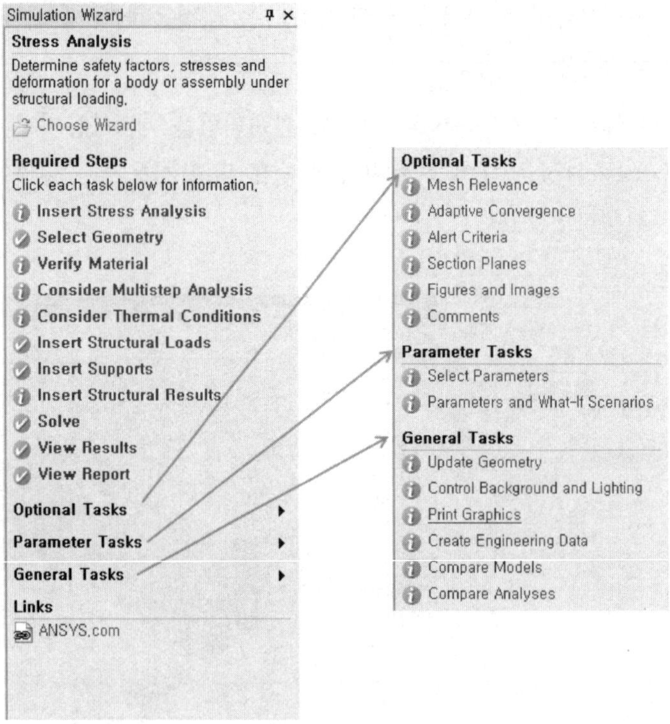

[그림 3.14] Simulation Wizard의 고급 기능

3.10 해석 기본순서

- 유한요소 해석을 이용한 구조 해석의 주목적은 여러 가지 다양한 외부 하중에 대해 시스템의 응답(변형량, 응력 등)을 찾는 것이다.
- mesh는 해석의 정확도 및 신뢰도에 큰 영향을 준다.
  - CAD geometry는 기하학적 모델을 이상화한 것이다.
  - mesh는 계산하고자 하는 시스템의 수학적 표현법이다.
  - 하중에 대한 응답에 대한 정확도는 여러 인자들에 의해 결정된다.

- 일반적으로 해석절차는 크게 다음의 4단계로 구분할 수 있다.

  ① Preliminary Decisions
  해석 종류 : 선형 정적 해석, 모달 해석.….?
  모델 선정 : 단품 또는 조립품….?
  요소 선택 : 면 또는 솔리드….?

  ② Preprocessing
  모델 불러오기
  물성치 설정
  요소망 생성
  하중과 경계조건 부여

  ③ Solve the Model

  ④ Postprocessing
  결과확인
  결과의 타당성 검토

- 3.9절에서 언급한 Simulation의 Wizard 기능은 사용자에게 다음과 같은 기본적인 해석절차를 따라 할 수 있도록 도움을 준다.
  - Attach/import geometry(모델 불러오기)
  - Assign material properties(물성치 정의하기)
  - (Mesh geometry)(유한요소 모델 생성하기)

- 요소망 미리보기를 실행하여 유한요소 모델을 확인하고 적정한 사이즈를 줄 수 있다.
  - Apply loads and supports(하중 및 구속 조건 부여)
  - Request results(검토할 결과 추가)
  - Solve model(해석 실행)
  - Review results/postprocessing(결과 확인)

① 해석대상 Model Open

- 2장에서 언급한 바와 같이 Workbench에서 모델을 불러오는 방법에는 아래와 같이 두 가지 방법이 있다.
  - CAD system OPEN : CAD 프로그램이 plug-in mode를 지원하는 경우
  - Workbench Project page에서 불러오기 : plug-in 또는 reader mode로 지원되는 파일 형식일 경우

② 해석타입 선택

- Map에서 이용할 수 있는 해석에서 구조 해석을 선택하고 OK를 하면 구조 해석을 할 수 있는 마법사 환경(Simulation Wizard)이 나타난다.

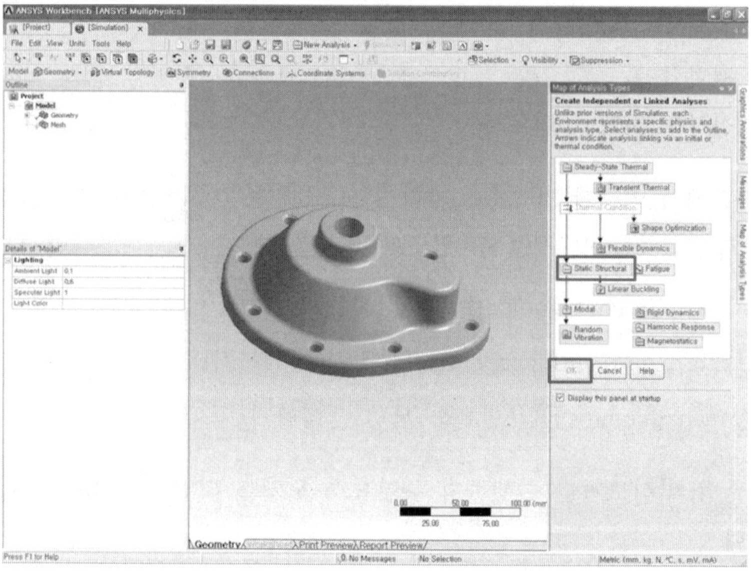

[그림 3.15] Simulation Wizard 구성

③ 물성치 입력

"Verify Materials"을 선택하면 왼쪽 하단의 상세정보 창에서 변경할 수 있도록 도움말을 보여주고 도움말을 참고하여 해석하고자 하는 시스템의 물성치 또는 재질을 선택한다.

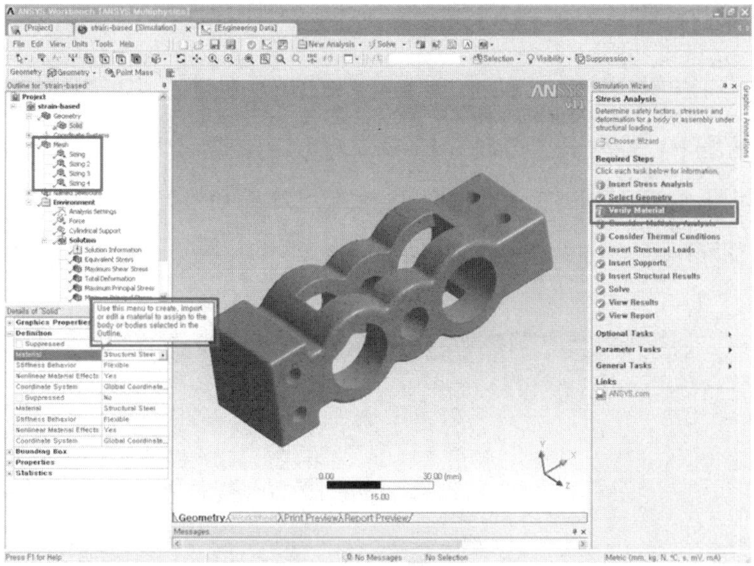

[그림 3.16] Simulation Wizard의 Verify Materials 사용

④ 물성치 입력

- 물성치는 Details View → material → import를 선택하여 입력한다.
  - 기본적으로 물성치는 “Structural Steel”이다(사용자의 필요에 따라 변경 가능).
  - “browse …”를 이용하여 사용자가 다른 물성치를 선택할 수 있다(XML 포맷으로 되어 있다).

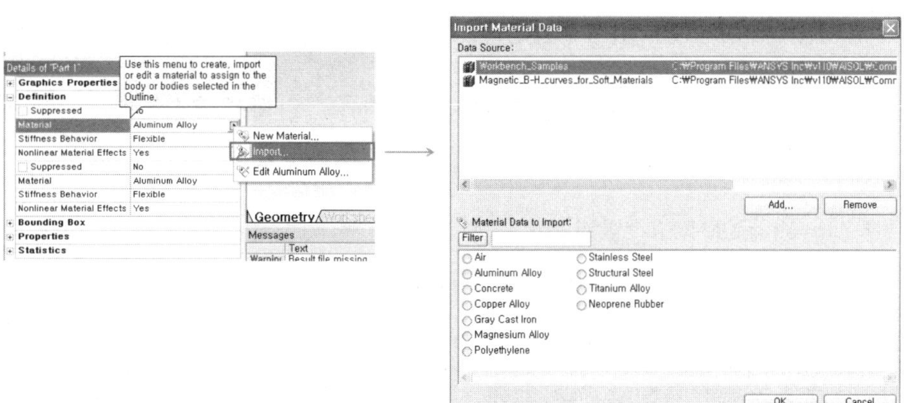

[그림 3.17] 해석에 필요한 물성치의 적용

⑤ 물성치 입력

- 물성치는 각 단품별로 다른 물성치를 갖도록 설정할 수 있다.
  - 단품의 이름은 기본적으로 CAD 모델의 이름을 갖도록 되어 있다.
  - 여러 단품을 선택하여 일괄적으로 물성치를 변경할 수 있다.
  - Shift+왼쪽 마우스 버튼을 이용하여 다중 선택을 선택 또는 해제

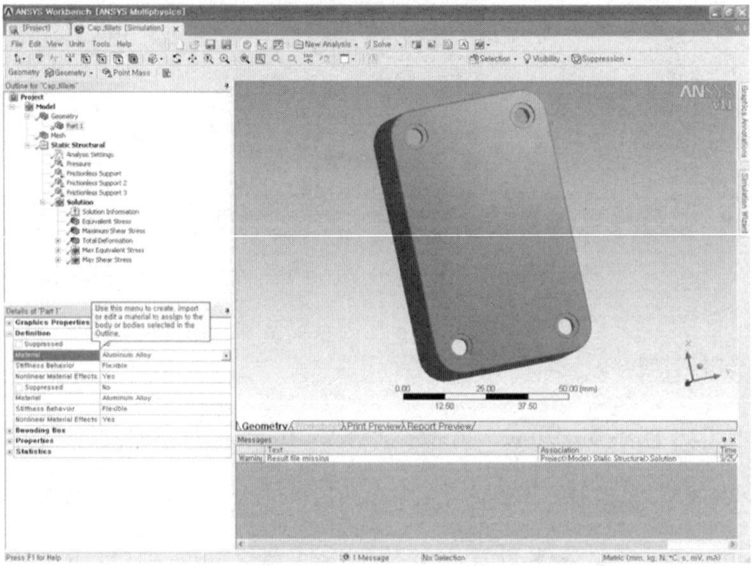

[그림 3.18] 해석에 필요한 물성치의 입력

⑥ Assign Material Properties

- 물성치는 Outline Tree의 "Engineering Data" 아래에 표시되며, 각 물성치를 클릭하면 Worksheet 탭으로 자동 변경되며 입력값을 확인할 수 있다.

- 새로운 물성치 추가방법
  - 메뉴의 "Material → New Material"
  - Outline Tree에서 마우스 오른쪽 버튼 클릭
  - 새로운 물성치를 추가한 후에 사용자는 물성치를 변경할 수 있다.

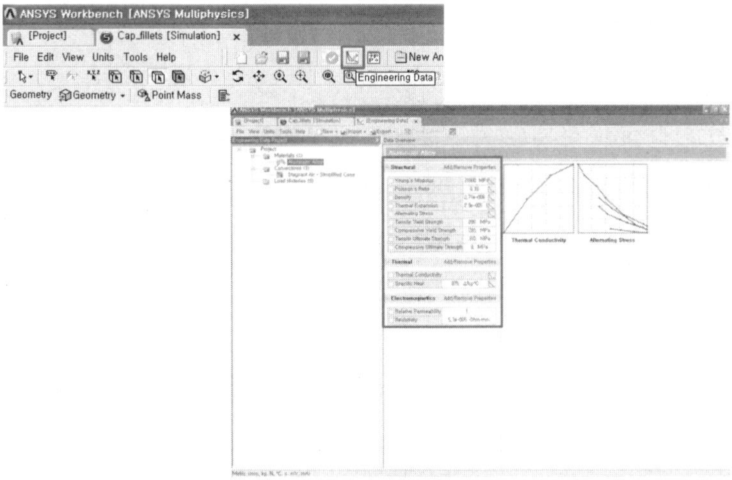

[그림 3.19] Assign Material Properties

⑦ Insert Loads & Supports

- 물성치를 설정한 후, Stress Wizard에서 "Insert Loads" 항목을 클릭하면 아래와 같은 도움말이 나타난다.
  - Structural load와 thermal load는 toolbar 메뉴에서 선택하여 Outline Tree에 추가시키게 된다.

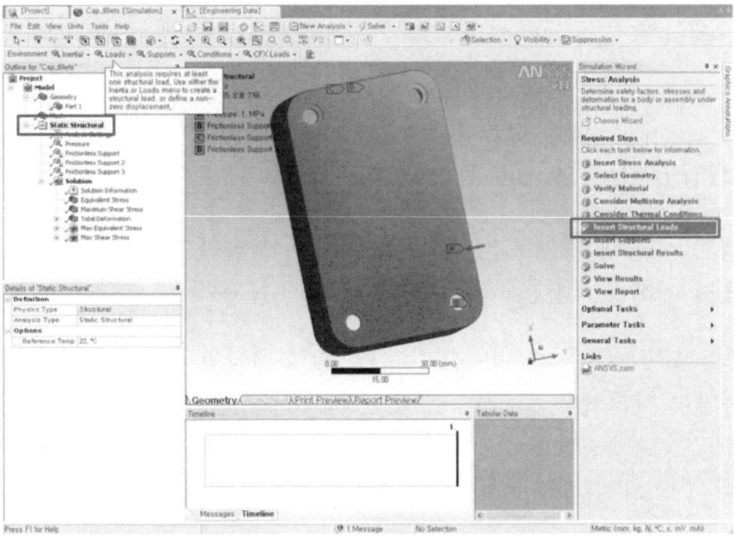

[그림 3.20] Insert Loads & Supports

⑧ Insert Results

- Stress Branch 템플릿을 선택함으로써, 사용자는 이미 검토하고자 하는 여러 가지 결과에 대한 항목을 자동적으로 설정하게 된다. 템플릿에서 설정하지 않은 다른 결과 항목을 보고자 할 때는 아래와 같이 수행한다.
  - Stress Wizard에서 "Insert Results"를 클릭하고, 툴바 메뉴에서 추가하고자 하는 결과 항목을 삽입한다.

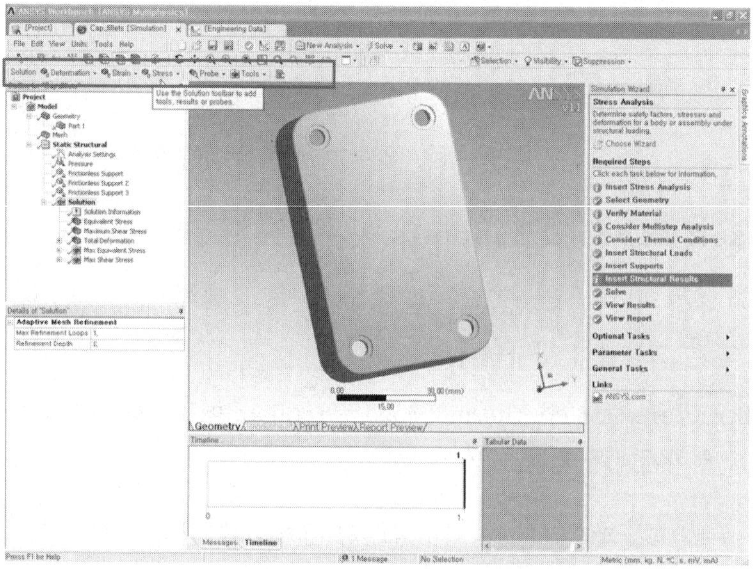

[그림 3.21] Insert Results

⑨ Solving the Model

- 물성치, 하중과 경계조건, 결과 검토 항목이 입력되었으면 해석을 실행할 준비가 완료된 것이다.
  - SelectiStress Wizard에서 "Solve"를 선택하면 solve 아이콘을 클릭하라는 도움말이 나타난다.

아이콘을 클릭하면 해석모델에 대한 계산이 수행된다.

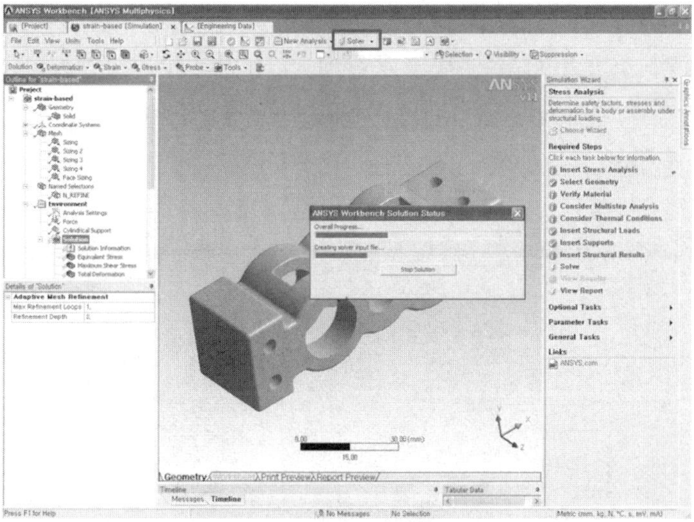

[그림 3.22] Solving the Model

⑩ Solving the Model(ANSYS Details)

- "Solution Information" 항목을 활성화 시키면 해석이 진행되는 과정에 대한 ANSYS output 정보와 같이 보여진다.

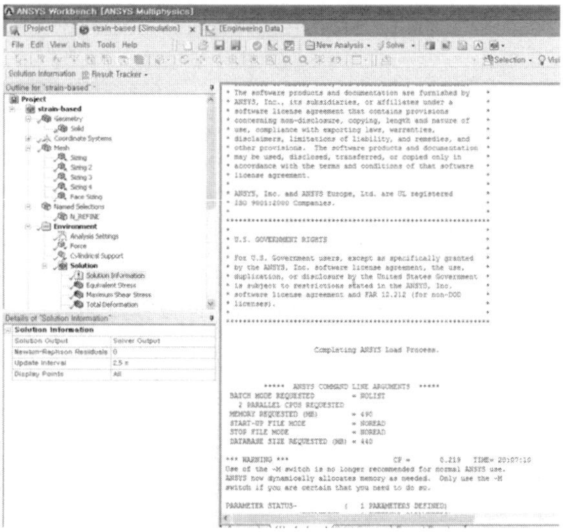

[그림 3.23] Solving the Model(ANSYS Details)

⑪ View Results

- 해석이 완전히 종료된 후, 사용자는 결과를 검토하게 된다.
  - 검토할 결과의 항목은 해석 종류에 따라 달라질 수 있다.
  - 아래의 그림과 같은 Contour 형태 또는 vector 형태, 애니메이션 등으로 결과를 표현할 수 있다.

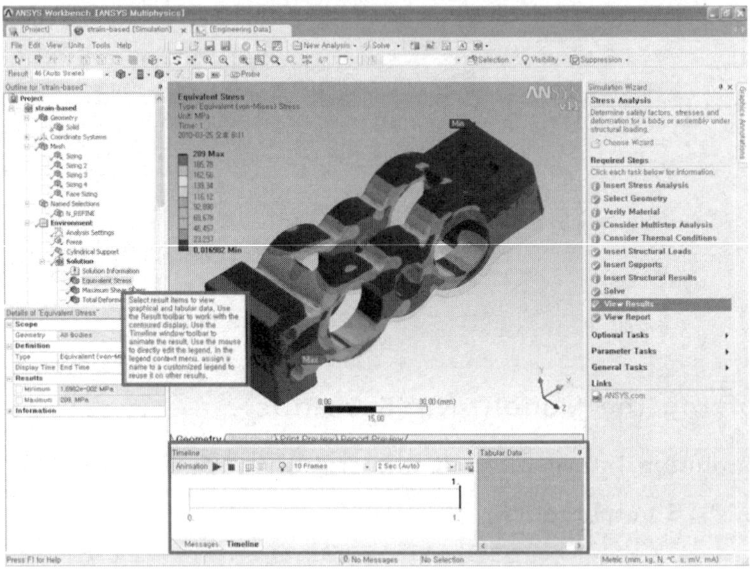

[그림 3.24] View Results – contour plot

⑫ View Report

- 보고서 내에 그림과 주석을 삽입하고자 할 때는 Standard Toolbar에서 해당 아이콘 클릭하여 입력한다.
  - 먼저 "Equivalent Stress"와 같은 결과 항목을 선택한다.
  - Standard Toolbar에서 아래와 같이 해당 아이콘을 선택한다.

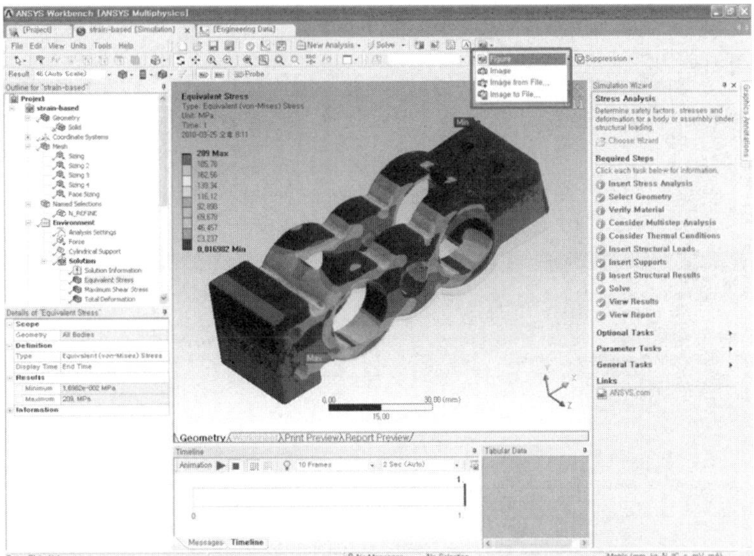

[그림 3.25] View Results – figure

⑬ Applying Loads & Supports

- 하중과 경계조건은 모델의 요소를 선택하고 아래와 같이 두 가지 방법으로 적용한다.
  - Graphics Window에서 모델을 선택한 후 context toolbar 메뉴에서 하중 또는 경계조건 항목을 삽입하는 방법
  - context toolbar 메뉴에서 하중 또는 경계 조건을 삽입한 후, Graphics Window에서 모델을 선택하고 "Apply"를 하는 방법

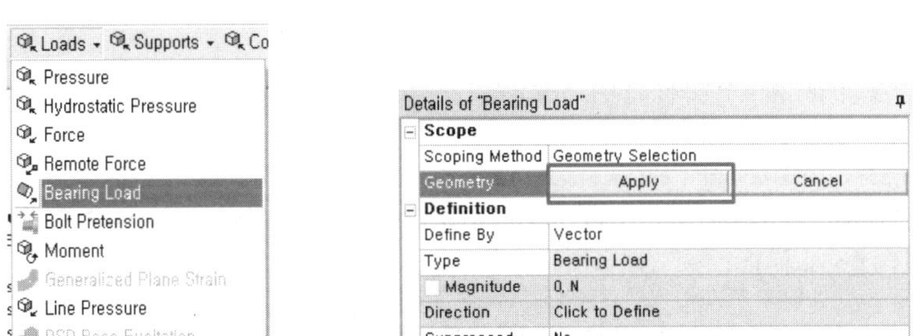

[그림 3.26] Applying Loads & Supports 적용 방법

- 하중과 경계조건을 삽입한 후, 해당 항목을 클릭하여 상세정보 창에서 그 값을 입력하면 된다.
  - 값을 입력해주면 Outline Tree에서 "물음표시"에서 "체크표시"로 상태가 바뀌게 된다.

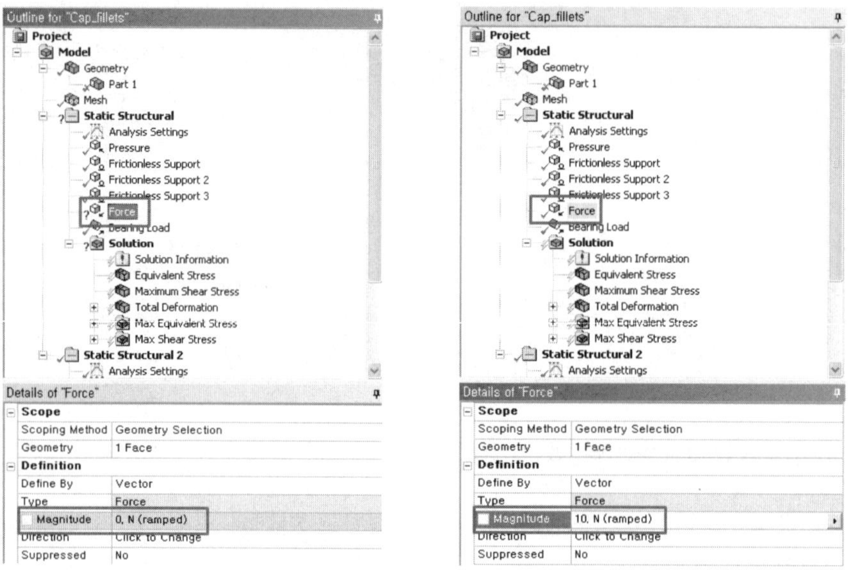

[그림 3.27] 하중과 경계조건의 삽입

- structural load를 입력할 때, 방향을 고려해 주어야 한다.
  - 하중관련 항목을 클릭한 후 상세 정보창을 확인한다.
  - 만약 "Components"를 선택한다면, 전역 좌표계의 X, Y, Z 방향으로 하중을 입력할 수 있게 된다.
  - "Vector"를 선택한다면, geometry를 선택하고 하중의 크기와 방향을 입력할 수 있게 된다.
  - "Tools 〉 Control Panel〉 Miscellaneous 〉 Load Orientation Type"에서 기본 설정을 변경할 수 있다.
  - 좌표계를 이용하여 하중을 부여할 수 있다.

- 좌표계는 원좌표계 및 사용자가 만들어서 이용할 수 있으며, 후에 변경이 가능하다.

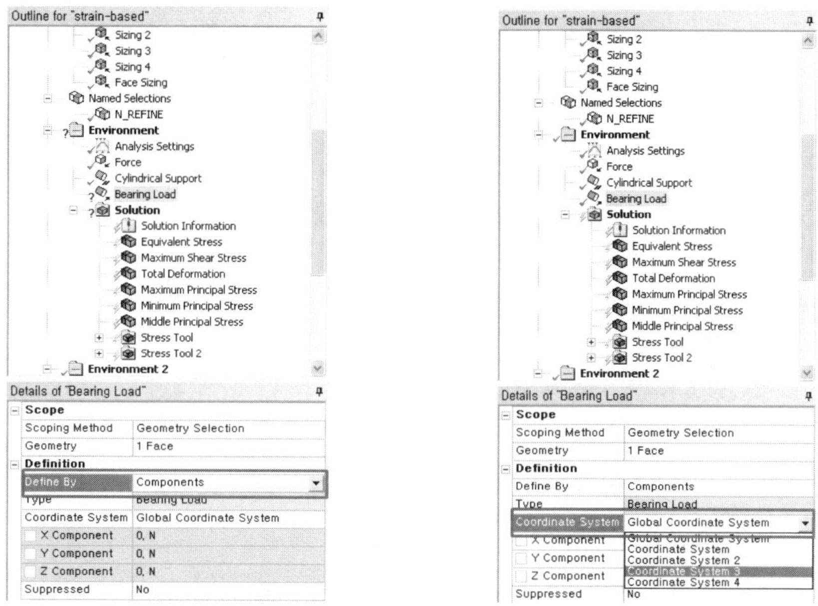

[그림 3.28] 작용방향에 따른 structural load의 입력

- Applying Loads & Supports
  - 기존모델을 가지고 방향을 설정하는 방법
  - 상세정보 창에서 "Define By"의 "Vector"를 선택한 후 현재의 기하모델을 선택하여 하중의 방향을 설정
  - 방향 설정 시 기하모델의 면이나 선 등을 선택해서 이용가능
  - 방향을 설정하는 란이 활성화된 상태에서 그래픽 창에서 방향을 선택하면 왼쪽 하단에 화살표가 나타나는데 이는 선택한 요소의 법선방향의 양방향을 나타냄
  - 끝났으면 "Apply" 선택
  - "Magnitude"에 하중 값 입력

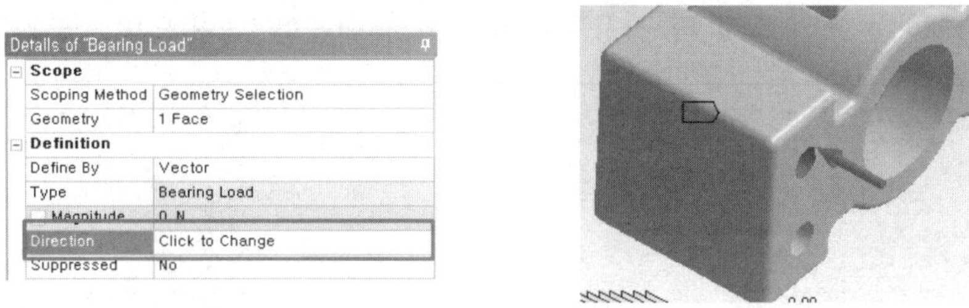

[그림 3.29] 특정 위치의 structural load 입력

3.11 Mouse Controls

- 현재 설정되어 있는 마우스 사용법은 다음과 같다.
  - 왼쪽 마우스 버튼은 기하모델을 선택하거나 graphics display를 설정하는데 사용된다.
  - 왼쪽 마우스 버튼의 기능은 그래픽 툴바 메뉴에서 변경할 수 있다.
  - 사용자는 선택필터(vertex, edge, surface, body) 또는 그래픽 모드(rotate, pan, zoom in/out, box zoom)로 변경할 수 있다.
  - 선택 모드는 단일 선택 또는 박스 선택의 두 가지로 사용 가능하다.
  - 단일 선택 모드는 하나씩 개체를 선택할 수 있고, 마우스 버튼을 누른 상태에서 "paint select"를 하여 다중 선택을 할 수도 있다.
  - 단일 선택 모드에서 Ctrl-왼쪽 마우스 버튼을 이용하여 선택 또는 선택 해제를 할 수 있다.
  - 선택 모드에서 중간 마우스 버튼은 모델 view를 변경시켜 준다.
  - 중간 마우스 버튼을 드래그하여 모델을 rotate시켜 볼 수 있다.
  - Shift-중간 마우스 버튼은 모델을 pan시켜 준다.
  - 휠이 있는 마우스는 휠을 이용하여 모델을 확대 또는 축소시킬 수 있다.
  - Graphic Window에서 오른쪽 마우스 버튼을 누르면 팝업 메뉴가 보여진다.
  - 오른쪽 마우스 버튼을 드래그하면 모델을 확대하여 볼 수 있다.

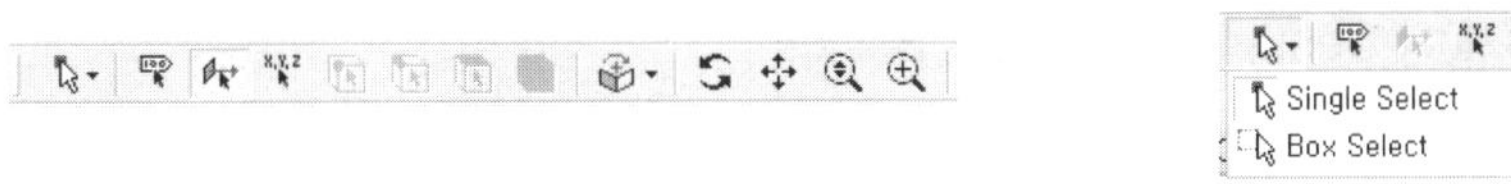

[그림 3.30] 마우스 사용법 – 단일 선택 다중 선택

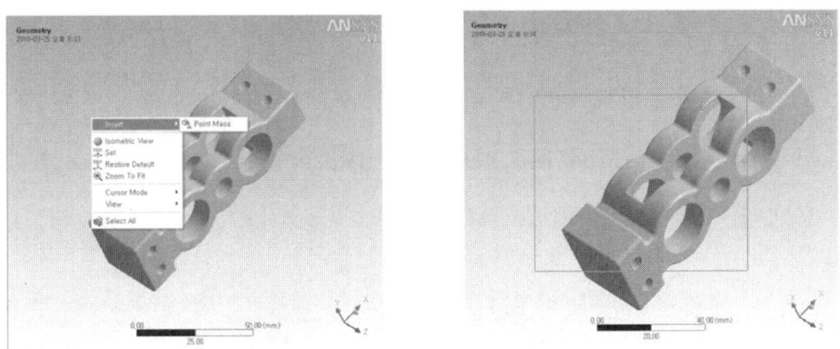

[그림 3.31] 마우스 사용법 – 특정영역 확대

3.12 Selection Planes

- Selection planes를 사용하면 사용자가 가장 쉽게 선택할 수 있는 면의 보이지 않는 다른 면을 선택할 수 있다.
  - 기하모델의 요소를 선택하면 왼쪽 하단에 평면 모양이 나타나게 된다. 이는 어셈블리일 경우는 평면모양이 각 색상이 나타나게 되는데, 각 파트의 색상이 표시되면서 보이지 않은 다른 면을 선택할 수 있다.

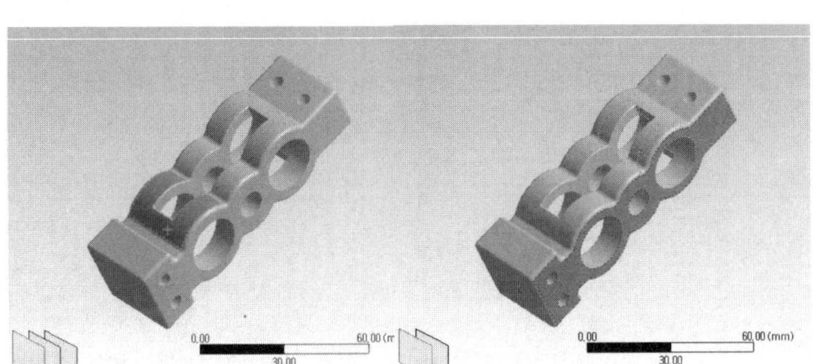

[그림 3.32] Selection planes에 의한 보이지 않는 면의 선택

[예제.1] Design Simulation Basics

- 실습목적 : Simulation Wizard를 이용하여 구조해석을 수행한다. 해석 결과를 사용하여 stress, deflection과 safety factor를 검토한다.

- 조건

  - 모델은 파라솔리드 파일(*.x_t)이며, control box cover 부품 사용
  - 모델외벽에는 1 Mpa(145 psi)의 외압이 작용한다.
  - 모델의 재질은 aluminum alloy이다.

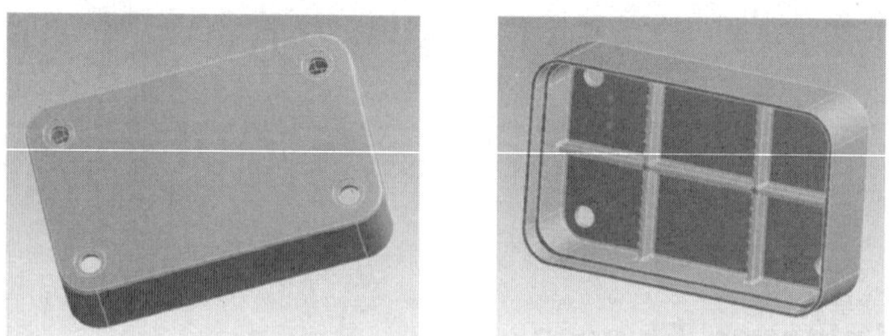

[그림 E3.1] 해석모델 – control box cover

- 구속조건 : 볼트 홀 부분과 바닥 부분의 접촉 면과 안쪽 사이드 면을 frictionless supports로 구속한다.

  - Frictionless supports는 면에 수직 방향 자유도를 구속시키는 조건이다.

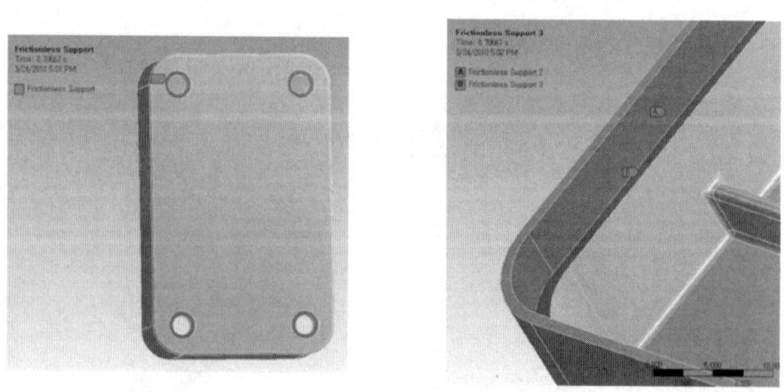

[그림 E3.2] 볼트 홀 부분, 바닥 부분 접촉 면, 안쪽 사이드 면의 frictionless supports 구속조건 수행

- 하중 : 모델에 가해지는 하중은 cover의 외부 17개의 면에 1MPa의 외압이 작용한다.

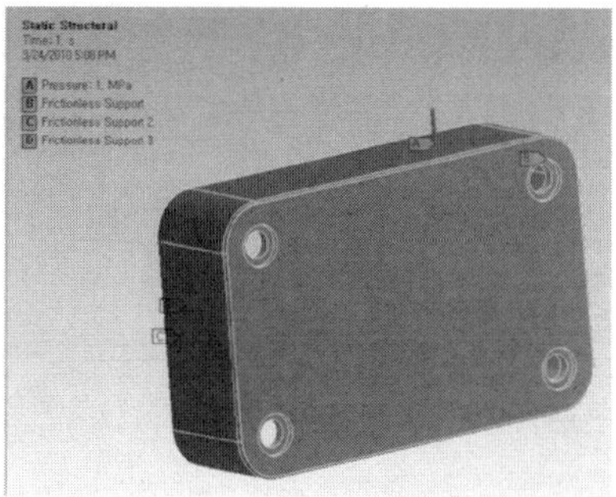

[그림 E3.3] 모델에 가해지는 하중

- 해석의 시작

① ANSYS Workbench에서 Simulation을 실행한다.

② "Map of Analysis Types"에서 "Static Structural"을 선택한다.

③ "Ductile Materials"을 선택하고 "Launch Simulation Wizard" 앞에 박스를 체크한다.

④ [OK]를 선택한다.

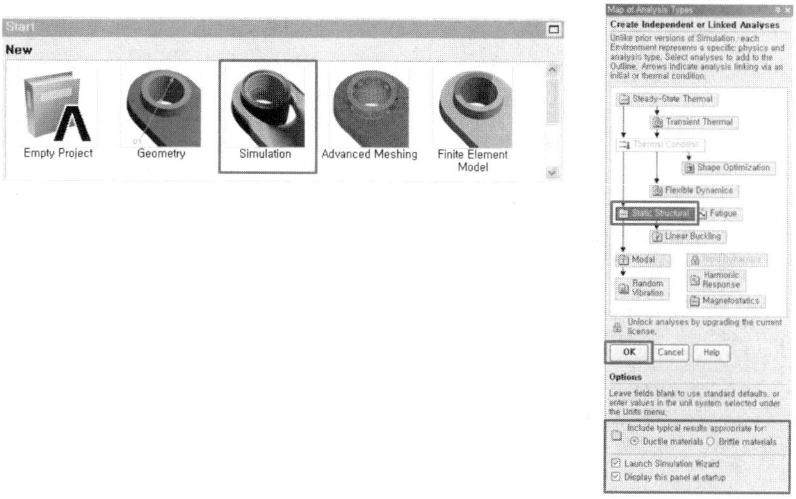

[그림 E3.4] Simulation의 시작

⑤ 단위를 설정한다.

main menu 항목에서 “Units 〉 Metric(mm, kg, N, ℃, s)”를 선택한다.

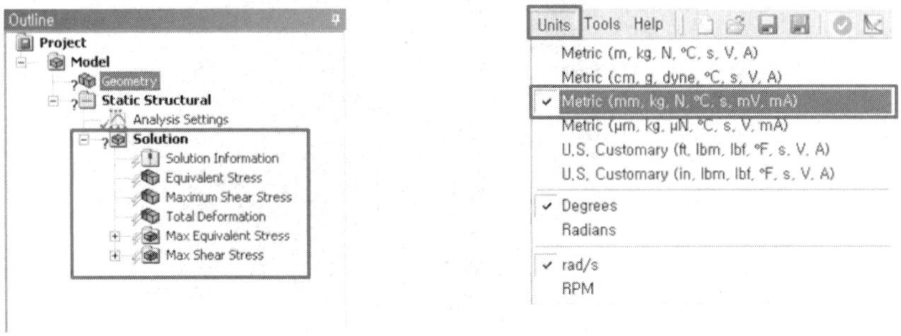

[그림 E3.5] 해석 단위의 설정

⑥ simulation에서 해석하고자 하는 모델을 import한다.

ⓐ “Simulation Wizard”에서 “Select Geometry”를 선택하고 모델을 import 한다.

simulation에서 모델을 import할 수 있는 아이콘을 찾아 따라하라는 문구와 함께 표시를 해준다.

ⓑ 폴더에서 파라솔리드 형식의 파일인 “Cap_fillets.x_t”를 선택하여 open 한다.

“Select Geometry”를 선택하여 모델을 부르고 나면, 글자 앞의 아이콘 모양이 녹색 체크표시로 변경하게 되는데 이는 모델이 불러져 그 항목이 완성되었음을 알려주는 것이다.

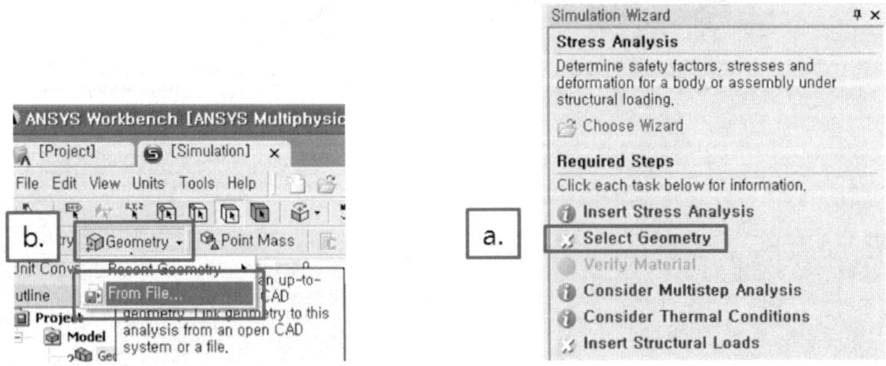

[그림 E3.6] 해석 모델 불러오기

⑦ 파트에 해당하는 물성치를 입력한다.

ⓐ Simulation Wizard에서 "Verify Material"를 선택한다.

ⓑ Details of~ 항목에 "Material"란에 풍선 도움말이 나타나서 방법을 설명해준다. "Import…"를 선택하여 사용하고자 하는 재질인 "Aluminum Alloy"를 선택한다.

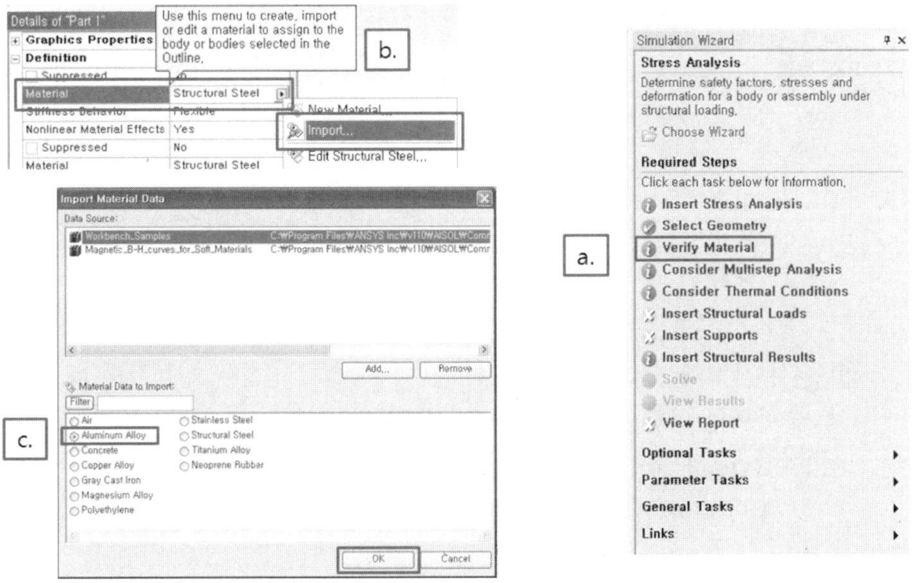

[그림 E3.7] 사용하고자 하는 재질의 적용

⑧ 하중조건을 부여한다.

ⓐ Wizard에서 "Insert Structural Loads"를 선택한다.

ⓑ Load 항목의 "Pressure"를 선택한다.

ⓒ "Static Structural" 항목에 Pressure 하중이 삽입되었다.

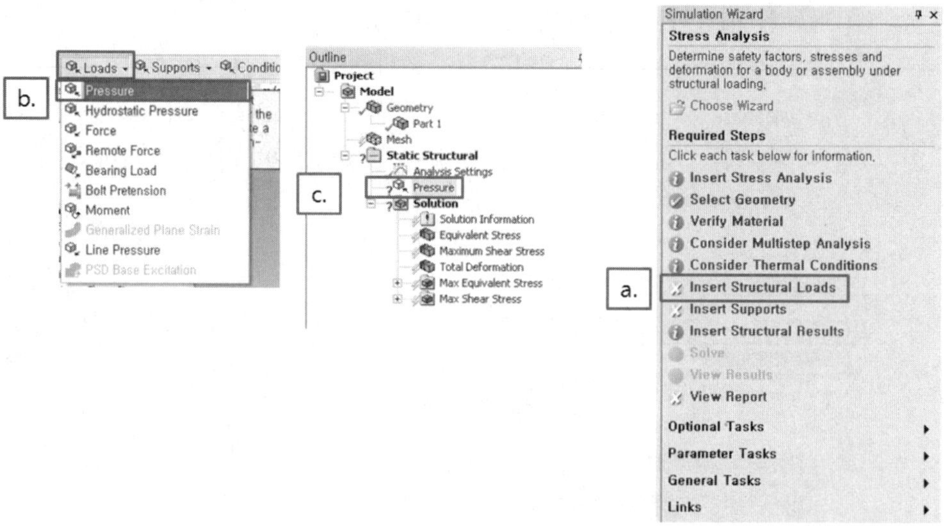

[그림 E3.8] 하중조건의 부여

⑨ 해석 모델에 하중을 적용한다.

ⓐ 파트의 바깥 면 중 한 면을 선택한다.

ⓑ “Extend to Limits”를 선택하여 선택된 면에 연결되어 있는 16개의 면들을 선택한다(총 17개의 면이 선택된다).

ⓒ “Apply”를 선택한다.

ⓓ “Magnitude”에 외압에 해당하는 1MPa를 입력한다.

⑩ 구속조건의 적용

ⓐ Wizard에서 “Insert Supports”를 선택한다.

ⓑ Support 항목에서 “Frictionless Support”를 선택한다.

ⓒ 파트의 카운터 보어 되는 4면을 선택하고 “Apply”를 클릭한다.

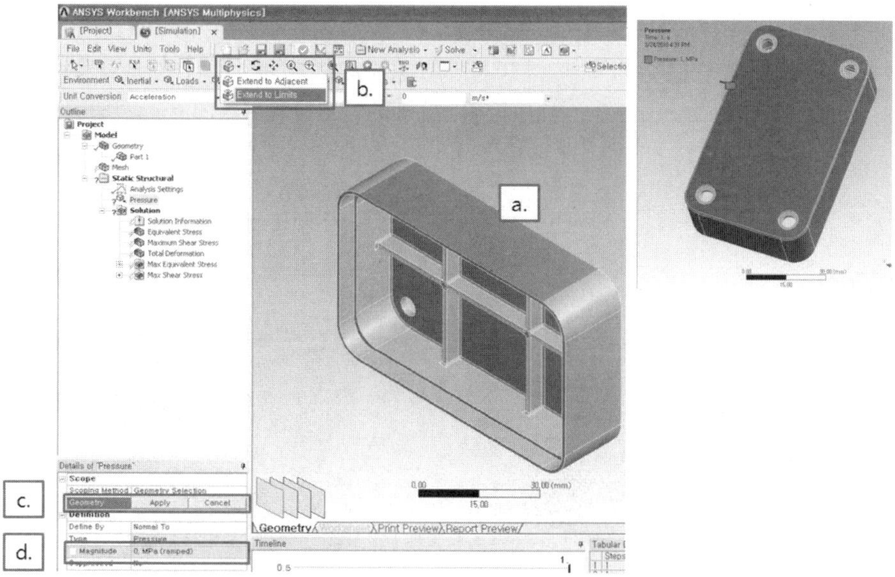

[그림 E3.9] 하중조건의 부여 – 외압의 설정

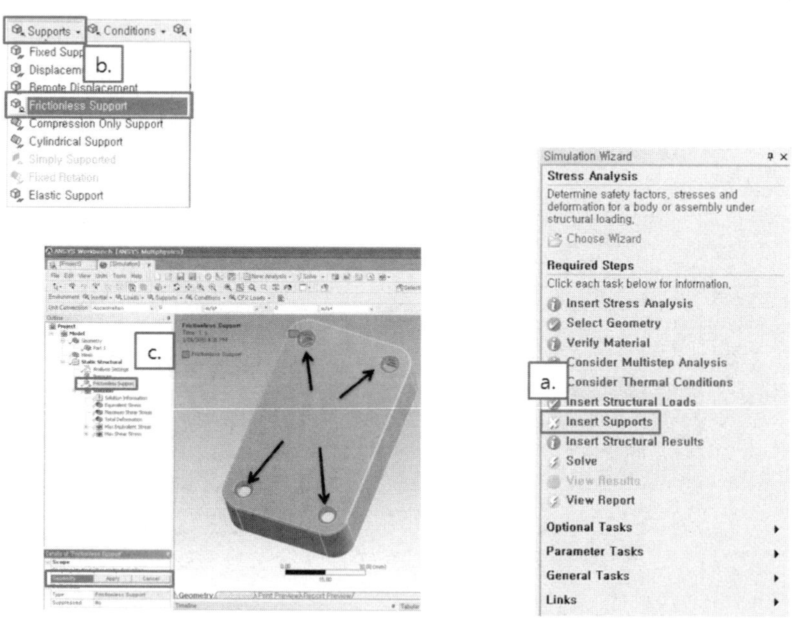

[그림 E3.10] 구속조건의 적용

⑪ 과정 ⑩을 반복한다.

바닥부분의 안쪽 면에 "Frictionless Support"를 부여한다(안쪽의 한 면을 선택하고, "extend to limits"를 선택하여 안쪽 면을 모두 선택되도록 한다).

⑫ 과정 ⑩을 반복한다.

바닥부분의 입구쪽 면을 선택하여 "Frictionless Support"를 정의한다.

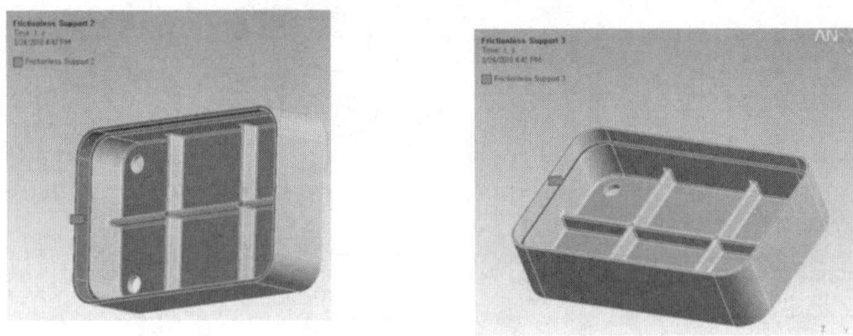

[그림 E3.11] 구속조건의 적용 – Frictionless Support

⑬ 해석을 수행한다.

ⓐ Wizard에서 "Solve"를 선택한다.

ⓑ 풍선도움말의 설명과 같이 "Solve" 아이콘을 선택한다.

"outline"에서 오른쪽 마우스를 선택하여 "Solve"를 수행할 수도 있다.

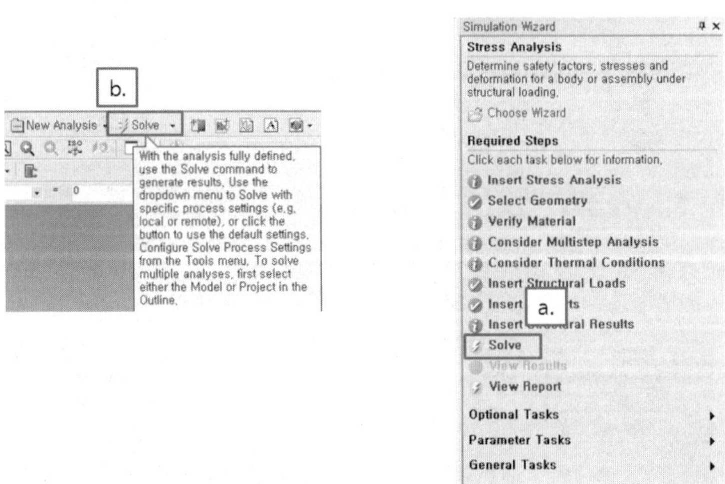

[그림 E3.12] 해석의 수행

⑭ 결과를 확인한다.

ⓐ Wizard "View Results"를 선택한다.

ⓑ 풍선도움말의 설명들과 같이 "Solution" 항목 아래에 확인 가능한 결과들이 있으므로 클릭하여 확인할 수 있다.

- 변형량의 크기와 방향을 확인하여 예상한 결과와 일치하는지 검토한다. 애니메이션의 실행으로 변형되는 단계를 확인할 수 있다.

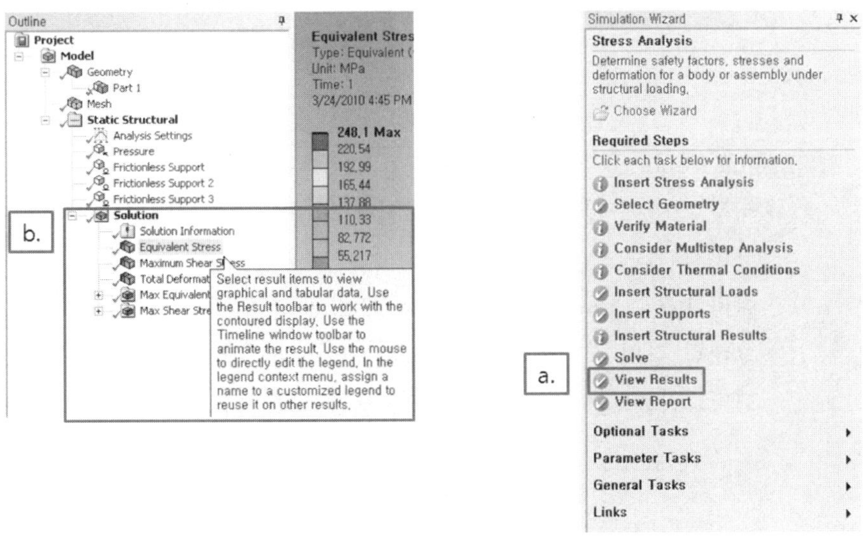

[그림 E3.13] 해석결과의 확인

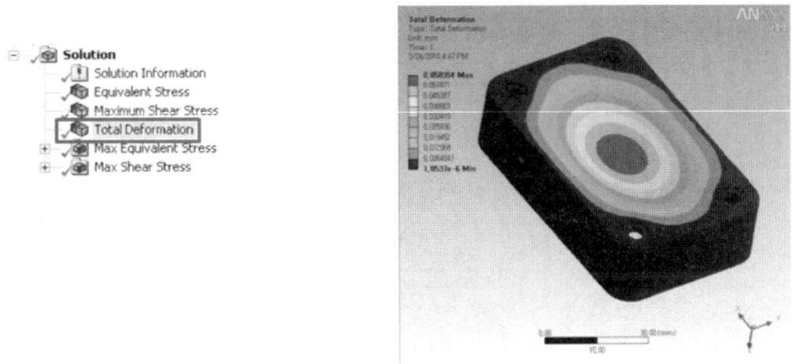

[그림 E3.14] 해석결과의 확인 – 전체 변형량

• 응력결과를 검토해 본다. safety factor와 margin을 확인해 본다.

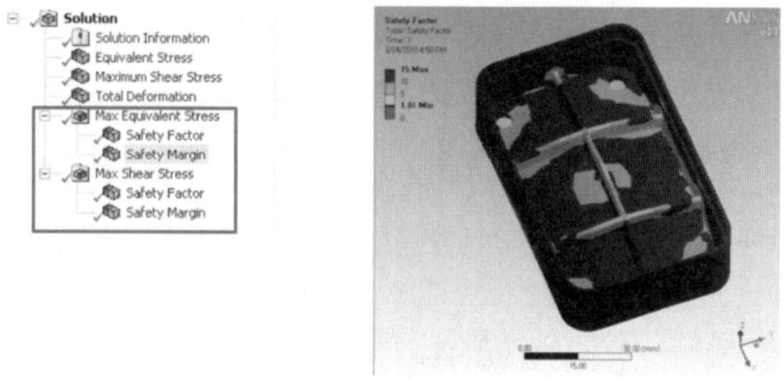

[그림 E3.15] 해석결과의 확인 – safety factor와 margin

⑮ html로 report를 생성한다.

ⓐ 리포트 안에 삽입할 그림을 선택한다. 삽입시킬 그림이 위치하는 탭을 활성화시킨다.

ⓑ 툴바에서 "Figure"를 선택한다. 필요한 경우 주석문을 삽입할 수 있다.

ⓒ 그래픽 창의 하단에 있는 "Report Preview"탭을 선택하여 리포트를 생성한다. 리포트는 Outline의 모든 탭들을 분석할 것이다.

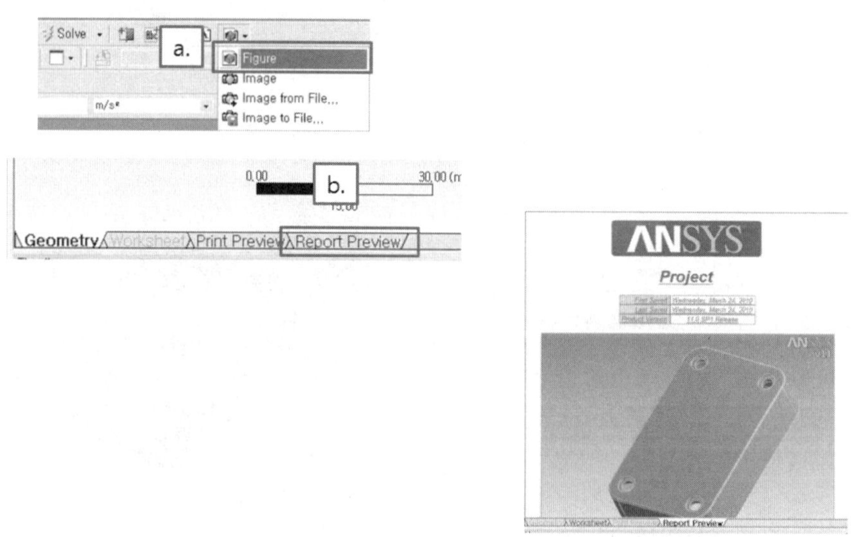

[그림 E3.16] 해석결과의 확인 – report

Note

- Figures는 결과 항목에 제한적이지 않다. 예를 들어 environment 항목에 Figures를 많이 하면, 리포트에 모델 경계조건을 포함할 수 있다.
- Figures는 독립적이다. 각각의 항목(Branch)들은 항목과 함께 연관성 있는 여러 개의 figures를 생성할 수 있다.

제 4 장

General Preprocessing

4.1 개요

- 4장에서는 3장에서 주로 수행한 Wizard를 사용하지 않고 해석을 수행하는 방법에 대해 알아본다.
- Outline tree에서 다음 항목에 기능에 관하여 알아본다.
  - Geometry
  - Contact
  - Meshing
  - Named Selections
  - Coordinate Systems

4장에서 설명되는 기능들은 일반적으로 ANSYS DesignSpace 또는 그 이상의 라이센스에서 적용이 가능한 것들이며, 이하의 라이센스는 구동이 되지 않는다.

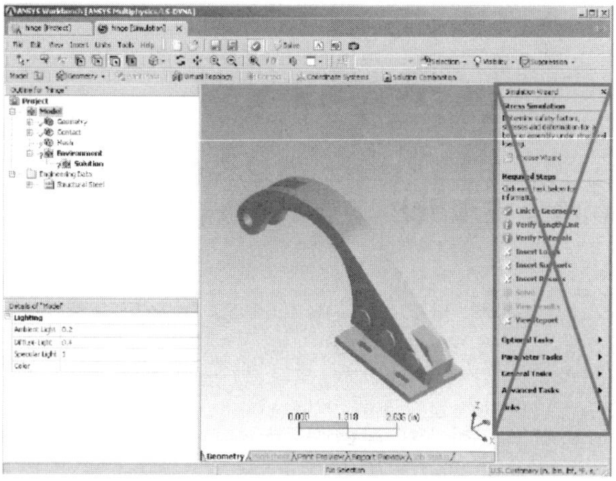

[그림 4.1] Wizard를 사용하지 않고 해석을 수행

4.2 Introduction

- Outline Tree는 주로 해석을 하기 위한 설정을 하는 역할을 한다.
  - Toolbar와 Details of~는 Outline Tree에서 커서의 위치에 따라 그 내용이 달라지게 된다.
  - Outline Tree의 기능을 이번 장에서 알아보도록 한다.

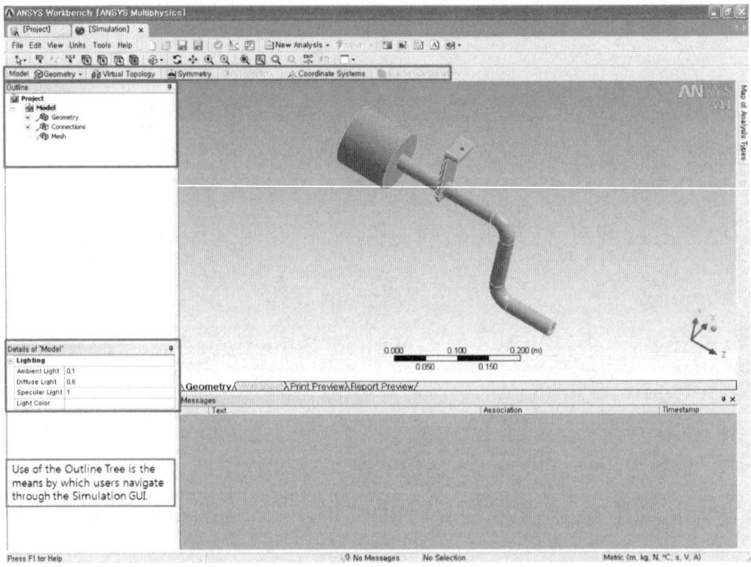

[그림 4.2] Outline Tree를 이용한 해석의 수행

4.3 Geometry Branch

- Context toolbar에서 모델을 불러거나 CAD 프로그램으로부터 Plug-in하게 되면 Outline에 Geometry 아래로 단품에 관한 정보들이 들어오게 된다.
- Simulation에서는 세 가지 형태의 기하모델을 해석할 수 있다.
  - 3차원 볼륨(Solid bodies) : 3D volumes/parts

- 2차원 표면(Surface bodies) : areas(only)
- 1차원 선(Line bodies) : curves(only)

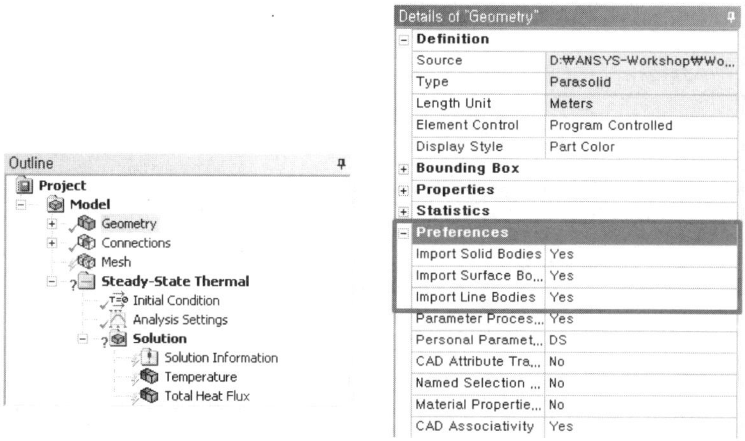

[그림 4.3] 기하학적 형상의 로딩

4.4 Types of Bodies

- Solid bodies는 3D 또는 2D 모델을 해석할 수 있다.
  - 3D solids는 Midnode를 갖는 이차요소로 사면체 또는 육면체 요소망(Soild 186,187)을 생성한다.
  - 2D solids는 Midnode를 갖는 이차요소로 삼각형 또는 사각형 요소망(Plane 183)을 생성한다.
- 현재 2D 기하모델은 DesignModeler, ProEngineer, Solid Edge, SolidWorks, Unigraphics을 가지고 모델링하여 해석할 수 있다.
- 모델의 타입은 해석환경으로 불러 들어온 후에 변경할 수 없다. 모델을 불러오기 전에 해석 타입을 2D로 선정해야 한다.
  - 각절점은 구조 관련된 3개의 병진 자유도(DOF)와 열 해석에 관련된 온도 자유도를 갖게 된다.

[2D 기하모델]

Geometry Interface	Availability
DesignModeler	×
Pro/ENGINEER	×
Unigraphics	×
SolidWorks	×
Inventor	×
Solid Edge	×
Mechanical Desktop	×
CATIA V4	×
CATIA V5	×
ACIS (SAT)	×
Parasolid	×
EGES	×

[Surface bodies]

Geometry Interface	Availability
DesignModeler	×
Pro/ENGINEER	×
Unigraphics	×
SolidWorks	×
Inventor	×
Solid Edge	×
Mechanical Desktop	
CATIA V4	×
CATIA V5	×
ACIS (SAT)	×
Parasolid	×
EGES	×

- Surface bodies는 두께가 없는 3D surface 모델
  - Surface bodies는 두께를 가지고 있지 않다.
    따라서, Design Simulation에서 입력해 주어야 한다.
  - Surface body는 1차의 쉘 요소로 요소 망(Shell 181)을 생성한다.
  - 각절점은 구조와 관련된 3개의 병진 자유도와 3개의 회전 자유도(DOF)를 가지고 있으며, 열 해석에 관련된 온도 자유도를 가진다.
  - 볼륨을 가지지 않으므로 박판구조물의 해석에 효과적으로 사용할 수 있다.

- Line bodies : Line body는 길이에 비해서 단면의 형상이 매우 작은 모델에 적합하다. 주로 Beam 구조물에 적용되며 라인으로 모델링하고, 단면에 관한 정보를 입력하여 해석이 수행가능하다.
  - DesignModeler에서 생성된 모델만이 line bodies를 지원한다.
  - Line body는 1차 빔 요소(Beam188)로 요소망을 생성한다.

- 각절점은 구조 또는 열해석과 관련된 3개의 translation과 rotation 자유도 (DOF)를 갖게 된다.
- 구조물의 부재나 골격과 같은 부분에 적합하다.

[Line bodies]

Geometry Interface	Availability
DesignModeler	×
Pro/ENGINEER	
Unigraphics	
SolidWorks	
Inventor	
Solid Edge	
Mechanical Desktop	
CATIA V4	
CATIA V5	
ACIS (SAT)	
Parasolid	
EGES	

4.5 Multibody Parts

- 일반적인 CAD 프로그램에서 Body와 Part는 동일한 것으로 인식되어 사용된다. 그러나 DesignModeler의 multibody parts는 Body와 Part가 다른 의미를 가진다.
- Multibody는 파트와 파트사이에서 절점을 공유하게 된다.

  즉, mesh의 connectivity가 형성되는 것이다.
- 노드를 공유한다면 접촉이 없어도 해석이 가능하다.

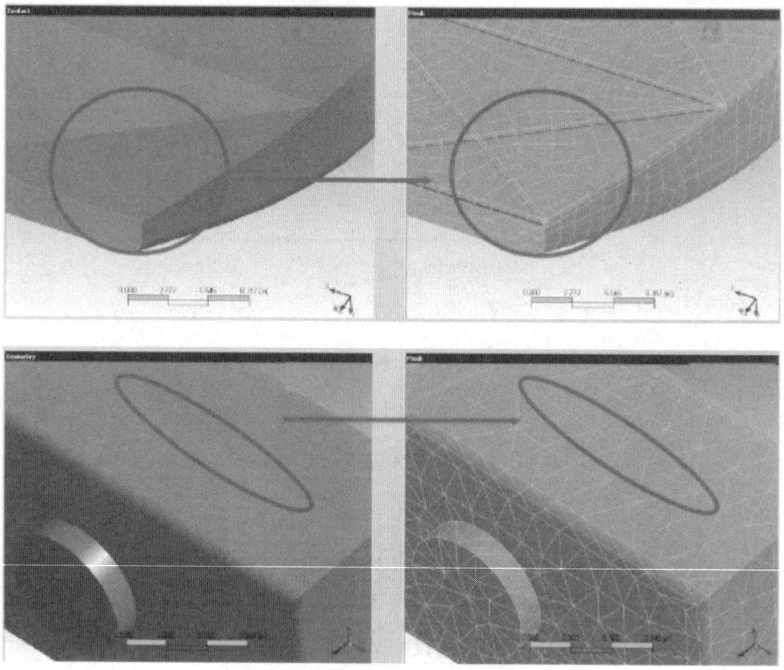

[그림 4.4] Multibody Parts

4.6 Material Properties

- 물성치를 변경하고자 할 때 “Geometry” 밑에 단품을 선택하고 상세 정보창에서 풀-다운 메뉴로 변경하고자 하는 물성치를 선택하여 변경하면 된다.
  - 물성치는 외부의 xml 파일을 선택하여 쓸 수 있다.
  - 새로운 물성치 데이터는 “Engineering” 밑에 삽입한 후 입력하여 사용되며, 새로이 입력된 물성치는 메뉴로 선택해서 사용할 수 있다.
- Surface body에 대한 물성치 입력에서는 body에 대한 두께를 입력해야 한다.

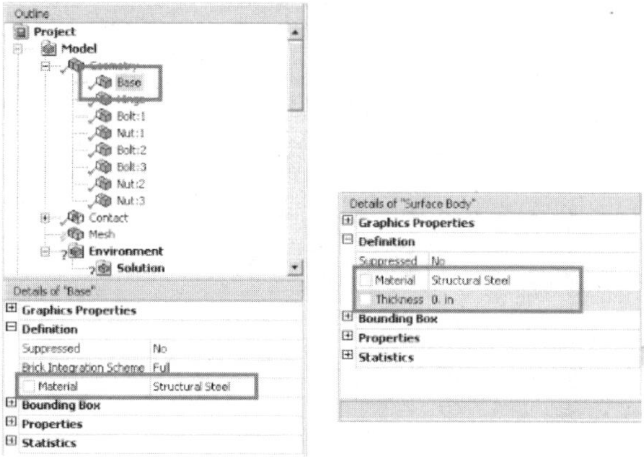

[그림 4.5] 물성치의 변경

[물성치 변경 가능 라이센스]

ANSYS License	Availability
DesignSpace Entra	×
DesignSpace	×
Professional	×
Structural	×
Mechanical/Multiphysics	×

4.7 Geometry Worksheet

- 각각의 body에 적용된 물성치를 확인한다.
  - Outline tree에서 "Geometry" 항목을 선택하고 "Worksheet" 탭으로 이동한다.

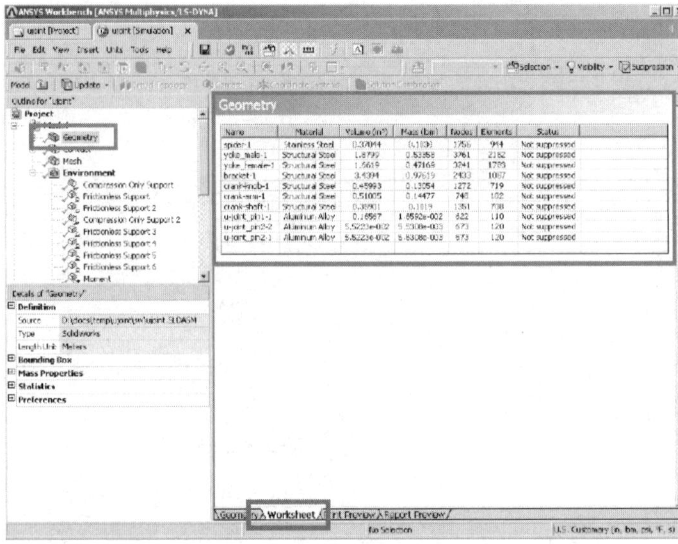

[그림 4.6] 각각의 body에 적용된 물성치의 확인

[물성치 확인 가능 라이센스]

ANSYS License	Availability
DesignSpace Entra	
DesignSpace	×
Professional	×
Structural	×
Mechanical/Multiphysics	×

4.8 Contact

- 다수의 part를 갖는 조립품일 때, part와 part간의 정의가 필요하다.
  - 접촉영역은 Solid와 Shell part의 상호 관계를 정의하는데 사용된다.
  - Shell 조립품 정의에 Spot weld 기능이 제공된다.
  - 접촉 또는 spot weld가 없다면, part와 part는 서로 떨어져 있게 된다.

- 구조해석에 있어서 접촉과 spot weld는 각 part간에 침투를 막고 하중을 전달하는 역할을 하게 된다
- 열해석에서는 접촉과 spot weld는 다른 part로 접촉에 의한 전도열전달을 전해주는 역할을 하게 된다.
- Multibody parts는 절점을 공유하기 때문에 Contact나 spot weld가 필요하지 않다.

[Contact 설정 가능 라이센스]

ANSYS License	Availability
DesignSpace Entra	
DesignSpace	×
Professional	×
Structural	×
Mechanical/Multiphysics	×

4.9 Solid Body Contact

- 조립품을 불러올 때, 접촉면이 자동으로 생성된다.
  - 접촉 연관성은 CAD 프로그램으로부터 사용되는 것은 아니다.
    각 면과의 표면 근접 정도가 접촉을 정의하게 되는 것이다.
  - Outline에서 "Contact" 항목을 선택하여 아래 "Tolerance Slider"
    Details of~ 중 "Tolerance Slider"의 슬라이더 바를 움직임으로써 ANSYS에서 모델을 불러올 때 생성되는 자동 접촉 영역의 허용공차(Gap의 크기)를 부여할 수 있다.

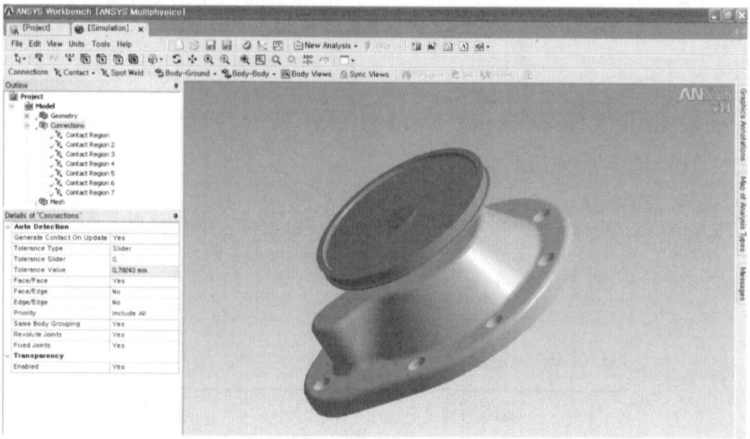

[그림 4.7] Solid Body Contact

[Solid Body Contact 설정 가능 라이센스]

ANSYS License	Availability
DesignSpace Entra	
DesignSpace	×
Professional	×
Structural	×
Mechanical/Multiphysics	×

- Part 사이의 접촉은 접촉요소를 그 면에 생성시켜 접촉조건을 설정해 주게 된다.
- 이것은 part 사이의 요소망의 밀도가 달라도 된다는 의미이다.
  따라서 사용자는 관심영역의 요소망 밀도를 높여 줄 수 있게 된다.

[그림 4.8] 서로 다른 요소망의 접촉

[서로 다른 요소망의 접촉 가능 라이센스]

ANSYS License	Availability
DesignSpace Entra	
DesignSpace	×
Professional	×
Structural	×
Mechanical/Multiphysics	×

- Outline tree에서 “Contact” 항목 밑에 접촉영역을 선택하면, 그 영역이 어디인지 쉽게 알 수 있다.
  - Outline tree에서 “Contact” 항목을 클릭한 후, 상세정보 창에서 투명도 기능을 off시킬 수 있다.
  - 투명도 설정은 “Tools → Options… → Simulation: Contact: Transparency”를 선택하여 조절할 수 있다.

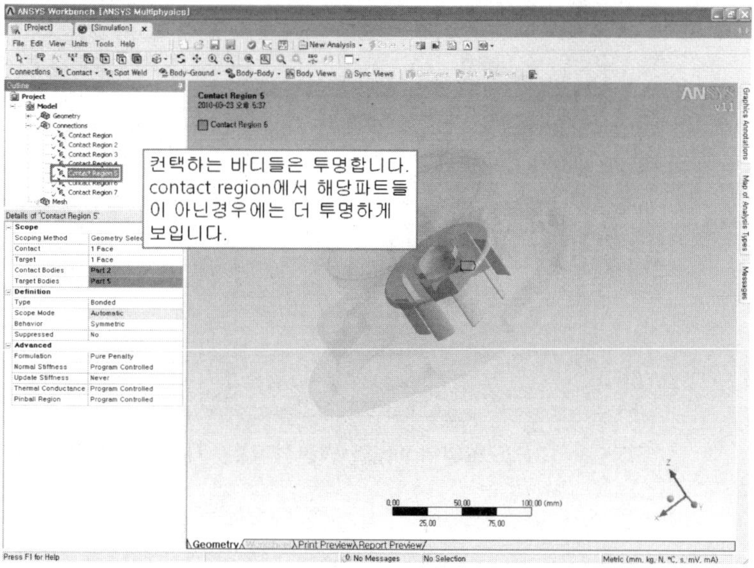

[그림 4.9] 투명도를 이용한 접촉면의 확인

[투명도를 이용한 접촉면의 확인이 가능한 라이센스]

ANSYS License	Availability
DesignSpace Entra	
DesignSpace	×
Professional	×
Structural	×
Mechanical/Multiphysics	×

- Graphic window에서 모델의 entity를 선택하고, 오른쪽 마우스 버튼을 클릭하면 아래의 그림과 같은 팝업 메뉴가 나타난다.
  - 팝업 메뉴는 사용자가 선택한 모델의 entity와 연관성 있는 기하모델 또는 접촉영역 등을 알 수 있도록 도와준다.

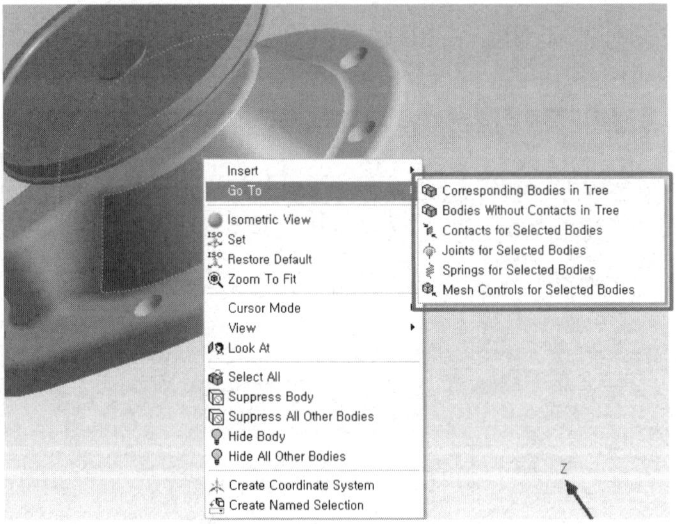

[그림 4.10] 모델의 entity와 연관성 있는 기하모델의 접촉영역

[연관성 있는 기하모델의 접촉영역 확인이 가능한 라이센스]

ANSYS License	Availability
DesignSpace Entra	
DesignSpace	×
Professional	×
Structural	×
Mechanical/Multiphysics	×

- 접촉영역 설정 : "contact"과 "target"면으로 설정한다.
  - "contact"과 "target"은 중요하지 않다. 이는 한쪽 면을 "contact"로 설정하면 다른 면을 "target"으로 설정하면 되기 때문이다.
  - Toolbar의 "Contact"을 이용하여 접촉영역을 설정할 수도 있다.

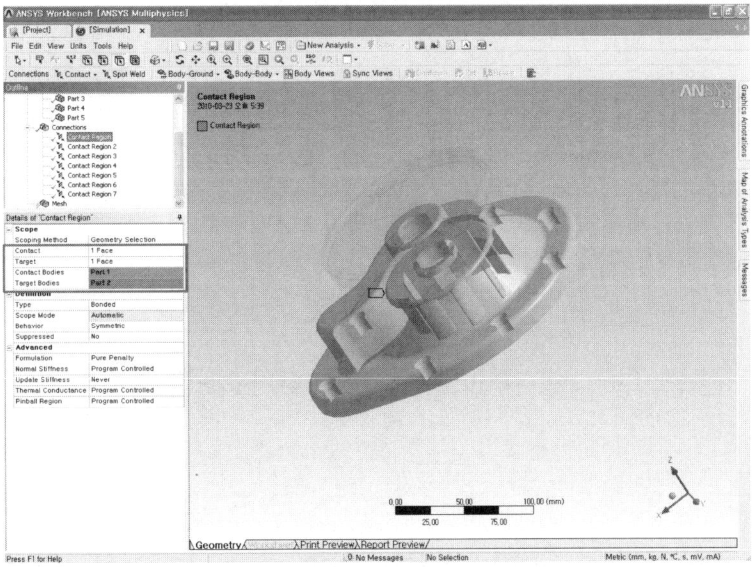

[그림 4.11] 접촉영역 설정

- 접촉의 형태는 다음과 같다.

Contact Type	Iterations	Normal Behavior(Separation)	Tangential Behavior(Sliding)
Bonded	1	Closed	Closed
No Separation	1	Closed	Open
Frictionless	Multiple	Open	Open
Rough	Multiple	Open	Closed
Frictional	Multiple	Open	Open

- Bonded와 No Separation 접촉은 선형 거동을 하는 접촉의 형태이다.
- Frictionless와 Rough contact는 비선형 거동에 대한 해석을 수행하며, 반복법을 사용하여 계산을 수행하므로 해석시간이 많이 소요되므로 소변형 이론으로 가정하고 계산하는 경우가 많다.

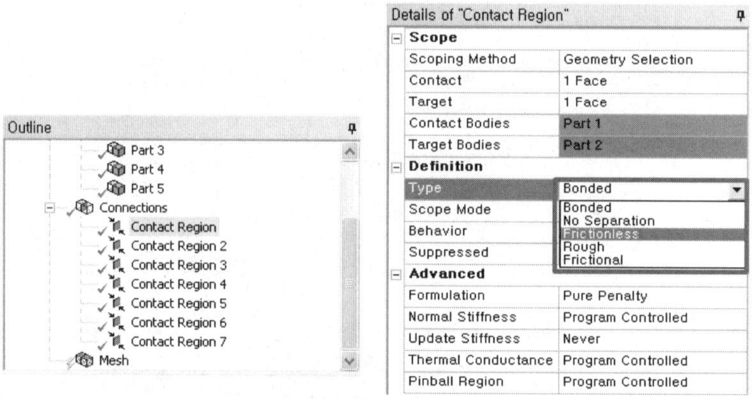

[그림 4.12] Frictionless와 Rough contact

4.10 Renaming Contact Regions

- Select the "Contact" 항목을 선택하고 RMD 후 "Rename Based on Geometry"를 선택하면 모든 컨택들의 이름이 파트 이름에 근거하여 수정된다.

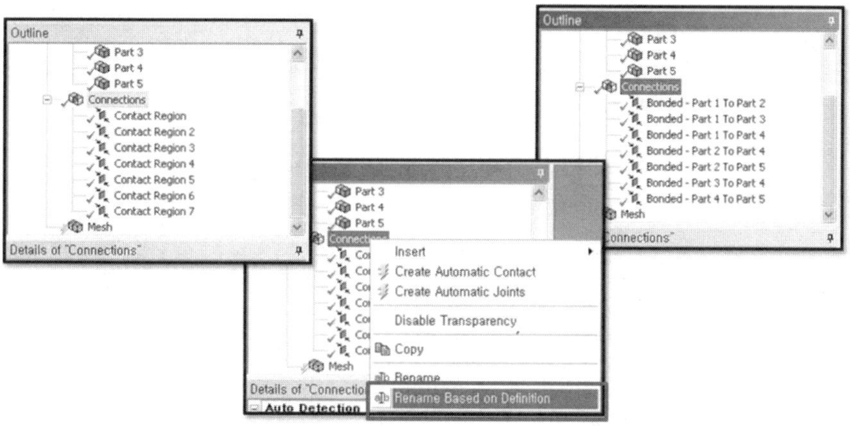

[그림 4.13] Renaming Contact Regions

4.11 Advanced Solid Body Contact

- ANSYS Professional 또는 그 이상의 라이센스를 보유하고 있으면 advanced contact options를 사용할 수 있다.
  - Slider를 이용하지 않고, 접촉 tolerance값을 입력하여 자동으로 접촉 영역을 생성
  - asymmetric contact의 자동설정 가능
  - contact result 검토 가능
  - 각각의 접촉영역의 formulation 변경 가능

[Advanced Solid Body Contact 사용가능 라이센스]

ANSYS License	Availability
DesignSpace Entra	
DesignSpace	×
Professional	×
Structural	×
Mechanical/Multiphysics	×

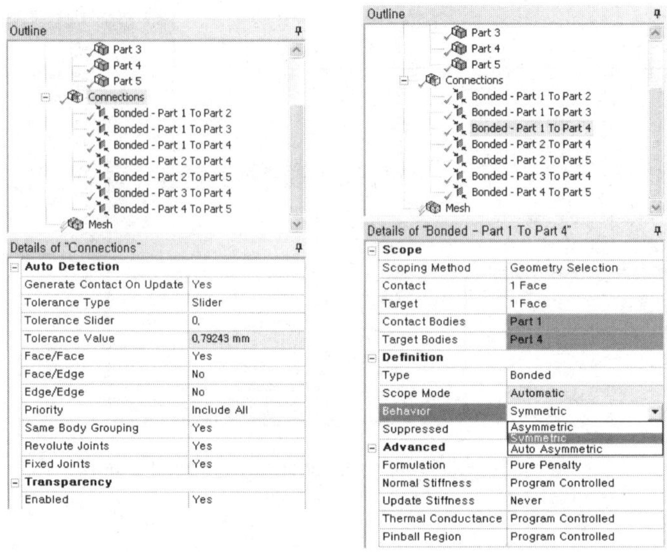

[그림 4.14] Advanced Solid Body Contact

4.12 2D Solid Body Contact

- Surface 접촉은 면보다는 2D 면의 모서리 접촉으로 정의를 하게 된다.

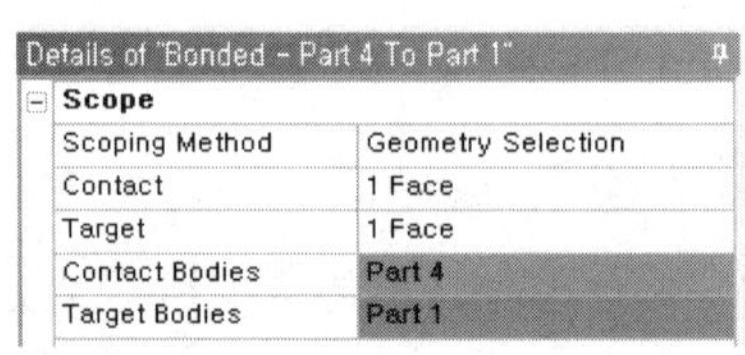

[그림 4.15] 2D Solid Body Contact

4.13 Surface Body Contact

- ANSYS Professional 또는 그 이상의 라이센스에서 쉘과 솔리드의 조립품 모델을 지원한다.

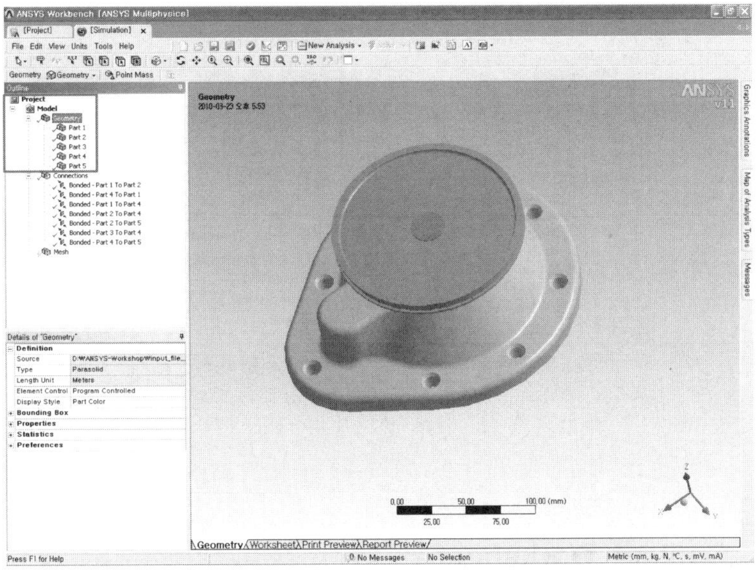

[그림 4.16] Surface Body Contact

[Surface Body Contact 사용가능 라이센스]

ANSYS License	Availability
DesignSpace Entra	
DesignSpace	×
Professional	×
Structural	×
Mechanical/Multiphysics	×

- 쉘 접촉은 모서리대 면 또는 모서리대 모서리가 가능하다.
  - 쉘 접촉은 기본적으로 off로 설정되어 있다.
  - 쉘 접촉이 설정되면 Outline tree 메뉴의 “Contact” 항목 밑에 자동으로 만들어 진다.
  - 모서리대 면 또는 모서리대 모서리 접촉기능 설정을 켜거나 끌 수 있다.

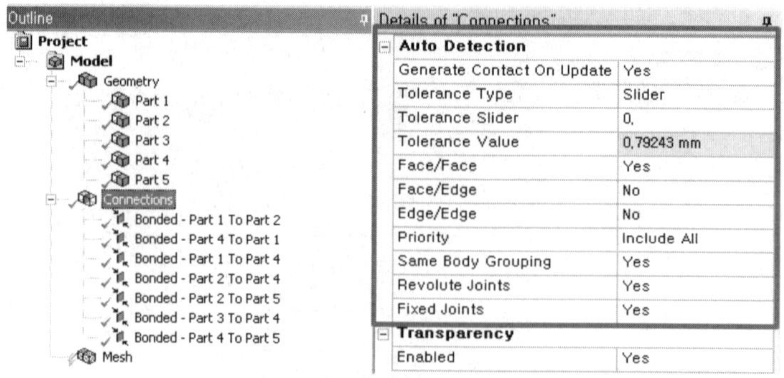

[그림 4.17] 쉘 접촉의 여러 가지 형태

4.14 Contact Worksheet

- Outline tree의 “Contact” 항목을 선택한 후 “Worksheet” 탭으로 이동하면 설정된 다양한 접촉 정의와 spot weld의 내용을 볼 수 있다.

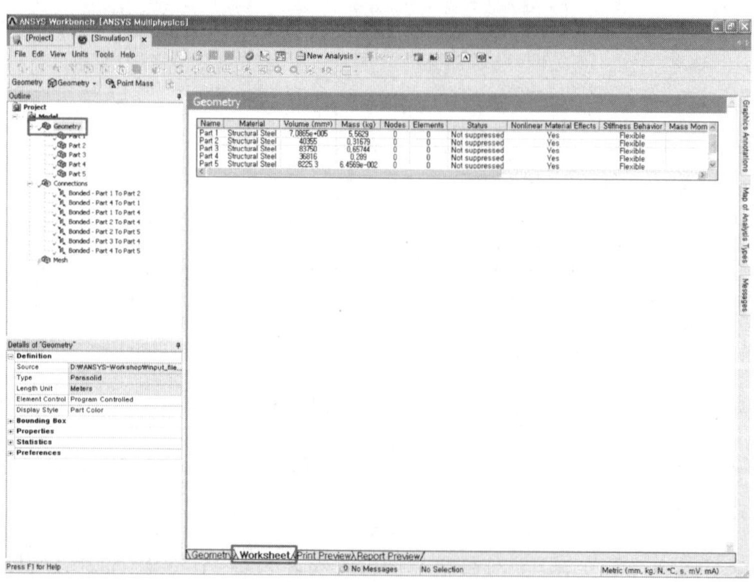

[그림 4.18] Contact Worksheet

4.15 Meshing

- 유한요소 해석에 있어서 절점 및 요소의 mesh 밀도는 해석결과에 영향을 미치므로 매우 중요한 요소이다.
  - Design Simulation은 기본적으로 설정되어 있는 mesh 크기를 기준으로 free mesh를 수행한다.
  - 사용자는 “preview mesh”를 실행하여 mesh의 형태 및 밀도를 확인할 수 있다.

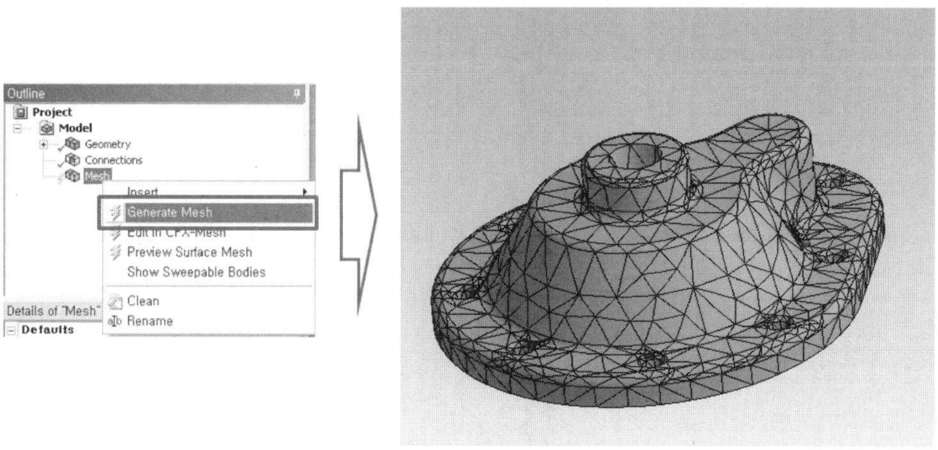

[그림 4.19] 해석격자의 생성

- 사용자는 mesh 밀도 및 형상의 적합성을 판단할 필요가 있다.
  - 조밀한 mesh는 해의 정확성을 높일 수 있지만, solving time과 memory 사용량을 증가시키게 되므로 적당한 사이즈의 격자를 생성하는 작업이 필요하다.
  - 이상적으로는 해석결과가 mesh 밀도에 따라서 바뀌지 않도록 해야 하지만 일반적으로는 격자의 형태나 수가 달라지면 해석결과가 다소 변하는 경향이 있다.
  - 수렴해석을 통해서 mesh의 적합성을 찾을 수 있다.
  - 사용자는 여러 가지 해석을 수행함으로써 경험적으로 mesh의 적합성에 대한 know-how를 축적할 수 있게 된다.

4.16 Global Meshing Controls

- 기하모델에서 격자를 생성하기 전에 아래와 같이 격자 생성에 필요한 옵션들을 선택할 수 있다.
  - midnode를 갖는 솔리드 요소
  - 요소모양을 체크
  - 해석별 설정 항목
  - Mechanical(default)
  - Electro magnetics
  - CFD
  - Explicit dynamic
- 해석별로 셋팅하는 것은 세부 고급옵션을 셋팅하기 전 기본으로 먼저 설정하도록 한다.

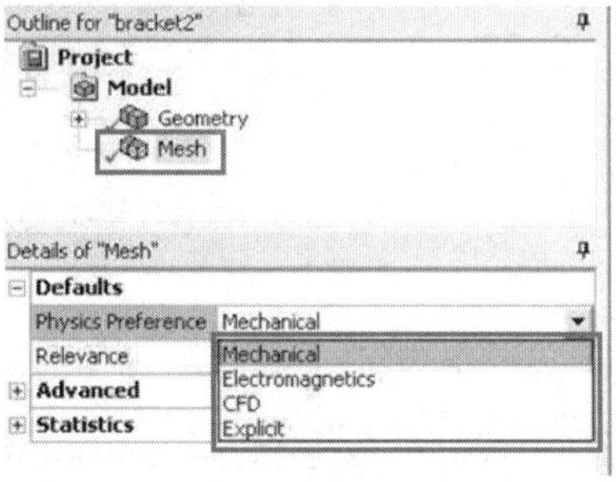

[그림 4.20] Global Meshing Controls

- 기하모델의 전체적인 mesh 컨트롤은 mesh 항목을 선택하고 아래 Details of~에서 "Defaults" 부분을 제어하는 방법이다.
  - 슬라이더 바를 움직여 컨트롤할 수 있다.
- "Relevance"를 -100에서 +100까지 설정한다.

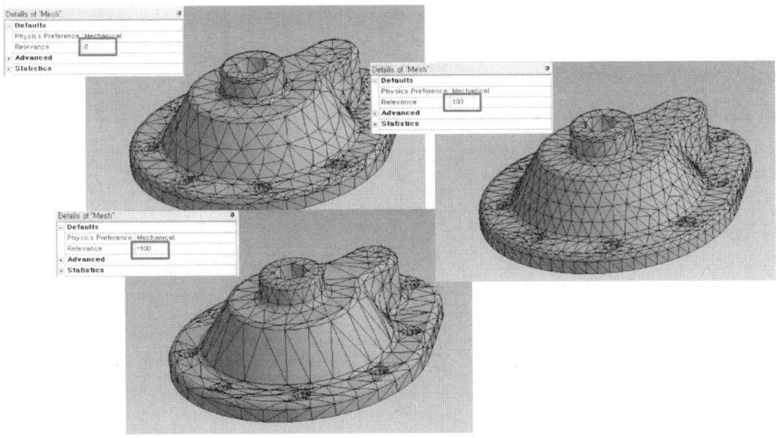

[그림 4.21] 기하모델의 전체적인 mesh 컨트롤

- 기하모델의 전체 컨트롤 고급 옵션
  - Relevance Center : "Relevance"의 슬라이더 컨트롤 기준을 설정
  - "Element Size" : 요소의 전체적인 평균길이를 지정한다.
  - Shape Checking
- Standard Mechanical – 선형 해석, 모달 해석, 열 해석
- Aggressive Mechanical – 변형량이 큼, 재료비선형
- 솔리드 요소 Midside Nodes 옵션
  - Program Controlled(기본), Dropped or Kept.

Details of "Mesh"	
Defaults	
Physics Preference	Mechanical
Relevance	100
Advanced	
Relevance Center	Coarse
Element Size	Default
Shape Checking	Standard Mechanical
Solid Element Midside Nodes	Program Controlled
Straight Sided Elements	No
Initial Size Seed	Active Assembly
Smoothing	Low
Transition	Fast
Statistics	
Nodes	11171
Elements	5721

[그림 4.22] 기하모델의 전체 컨트롤 고급 옵션

- Local Mesh Controls는 형상을 선택하거나 Named Selection을 선택하여 설정할 수 있다. 또한 'Mesh' 항목이 활성화 되어 있을 때만 이용할 수 있다.
  - Method Control
  - Sizing Control
  - Contact Sizing Control
  - Refinement Control
  - Mapped Face Meshing
  - Match Control
  - Inflation Control
  - Part Relevance Control
  - Gap Tool

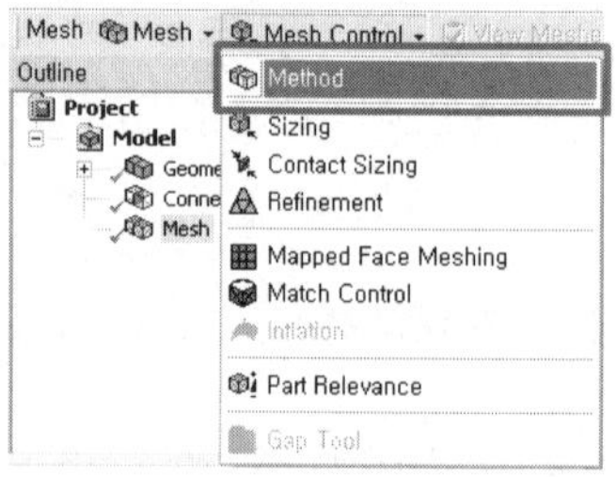

[그림 4.23] Local Mesh Controls

- Method Control : 솔리드 바디를 mesh할 경우 사용한다(Body만 적용가능).
- Automatic(기본)

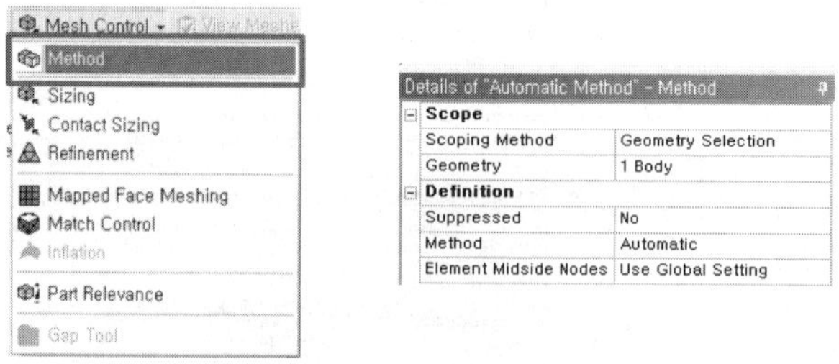

[그림 4.24] Method Control

- Sizing :
  - "Element Size"는 요소의 평균길이를 의미한다(선택된 Geometry에 대하여).
  - "Soft"는 다시 mesh 컨트롤에 의해 재설정될 수 있다. "Hard"는 재설정되지 않는다.
  - 선택한 지오메트리 요소에 따라서 활용 가능한 옵션이 달라진다.

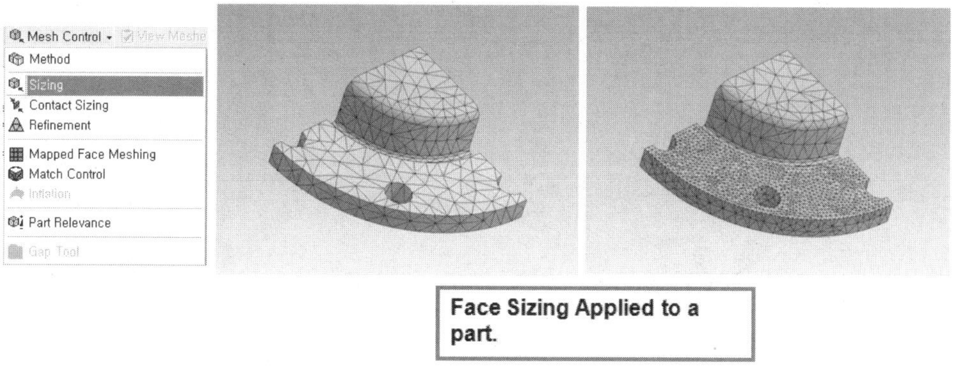

[그림 4.25] 격자생성 – sizing

- Sphere of Influence
  - 좌표계를 이용하여 구를 위치시킬 수 있다.
  - 구안에 포함되는 선택한 영역들의 요소망 밀도를 조절할 수 있다.

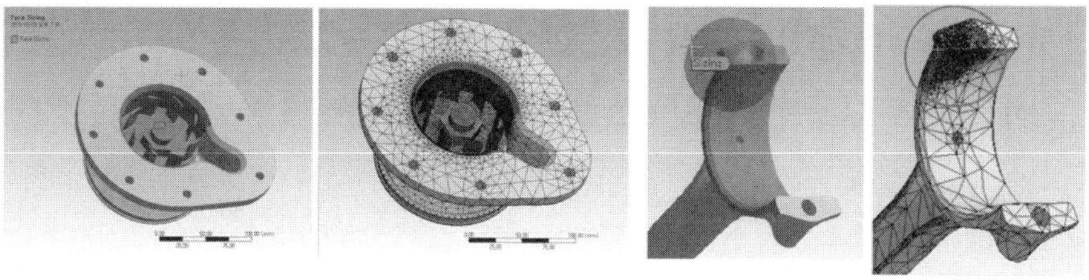

[그림 4.26] Sphere of Influence

- Contact Sizing은 접촉 면에서의 요소 크기를 조절하여 파트와 파트 사이의 연결성을 더욱 높여준다.
  - "Element Size" 또는 "Relevance"로 조절할 수 있다.

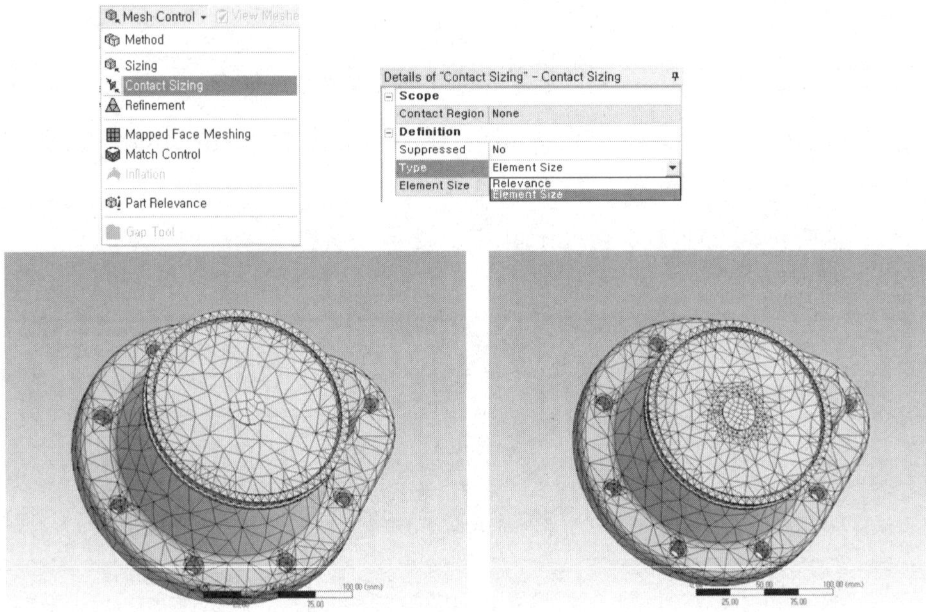

[그림 4.27] Contact Sizing

- 기존 mesh를 이용한 요소망 세밀화
  - Refinement 레벨은 "1"을 설정하는 것이 일반적이다. 이는 초기 mesh의 edge를 절반 정도로 나누어 주게 된다.
- Refinement는 관심영역의 요소망 밀도를 증가시키는 쉬운 방법이다.
- Refinement 범위는 1에서부터 3까지 정의할 수 있다.

  이는 초기 mesh한 요소의 절반으로 요소를 나누어 주게 된다.

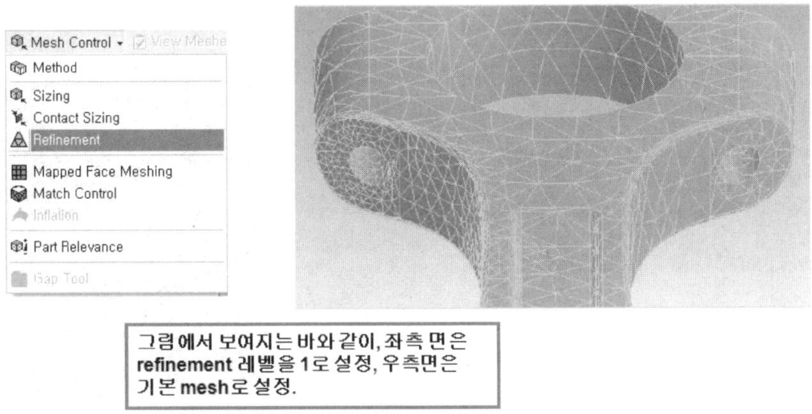

[그림 4.28] 기존 mesh를 이용한 요소망 세밀화

- Mapped Face Meshing은 surfaces를 map 형태로 설정할 수 있는 도구이다.
  - 아래의 예와 같이 안쪽의 실린더 내에 mapped face meshing이 설정된 경우 요소의 패턴이 균일하게 된다.

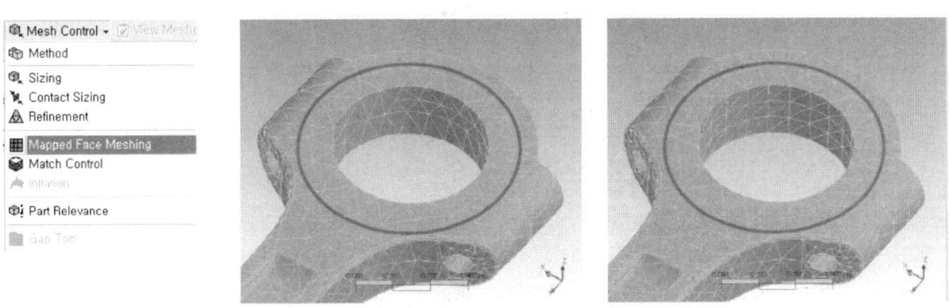

[그림 4.29] Mapped Face Meshing

- Meshing 작업에서 좋은 형상의 요소가 만들어지지 않을 경우, 다음과 같은 error message를 나타난다.

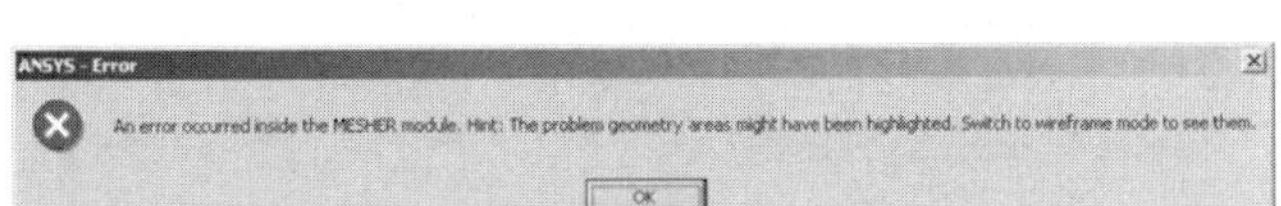

  - mesh 문제가 있는 영역은 "Problematic Geometry" 표시로 알려주게 된다.

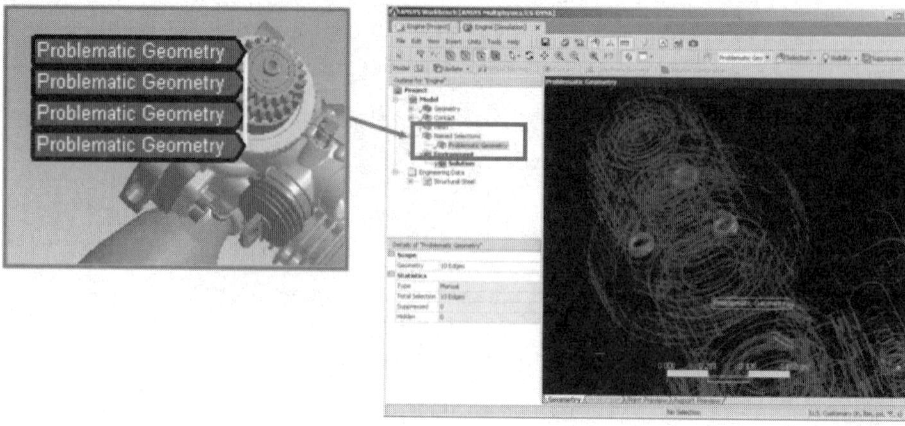

[그림 4.30] Problematic Geometry

- Meshing failures는 다음과 같은 경우에 발생할 수 있다.
  - 충분한 mesh density를 가지지 못할 경우
  - CAD geometry가 twist가 심하거나 매우 복잡한 경우
  - Meshing failures를 피하는 방법은 다음과 같다.
    ① 기하형상을 따르는 좀 더 정확한 요소크기 조정
    ② 좀 더 좋은 형상의 요소를 생성하기 위한 mesh 밀도의 증가
    ③ CAD 프로그램에서 감추어져 있거나 필요 없는 entity들의 삭제
    ④ virtual cells의 사용

- Named Selection Toolbar는 지오메트리의 요소들을 함께 그룹화 하도록 만들어 준다.

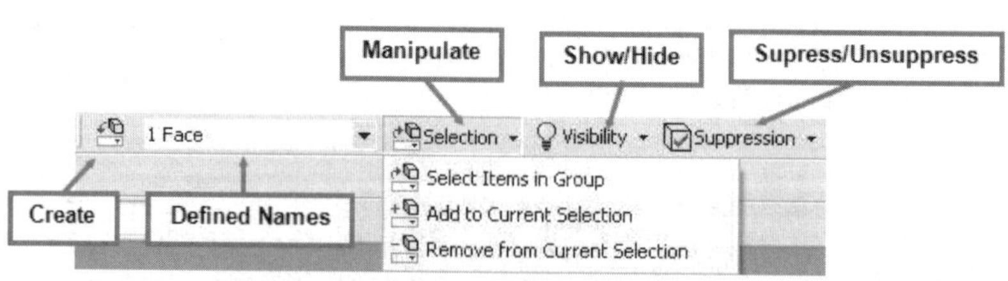

[그림 4.31] Named Selection Toolbar

- Named Selections은 바디와 함께 vertices, edges, surfaces를 함께 그룹화 할 수 있다.
- Named Selections은 mesh 컨트롤을 제어하고 하중 및 구속조건을 정의하기 위해 사용한다.

- Defining contact regions
- Scoping results
- Etc.
- Named Selections 생성방법 :
  - 관심부의 vertices, edges, surfaces, bodies를 선택하고 "Create Selection Group" 아이콘을 선택한다.
  - 대화상자에 이름을 입력한다.
  - Outline Tree에 새 그룹이 'Named Selection' 아래로 들어온다.

Note Named Selection 그룹은 CAD 프로그램으로부터 open할 수 있다.

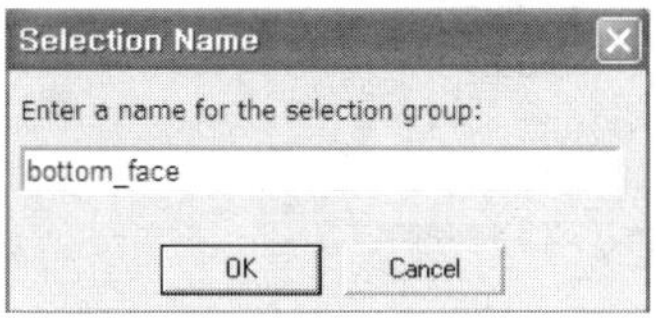

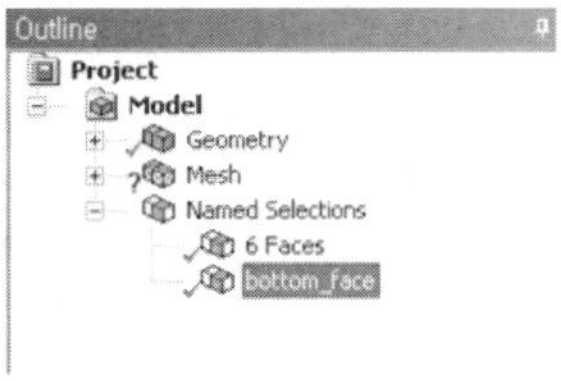

[예제.2] Mesh 밀도 조정

- 목적
  - 다양한 Workbench-Simulation mesh control을 이용하여 crankshaft model의 요소망 밀도를 조절해 본다.

● 문제설명

- 모델은 아래와 같이 소형 엔진의 crankshaft로써 parasolid 파일이다 .
- 먼저 기본 설정된 요소망 밀도를 기준으로 요소망을 생성한 후, 결과를 관찰해 본다. 요소망 조절할 수 있는 도구를 삽입하여 여러 영역의 요소망 밀도를 조절해 본다.

● 예제는 mesh를 연습하기 위한 것이기 때문에 하중을 적용하지 않았거나, 해석을 수행하지 않은 상태이다. 선형구조 해석이 mesh 작업을 수행한 후에 일어나는 것이라고 생각할 것이다.

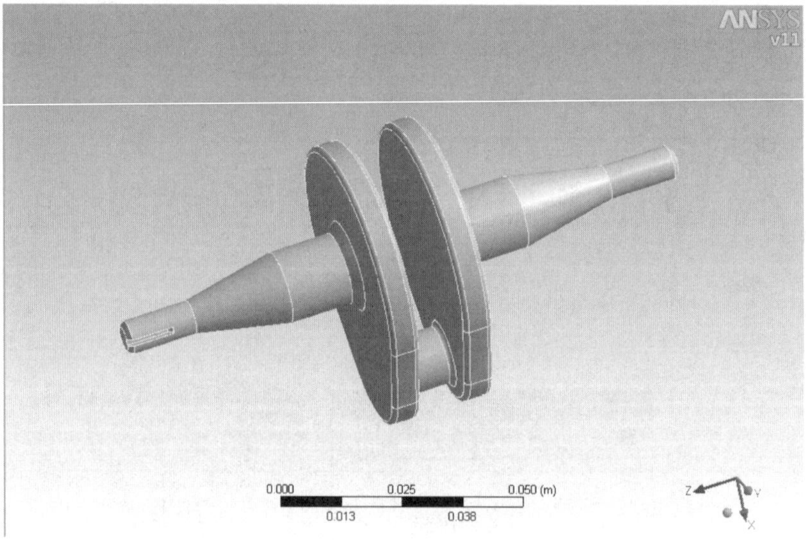

① ANSYS Workbench에서 Simulation을 실행한다.

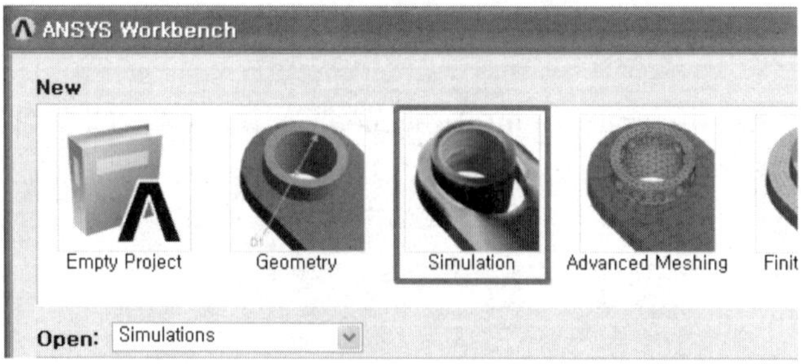

② "Geometry 〉 From File . . ."에서 "Crankshaft.x_t"를 불러온다.

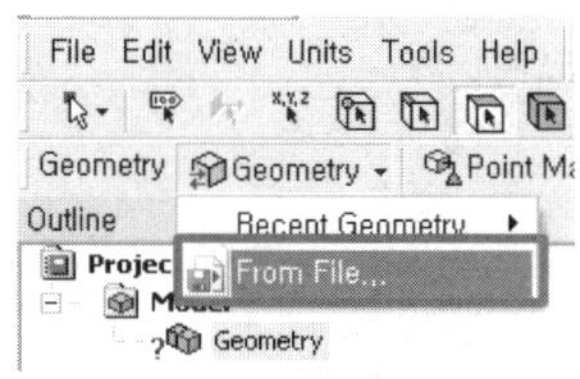

③ Simulation을 시작할 때 'X'자를 눌러서 Simulation Wizard Template을 종료한다.

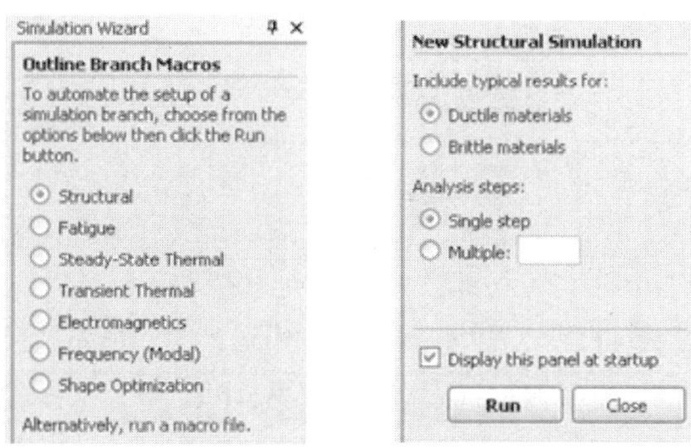

④ Mesh 항목을 활성화 하여 mesh 컨트롤을 이용한다.

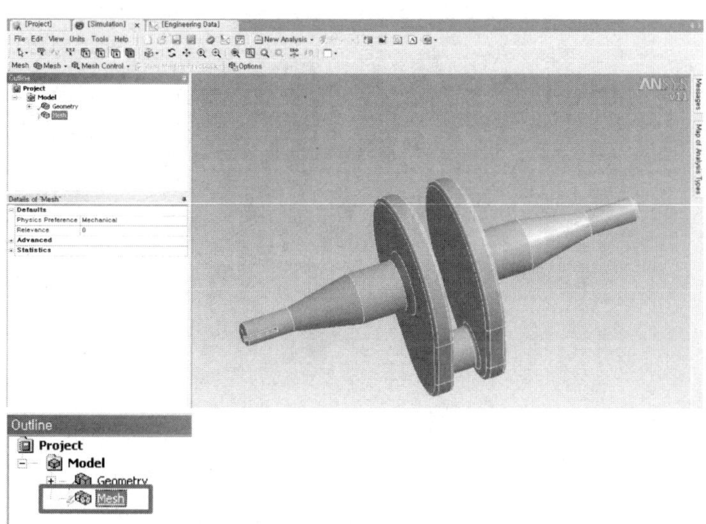

⑤ Mesh detail 창을 살펴본다. 기본 mesh "Mechanical"과 "Relevance"가 0인 것을 확인할 수 있다.

⑥ Mesh 항목을 선택하고 RMB하여 "Generate Mesh"을 선택한다.

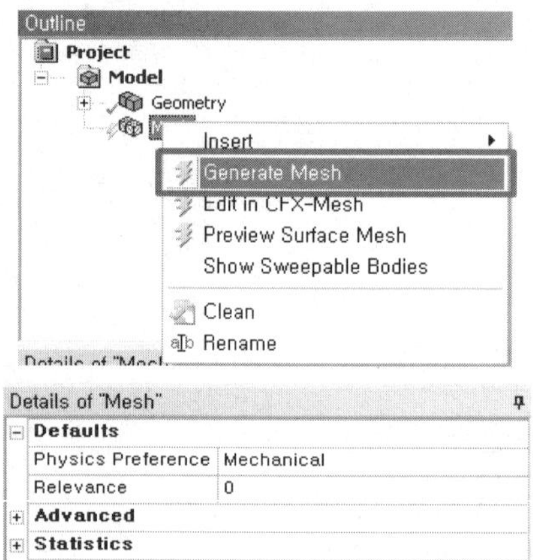

격자 생성 결과 완성된 mesh는 상대적으로 mesh 밀도가 낮게 4면체 요소망으로 짜여진 것을 확인할 수 있을 것이다.

⑦ Details of~에서 "Statistics"에 node(절점)와 element(요소)를 확인한다.

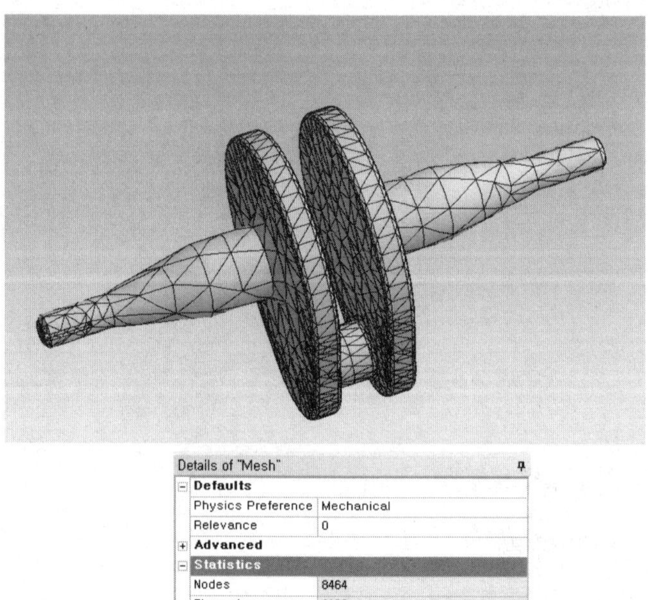

⑧ Details of~에서 “Relevance”를 75로 설정한다(슬라이드 바를 움직여서 변경해도 되고, 직접 수치를 입력해도 된다).

Details of "Mesh"

⊟	**Defaults**	
	Physics Preference	Mechanical
	Relevance	75
⊞	**Advanced**	
⊟	**Statistics**	
	Nodes	9937
	Elements	4874

⑨ 반복해서 mesh 항목에서 RMB하여 “Generate”를 선택한다.
Details of~에서 “Statistics” 항목을 확인해 보면 절점과 요소수가 증가한 것을 알 수 있다. 즉, 요소망 밀도가 증가한 것을 확인할 수 있다.

⑩ 오른쪽에 사각박스 안쪽 부분의 mesh 사이즈를 조절하도록 한다.

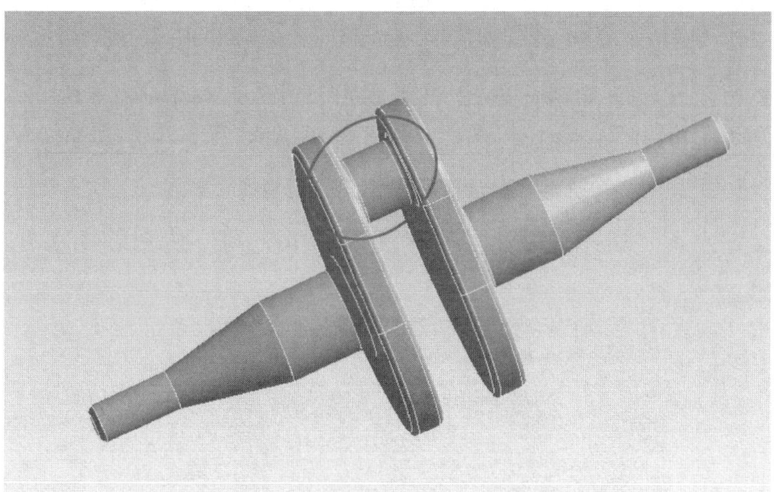

⑪ 먼저 모델의 뷰를 설정하도록 한다. X축이 정면을 바라보도록 뷰를 설정한다.

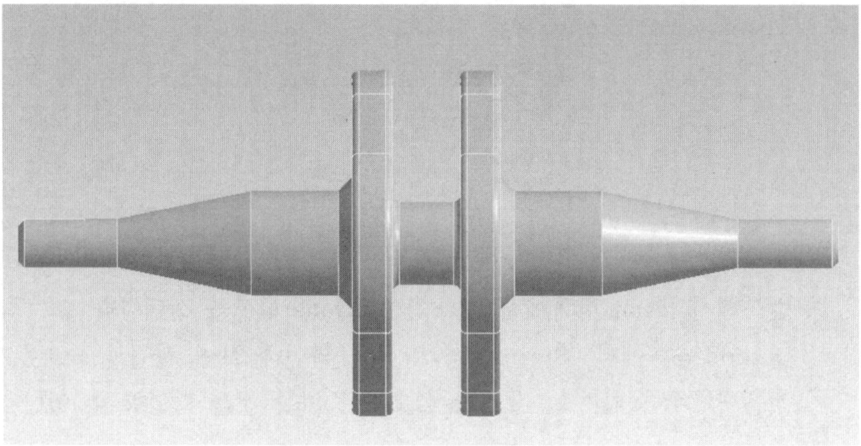

⑫ 아래 세축을 이용하면 손쉽게 뷰를 이동할 수 있다.
세 축이나, “iso”볼을 선택하면 모델은 선택된 뷰로 회전하게 된다.

⑬ 관심 영역을 확대한다. 영역은 3개의 면으로 이루어져 있다.
줄자기능을 이용하여 영역의 크기를 측정할 수도 있다(만일 줄자가 보이지 않으면, GUI의 상부 메뉴에서 활성화 한다).
줄자 기능을 사용하여 크기가 약 10mm가 되는지 확인해 본다.

⑭ 3개의 면을 선택한다.

Note

Ctrl키를 누른 채로 왼쪽 마우스 버튼을 클릭하면 다중 선택이 가능하다. 또는 왼쪽마우스 버튼을 누르면 "paint selecting"을 할 수 있다. 이 경우 Ctrl 버튼을 필요하지 않다. 빈 공간을 클릭하면 선택이 취소된다.

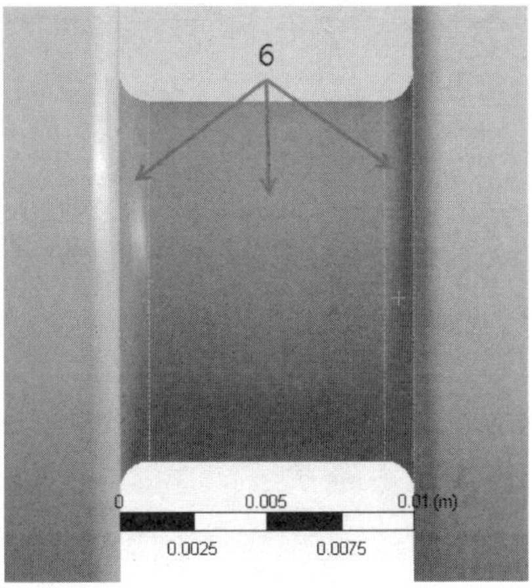

⑮ Mesh control 메뉴에서 "Sizing"을 선택한다.

⑯ Details of~에서 "Element Size"를 1mm로 설정한다.

⑰ 다시 "Generate Mesh"하여 mesh 상태를 확인한다.

⑱ Flywheel의 모따기 부분을 관심부위로 설정하여 refine하도록 한다.

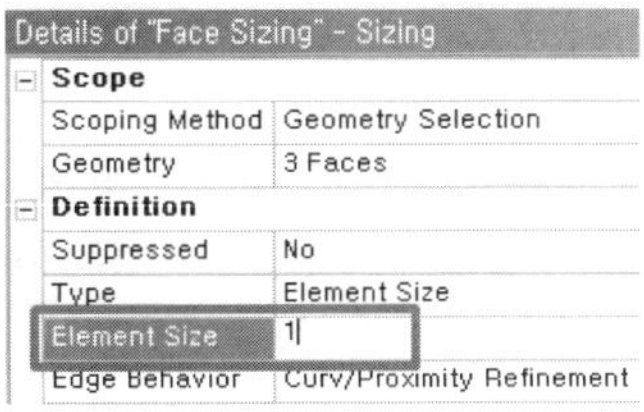

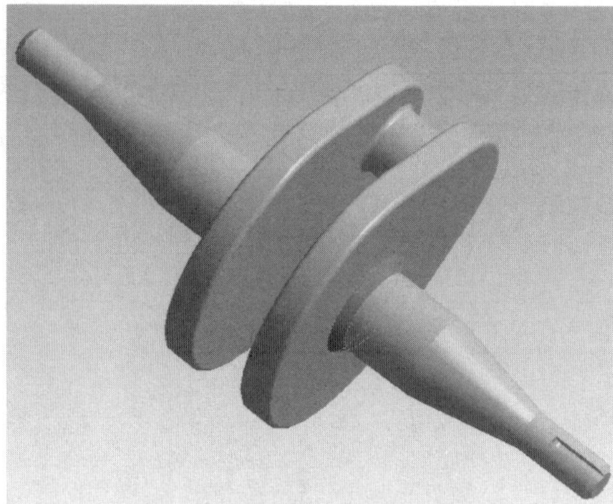

⑲ 모따기 부분의 면을 “refinement”를 적용하도록 한다.

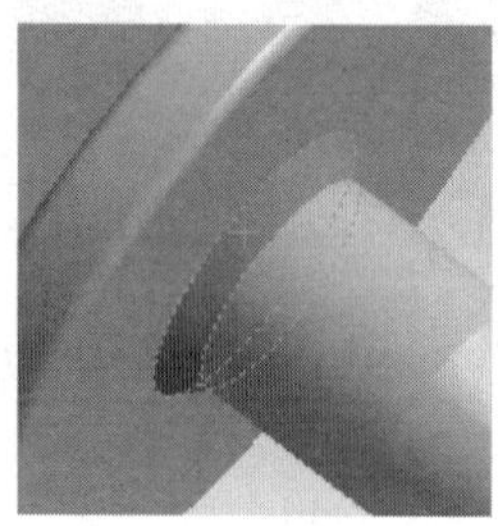

⑳ Mesh 항목을 선택하고 RMB하여 “Insert 〉 Refinement”를 선택한다.

- Mesh refinement는 반복적 요소망 생성 도구이다. 정수로 1부터 3까지 지정할 수 있다. “1”은 상대적으로 요소망 밀도가 가장 낮으며, “3”은 가장 높은 값을 나타낸다. “1”로 설정한 후 다시 “Generate Mesh”를 수행한다.

Details of "Refinement" - Refinement	
Scope	
Scoping Method	Geometry Selection
Geometry	1 Face
Definition	
Suppressed	No
Refinement	1

- 마지막으로 "Mapped Face Meshing"한다. Mapped face meshing은 일반적으로 접촉되는 면에 규칙적인 요소망 생성을 하기 위해 사용한다. 접촉 등의 해석에서 높은 질의 요소형태를 요구할 때 많이 사용된다.

  아래 그림과 같이 원통 면을 선택한다.

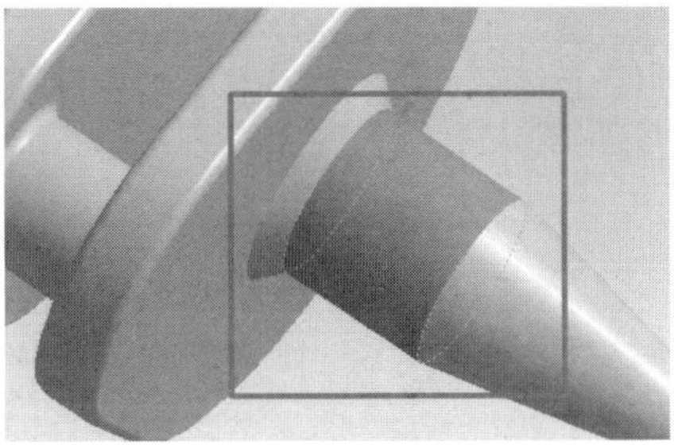

Outline tree의 mesh 항목에서 오른쪽 버튼을 클릭하여 "Insert → Mapped Face Meshing"하여 "Generate Mesh"를 수행한다.

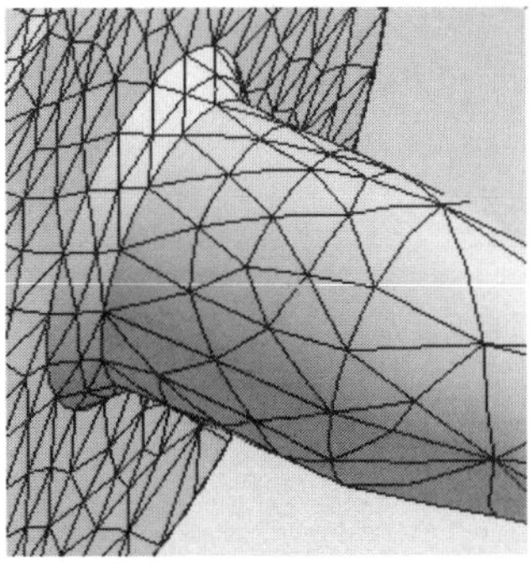

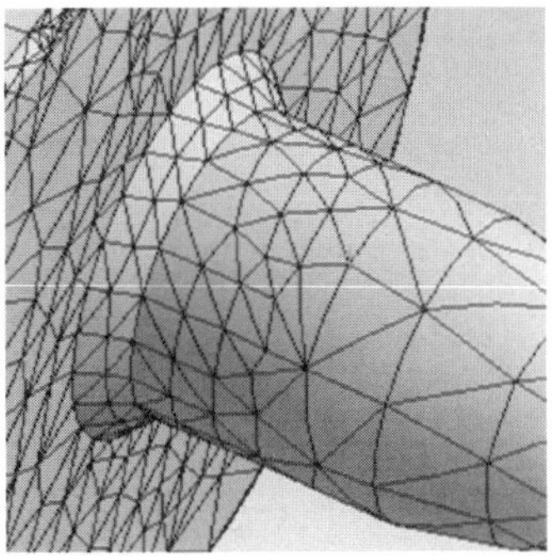

제 5 장

선형 구조물 구조 해석

- Design Simulation을 이용하여 선형구조 해석을 수행한다.
  - 기하모델 및 요소
  - 접촉 및 조립품 지원 형태
  - 하중과 경계조건
  - 해석모델
  - 결과 확인 및 검토

5.1 Basics of Linear Static Analysis(1)

- 선형구조 해석은 정적하중의 작용에서 구조물의 응답을 얻는 과정이다.
  변위, 반력, 응력 및 변형률은 일반적으로 해석 수행 후 검토해야 할 항목들이다.

$$[M]\{\ddot{x}\}+[C]\{\dot{x}\}+[K]\{x\}=\{F(t)\}$$

$$[K]\{x\}=\{F\}$$

5.2 Basics of Linear Static Analysis(2)

- 선형구조 해석에서 변위 {x}는 다음의 식으로 나타낼 수 있다.

$$[K]\{x\}=\{F\}$$

위 식은 다음의 가정을 포함한다.

- [K]는 강성 매트릭스
  - 선형 탄성재료 거동으로 가정한다.
  - 소변형으로 가정한다.
  - 몇몇 비선형 경계조건이 포함될 수 있다.
- {F}는 정적인 적용하중
  - 시간 변동 하중은 고려되지 않는다.
  - 관성의 영향(질량, 댐핑)은 무시된다.
  - 위에 언급한 내용들은 모두 선형해석에 관련된 것들이다.
- 비선형 정적 및 동적 해석은 본 장에서는 언급되지 않는다.

5.3 Geometry

- Simulation을 이용한 구조해석에서 거의 모든 형태의 기하모델을 사용할 수 있도록 지원한다.
- Surface Body는 Outline tree의 “Geometry” 항목을 선택하고 상세 정보창에서 두께를 입력한다.
- Line Body의 단면과 origin point는 DesignModeler에서 정의할 수 있고, Design Simulation으로 자동적으로 불러오기를 할 수 있다.

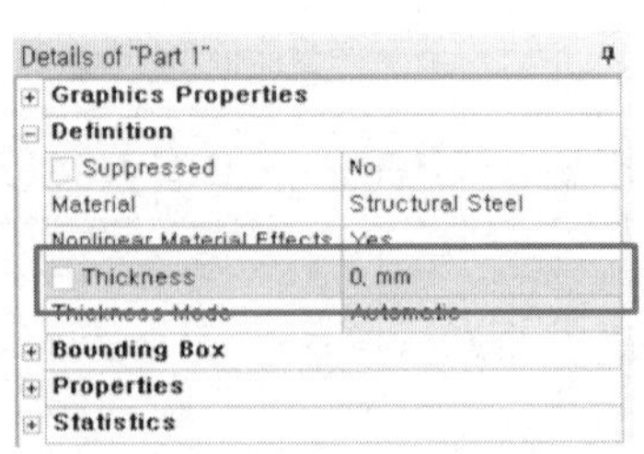

[그림 5.1] 상세 정보창에서 두께 입력하기

5.4 Point Mass(1)

- "Point Mass"는 Outline의 "Geometry"탭에서 사용할 수 있다.

  형상이 갖추어지지 않은 상태의 모델에 무게를 부여시에 이용한다.

  - Point mass는 오직 면에만 부여할 수 있다.
  - 위치는 두 가지 방법으로 정의할 수 있다.

- 사용자가 지정하는 정의된 좌표(x, y, z)에 부여

- 정의할 위치에 점, 선, 면을 선택하여 부여

  - "Acceleration," "Standard Earth Gravity," "Rotational-Velocity"는 Point mass에 영향을 미친다.
    다른 하중은 point mass에 영향을 주지 않는다.

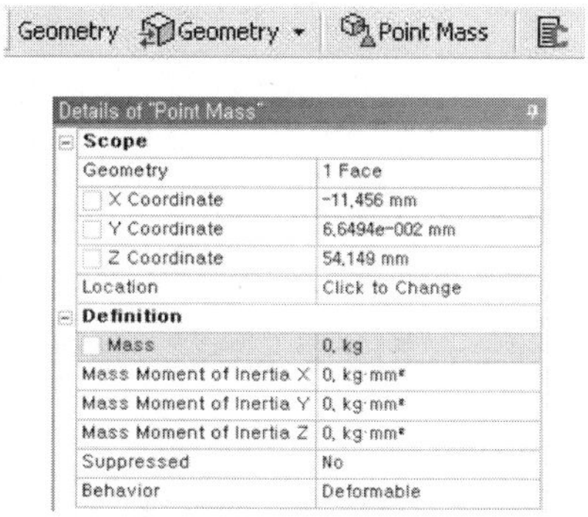

[그림 5.2] 상세 정보창에서 Point mass 정의

5.5 Point Mass(2)

- Point mass는 회색구로 둥글게 표시된다.

  - Point mass는 정의되지 않은 구조물의 질량을 추가로 적용하여 나타낼 때 사용된다.

- Point Mass 자체를 위해 남겨지는 결과는 없다.

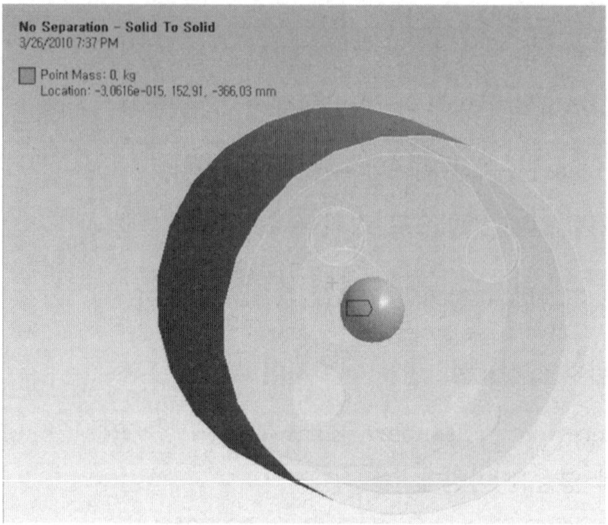

[그림 5.3] Graphic Window에서 point mass

5.6 Material Properties(1)

- 선형 구조해석을 수행하기 위해 필요한 물성치는 Youngs Modulus와 Poissons Ratio(프아송비)가 있다.
  - Outline tree의 “Engineering Data” 항목에서 입력이 가능하고, “Geometry” 항목 밑에 각 part별로 물성치 정의가 가능하다.
  - 관성력이 작용하면 밀도를 입력해주어야 한다.
  - 열하중이 작용하면 열팽창계수와 열전도계수를 입력해주어야 한다.
  - 피로해석을 하고자 한다면 피로해석 관련 물성치를 입력한다.

5.7 Material Properties(2)

- Engineering Data 항목

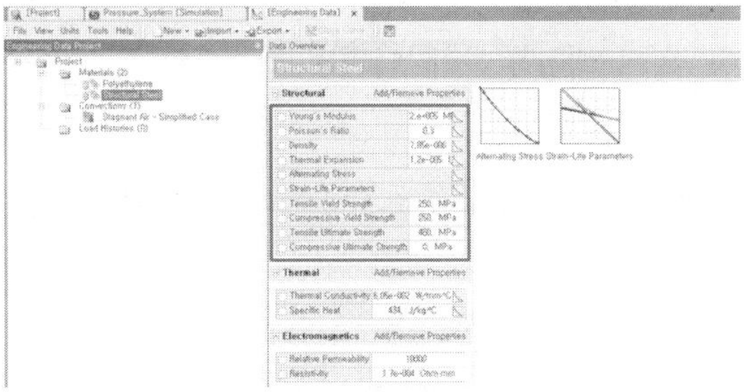

[그림 5.4] Engineering Data에서 Material Properties 보기

5.8 Assemblies – Solid Body Contact(1)

- Solid 조립품 모델을 불러올 때 파트 사이의 접촉영역은 자동적으로 설정된다.
  - 면 대 면 접촉은 Solid와 Part사이에 경계 면으로 mesh의(Node) 연결성을 요구하지 않는다.
  - "Contact"에서 자동접촉 설정 시 파트 사이의 접촉허용 거리를 설정하기 위해 tolerance를 입력하거나 슬라이드 바로 조정할 수 있다.

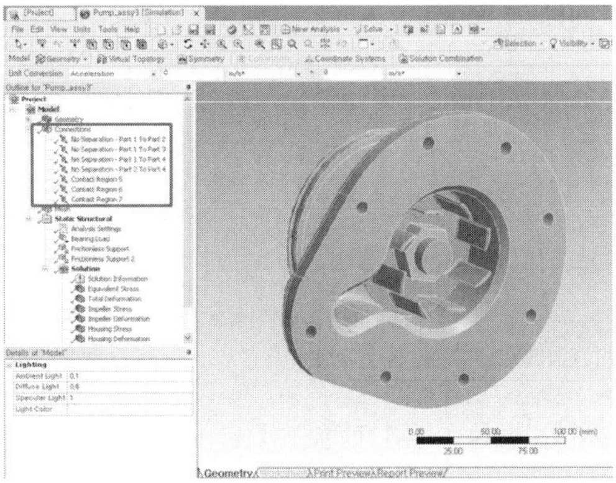

[그림 5.5] 자동적으로 설정된 파트사이의 접촉영역

5.9 Assemblies – Solid Body Contact(2)

- Simulation에서 접촉영역은 *contact*면과 *target*면으로 나누어진다.
  - 접촉영역의 한쪽은 "contact"면, 나머지 한쪽은 "target"면으로 설정된다.
  - 접촉은 자동 혹은 매뉴얼하게 입력하고 5개의 옵션을 이용하여 Details of~에서 접촉 타입을 설정한다.
  - 접촉영역의 한쪽은 "contact"면, 나머지 한쪽은 "target"면으로 설정된다.

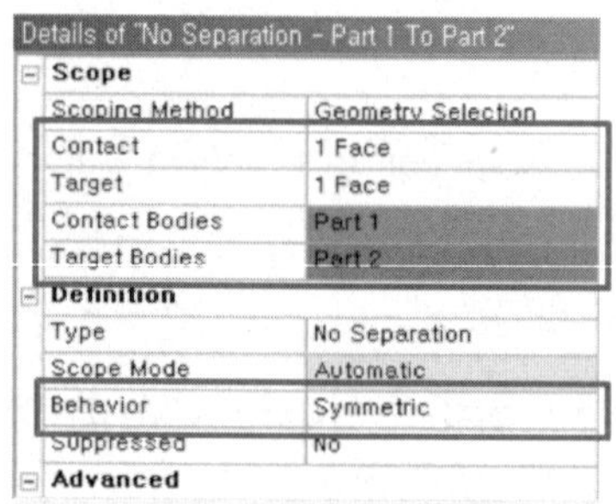

[그림 5.6] 접촉영역 및 타입 설정

5.10 Analysis Settings

- 해석타입을 선택하면, "AnalysisSettings" 항목이 삽입된다.
  - 수동과 자동으로 auto time stepping을 설정할 수 있다.
- Solver 제어
  - 두 개의 solver Type을 지정할 수 있다.
- Direct solver(ANSYS에서 Sparse)
- Iterative solver(ANSYS에서 PCG)

- 기본은 program~으로 선택되어져 있다.
  - Weak springs

- Simulation은 완전구속 되어 있지 않은 모델의 끝단에 강성이 아주 약한 스프링을 연결하여 스프링 끝단을 완전 고정하여 Rigid body motion이 발생하지 않도록 예방한다. 만약 구속조건이 적합하다면 weak spring이 없어도 결과는 정확하다.

- 이것은 "On" 혹은 "Off"할 수 있다.
  - Inertia relief

- 구속조건이 없을 시에 가속도가 작용 시 모델은 무한대로 된다. 이때 그 자리에 움직이지 않고 있다고 가정하고, 가속도가 작용하는 반대반향에서 평형을 맞추기 위한 무게중심을 구할 수 있다.

[그림 5.7] Analysis Settings

5.11 Analysis Settings – Step Controls

- Step Controls :
  - 여러 개의 스탭을 정의하는 것은 연속된 정적해석을 정의할 수 있는 것이다.
  - 정적해석에서, end time은 load step과 substep을 구별하기 위해서 counter/tracker로 사용되어진다.

- 결과는 단계별로 볼 수 있다.
- 각 스텝의 하중값은 "Tabular Data"에서 입력한다.

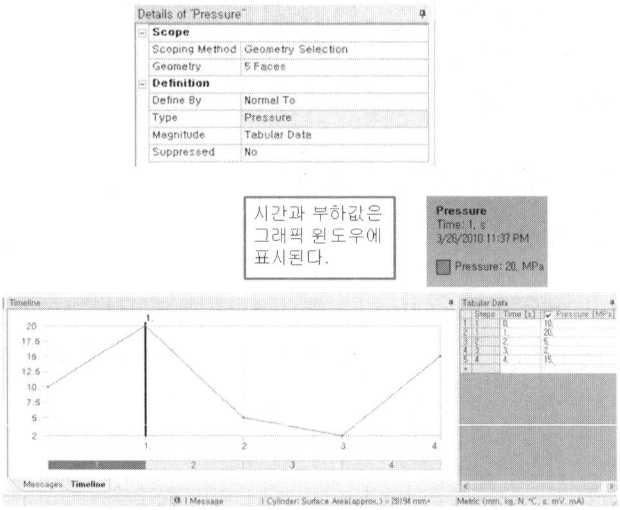

[그림 5.8] 여러 개의 Step을 정의하기

5.12 Multiple Steps(1)

- 모든 다른 단계들의 요약정리는 "Analysis Type"을 활성화한 상태에서 그래픽 하단의 "Worksheet" 탭을 선택하여 확인할 수 있다.

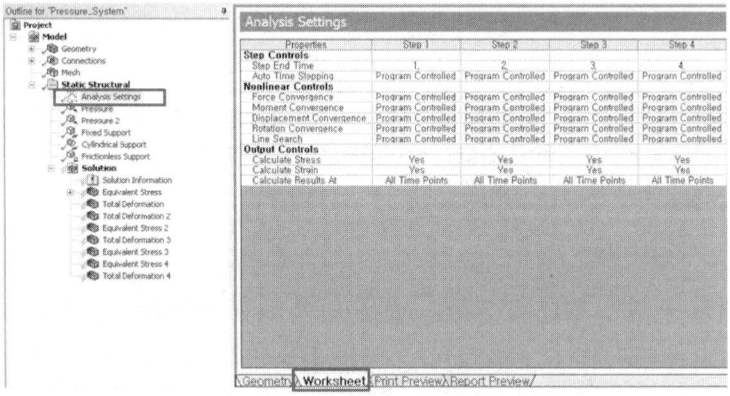

[그림 5.9] Worksheet를 통한 Analysis Settings 확인

5.13 Multiple Steps(2)

- 각 개별단계의 결과는 보고 싶은 단계를 선택하여 RMB하고 “Retrieve This Result”를 선택하면 결과가 화면에 나타나게 된다.

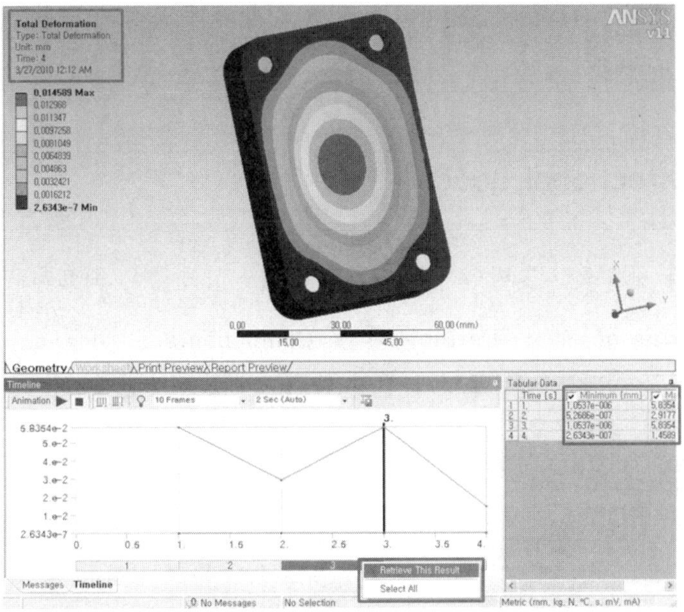

[그림 5.10] 단계별 결과 확인하기

5.14 C. Loads and Supports

- 구조하중은 다음과 같은 4종류를 이용할 수 있다.
  - 관성하중
    - 전체 모델에 작용
    - 질량계산을 하므로 밀도가 필요

- 구조하중
  - 하중 또는 모멘트가 있다.
- 구조경계조건
  - 임의영역의 움직임을 막도록 구속을 해 준다.
- 열하중
  - 구조적인 관점에서 열하중에 의한 모델의 구조적인 변형을 검토한다.

5.15 Directional Loads

- 하중과 구속조건은 방향성을 가지고 있다. 그 방향은 좌표계로 정의할 수 있다.
  - Details of~에서 "Define By"를 "Components"로 바꾼다.
    그리고 풀다운 메뉴로부터 알맞은 좌표계를 선택한다.

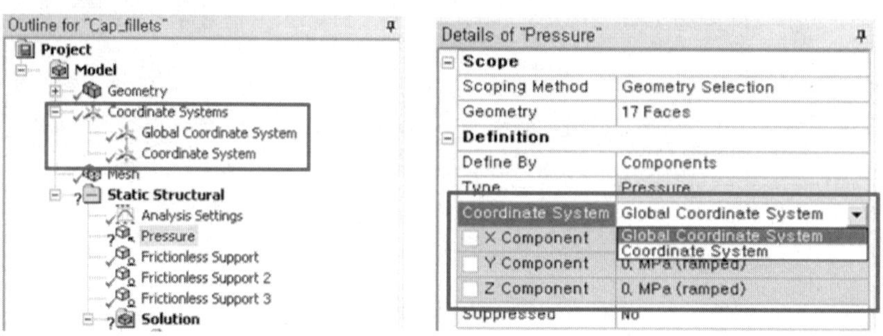

[그림 5.11] 좌표계 정의

5.16 Acceleration & Gravity

- Acceleration 

  - 가속도는 length/time^2 단위로 적용된다.
  - 가속도는 Components 또는 Vector로 입력할 수 있다.

- Standard Earth Gravity
  - 적용된 값은 선택된 모델의 단위계와 같은 단위를 사용한다.
  - 중력가속도의 방향은 글로벌 좌표계나 로컬 좌표계의 한 축의 방향을 정의한다.

- Rotational velocity
  - 임의의 축을 기준으로 전체 모델에 회전력을 부여하게 된다.
  - Vector로 정의할 수 있고, 기준 축과 회전속도의 크기를 입력한다.
  - 기본적으로 회전속도는 Radian Per Second로 입력하게 되어 있다.

5.17 Forces and Pressures

- Pressure loading
  - 압력은 항상 면의 수직방향으로 적용된다.
  - 양의 값은 안쪽방향으로 작용되고(예 압축), 음의 값은 바깥쪽 방향으로 작용된다(인장).
  - 압력 단위는 면적당 작용하는 힘으로 나타내어진다.

- Force loading
  - 힘은 점, 모서리, 면에 적용된다.
  - 힘은 모든 엔터티에 분산되게 된다. 이는 두 개의 면에 힘이 작용된다면, 각 면은 입력한 힘 크기의 절반을 갖게 될 것이다.
    단위는 mass*length/time^{2}의 형태로 쓰여진다.
  - 힘은 vector와 component로 쓸 수 있다.

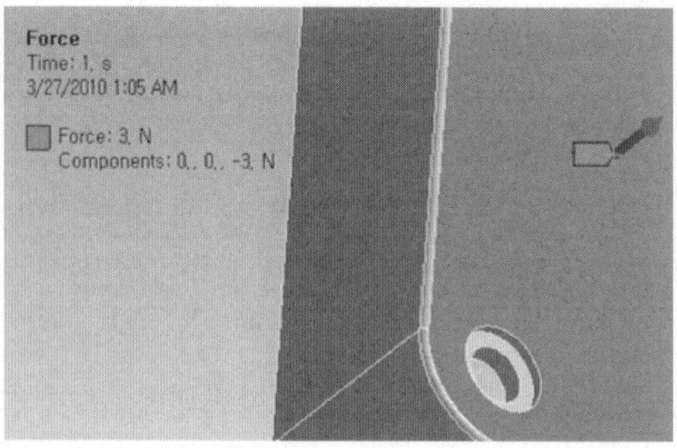

[그림 5.12] 면에 작용하는 힘의 방향

5.18 Hydrostatic Pressure

- Hydrostatic Pressure : Hydrostatic Pressure
  - 구조물에서 유체와 흡사한 힘을 주기 위해 직선방향으로 다양한 하중을 적용한다.
  - 유체는 내부 혹은 바깥에 있을 것이다.
- User specifies :
  - 가속도의 크기와 방향을 설정한다.
  - 유체의 밀도를 설정한다.
  - 유체의 자유표면을 나타내고자 하는 좌표계를 설정한다.
  - Shell을 위해 윗면과 아랫면의 옵션을 설정할 수 있다.

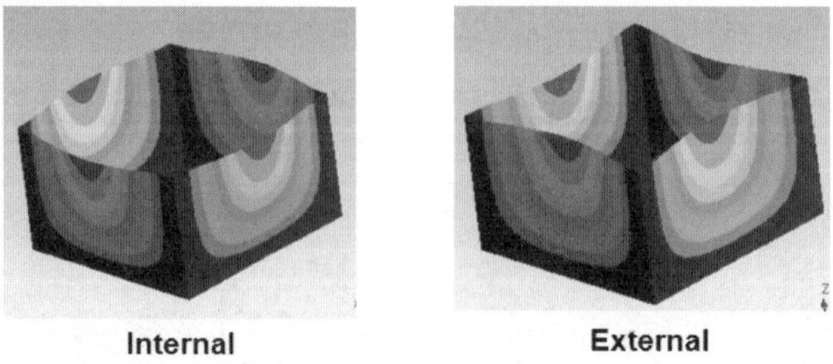

[그림 5.13] 내부나 외부에 가해진 Hydrostatic Pressure

[그림 5.14] Hydrostatic Pressure 설정

5.19 Bearing Load

- Bearing Load(cylindrical surface만 부여가능) 

  - 투영면에 Radial 방향으로 압축력이 분포되게 된다.
- 축방향 x, y, z는 부여할 수 없다.
- 오직 실린더 면 당 하나의 볼트하중만 적용할 수 있다.
  - 실린더 면이 두 개로 나뉘어져 있다면 두 면 모두 선택하고 하나의 볼트하중을 적용한다.
  - 베어링하중은 힘의 단위로 쓰여진다.
  - 베어링하중은 vector와 component를 이용하여 적용할 수 있다.

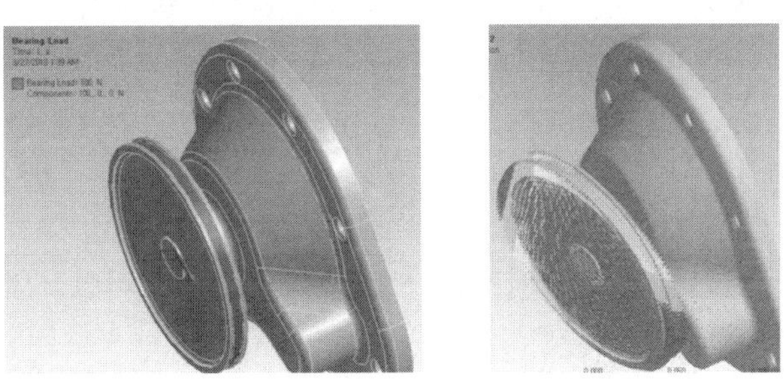

[그림 5.15] 구조물에 베어링하중 부여

5.20 Moment Load

- Moment Load
  - Solid 모델에서 모멘트를 임의의 면에 작용시킬 수 있다.
  - 다중 면이 선택된다면, 모멘트 하중은 선택 면으로 나누어 입력된다.
  - Vector와 components로 모멘트를 적용할 수 있고, 모멘트는 오른손 법칙을 따라 적용한다.
  - 면 모델에서 모멘트하중은 점 또는 모서리에 적용할 수 있다.
  - 모멘트의 단위는 Force*length로 표현된다.

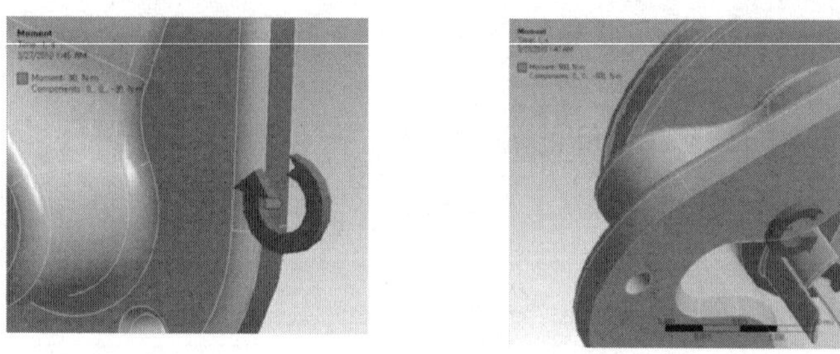

[그림 5.16] 구조물에 모멘트하중 부여

5.21 Remote Load

- Remote Force Loading :
  - 면에 작용하는 힘을 임의의 거리만큼 떨어진 위치에 작용시킨다.
  - 사용자는 힘이 작용하는 원점을 지정해야 한다(점을 이용하거나, x, y, z좌표를 입력).
  - 하중의 크기는 vector 또는 component로 입력한다.
  - 하중은 면 전체에 분포되지만, 하중이 작용된 거리만큼의 모멘트 팔의 효과를 포함하게 된다.
  - 단위는 force(mass · length/time^2).

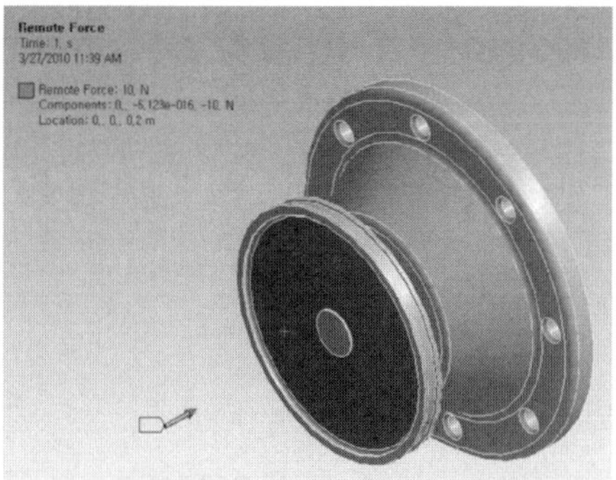

[그림 5.17] 구조물에 임의의 거리에서의 하중 부여

5.22 Bolt Pretension

- Bolt Load : Bolt Pretension
  - 볼트의 조임현상을 pretension load를 적용하여 표현할 수 있다(실린더 면에만 적용 가능).
- Pretension load(force) Adjustment(length)
  - 로컬 좌표계를 만들어 놓은 바디에 적용할 수 있다.
  - 자동으로 두 개의 하중조건을 적용한다.
- LS1 : Pretension load, 외곽 구속조건과 접촉조건이 적용된다.
- LS2 : Pretension이 적용된 면의 운동은 고정, 외부하중은 적용된다.

Details of "Bolt Pretension"

Scope	
Scoping Method	Geometry Selection
Geometry	1 Face
Definition	
Type	Bolt Pretension
Suppressed	No
Define By	Load
Preload	1000. N

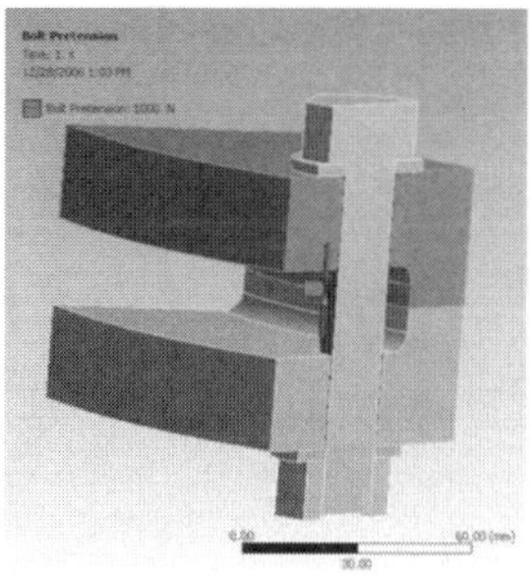

[그림 5.18] 구조물에 Bolt Pretension 부여

5.23 Bolt Pretension – Sequenced Simulation

- 다단계 하중을 주기 위해 Details of~의 "Define By"란을 알맞은 방법으로 설정해주어야 한다.
  - Load or Adjustment : 이전 페이지에서 정의된 것과 같다.
  - Lock : 모든 변위를 구속
  - Open : pretension load는 "open"을 남겨둔다(pretension이 적용하지 않음).
- Bolt Load Tips :
  - 3D 모델 해석만 가능
  - 원통모양의 surface와 바디만 가능
  - Refine mesh를 권장(축 방향으로 적어도 2개의 요소)

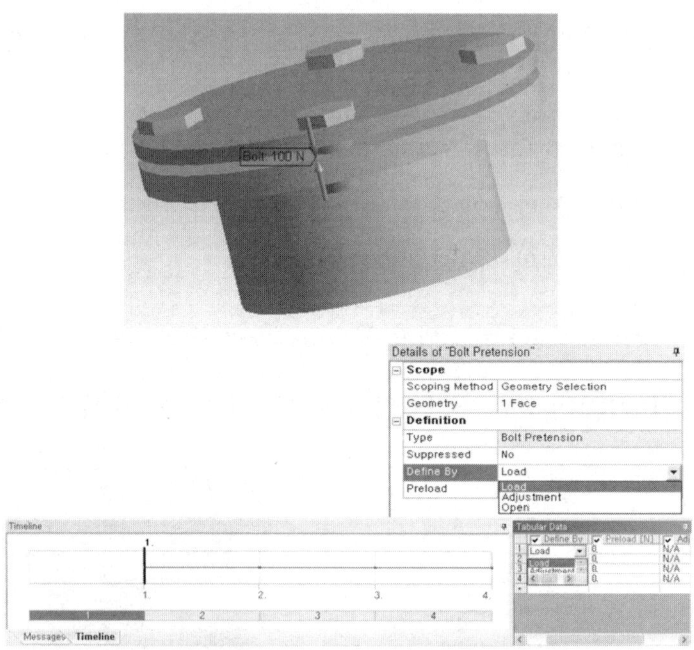

[그림 5.19] 구조물에 다단계로 Bolt Pretension 부여

5.24 Line Pressure

- Line Pressure loading : Line Pressure
  - 3D 해석을 하기 위해 한 개의 edge에 힘을 나누어 적용
    하나의 길이에 부여할 힘 전체가 분포되게 된다.
  - 단위는 단위길이당 힘이다(force/unit length).
  - 다음과 같이 정의한다.
    ① 힘의 크기와 방향 and Vector
    ② 힘의 크기와 x, y, z 방향(global 또는 local coordinate systems)
    ③ 힘의 크기와 접선

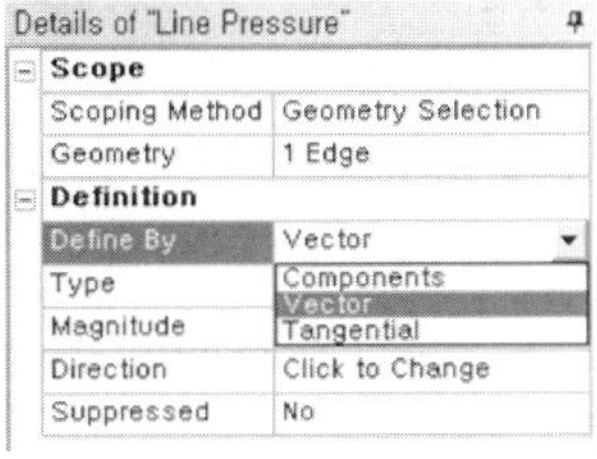

[그림 5.20] Line Pressure 설정

5.25 Supports(General)

- Fixed Support : Fixed Support
  - 점, 모서리 또는 면의 모든 자유도를 구속한다.
- 솔리드 모델은 병진 x, y, z를 구속한다.
- 면 모델과 선 모델은 병진 및 회전 x, y, z를 구속한다.
- Given Displacement : Displacement

- 점, 모서리, 면에 알고 있는 변위 값으로 하중을 부여할 때 쓰여진다.
- x, y, z 방향으로 입력할 수 있다.
- "0"을 입력하면 그 방향으로는 구속되어 있는 것을 의미한다.
- 공란으로 비워두면 그 방향으로는 자유도가 풀려 있는 것을 의미한다.

- Elastic Support : Elastic Support
  - 스프링 거동에 따라서 면이나 선이 변하는 것을 허락한다.
  - 기본 강성은 기본 법선방향으로 휘어짐을 알기 위해 압력을 요구한다.

Details of "Displacement"	
Scope	
Scoping Method	Geometry Selection
Geometry	1 Edge
Definition	
Define By	Components
Type	Displacement
X Component	0. m (ramped)
Y Component	Free
Z Component	Free
Suppressed	No

Details of "Elastic Support"	
Scope	
Scoping Method	Geometry Select...
Geometry	1 Face
Definition	
Type	Elastic Support
Suppressed	No
Foundation Stiffness	1. N/m³

[그림 5.21] Displacement와 Elastic Support 설정

5.26 Supports(Solid Bodies)

- Frictionless Support : Frictionless Support
  - 면의 수직방향의 자유도구속을 하게 된다.
  - 솔리드바디를 위해 이 구속조건은 '대칭' 구속조건을 적용할 때 이용되기도 한다. '대칭' 구속조건은 법선 방향으로 구속하는 것과 같다.

- Cylindrical Constraint : Cylindrical Support
  - 실린더 면에 적용한다.
  - 축 방향, 반경 방향, 접선 방향의 자유도 구속을 정의하게 된다.
  - 오직 미소변형(선형) 해석에 적용이 가능하다.

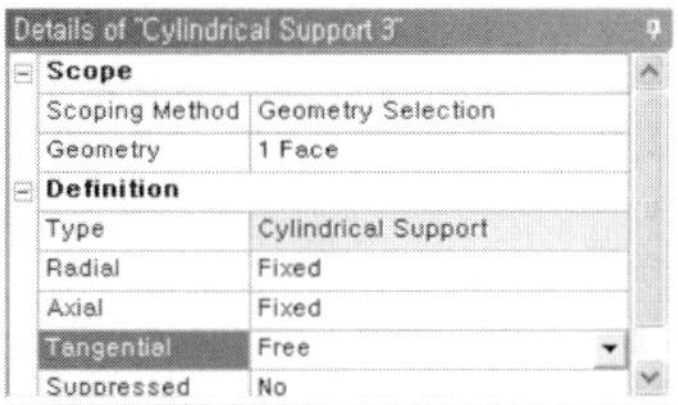

Details of "Cylindrical Support 3"	
Scope	
Scoping Method	Geometry Selection
Geometry	1 Face
Definition	
Type	Cylindrical Support
Radial	Fixed
Axial	Fixed
Tangential	Free
Suppressed	No

[그림 5.22] Cylindrical support 설정

5.27 Supports(Compression)

- Compression Only Support : Compression Only Support
  - Compression Only Support 조건은 법선 방향으로만 구속한다.
  - 모델의 회전체의 면인 핀, 볼트, 등에 적용할 수 있다.
  - 반복해석(비선형)이 요구된다.

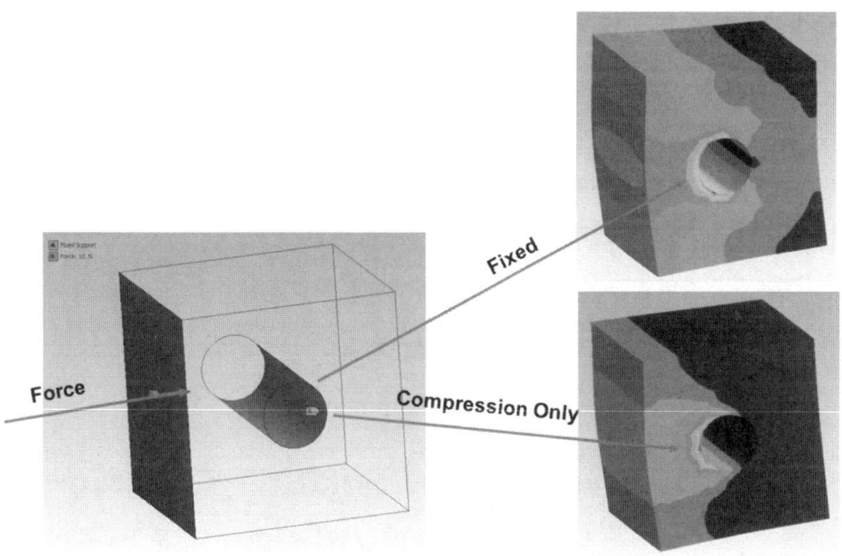

[그림 5.23] 구조물에 Compression Only Support 부여

5.28 Supports(Line/Surface Bodies)

- Simply Supported Simply Supported
  - 면 또는 선 모델의 모서리 또는 점에 작용한다.
  - 모든 병진자유도 구속, 회전 자유도 free
- Remote Displacement Fixed Rotation
  - 면 또는 선 모델의 면, 모서리 또는 점에 작용한다.
  - 회전자유도 구속, 병진 자유도 free

5.29 Thermal Loading(1)

- 해석대상의 모델에서 온도에 의한 열팽창이 발생한다.
  - 열변형률은 다음의 식으로 정의되어 계산된다.

$$\varepsilon_{th}^{x} = \varepsilon_{th}^{y} = \varepsilon_{th}^{z} = \alpha(T - T_{ref})$$

  - α : 열팽창계수(CTE material property)
  - T_{ref} : 열변형률(열변형률이 0일 때의 참조온도)
  - T : 적용 온도, 그리고 e_{th}는 열변형률
  - Reference temperature는 environment 탭에서 정의한다.

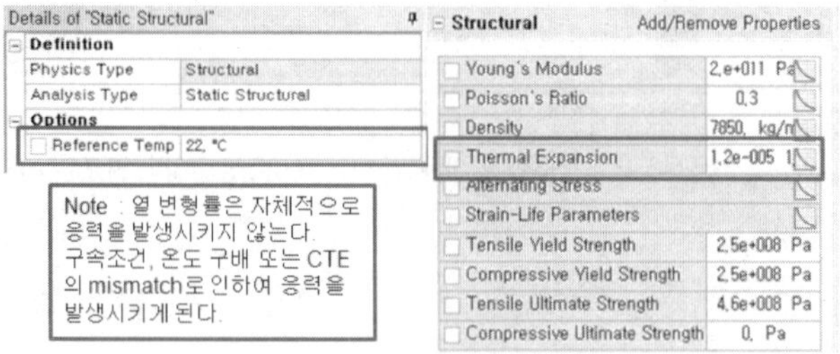

[그림 5.24] 열 하중의 정의

5.30 Thermal Loading(2)

- Thermal condition : ✓⇒🌡 Thermal Condition
  - 구조해석에서 일정하거나(기본 정의) 혹은 일정하지 않은 온도조건을 정의한다.
- Non-uniform 온도분포조건은 기존에 수행한 열 해석 조건에서 얻을 수 있다.

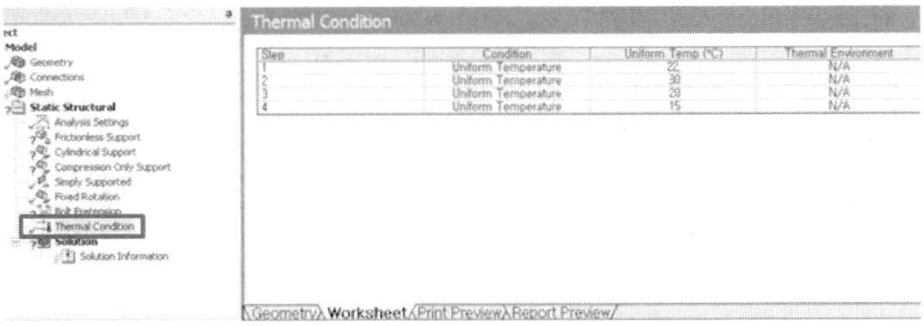

[그림 5.25] Non-uniform 온도분포조건 확인

5.31 Solving the Model

- 모델을 해석할 때 Standard Toolbar의 "Solve"을 선택한다.
  - 현재는 두 개의 processor를 이용(기본)
  - 사용개수를 설정하려면, "Tools 〉 Solve Process Settings"을 선택하여 설정한다.

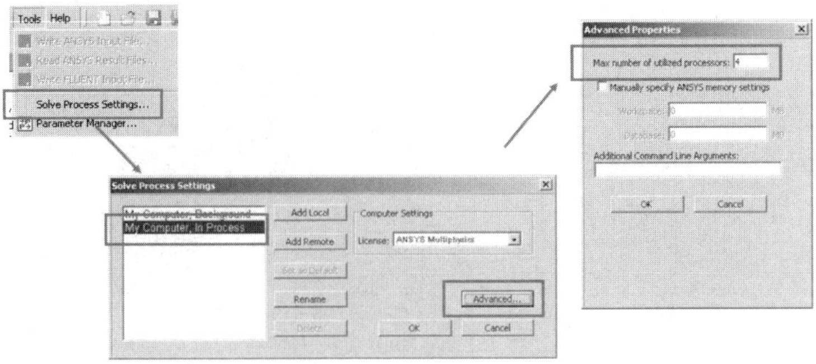

[그림 5.26] Solve 설정

5.32 Results and Postprocessing

- Postprocessing에서 다양한 해석 결과를 확인할 수 있다.
  - 방향별 변형량, 총 변형량
  - 각성 분별응력 및 변형률
  - 접촉결과
  - 반력결과
- In Simulation에서는 “Solving” 전후에 결과를 확인할 수 있다.
  - 해석 후에 결과 검토항목을 추가하고자 한다면 항목 추가 후, solve를 클릭한다.
  - 새로운 “solution”을 추가하지 않아도 된다.

5.33 Plotting Results

- Contour와 vector plot은 변형 후 모델에 나타난다.
- Context Toolbar에서 plot은 원하는 상태로 정의한다.

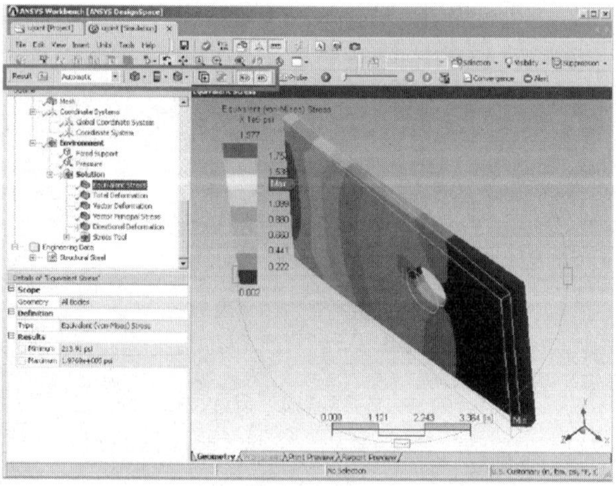

[그림 5.27] 플로팅 결과(Contour)

5.34 Deformation

- 모델의 변형량 결과
  - 총변형량은 스칼라량이 된다.
  - 변형량의 x, y, z 성분은 "Directional"을 선택하여 볼 수 있다.

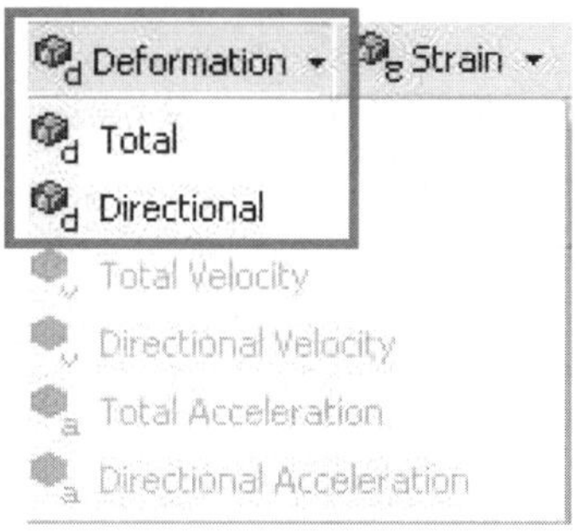

[그림 5.28] Deformation 선택

- 변형량 결과를 vector 출력으로 볼 수 있다.
  wireframe 모드로 보면 결과를 쉽게 확인할 수 있다.

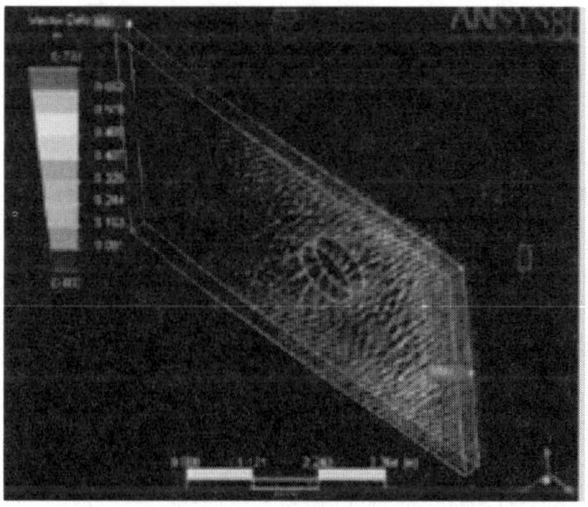

[그림 5.29] 변형량 결과보기(vector)

5.35 Stresses and Strains

- Stresses(응력) and strains(변형률)
  - 응력(탄성)과 변형률은 6개의 성분을 갖는다(x, y, z, xy, yz, xz). 반면에 열 변형률은 3개의 성분을 갖는다(x, y, z).
  - 주응력은 항상 s1 〉 s2 〉 s3와 같이 배열된다.

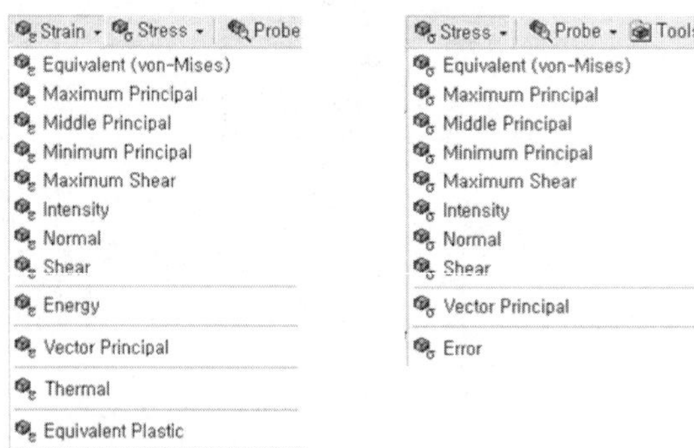

[그림 5.30] Strain과 Stress Tools

5.36 Stress Tools

- Safety Factors(안전계수)
  - 연성의 이론들
    ① Maximum Equivalent Stress
    ② Maximum Shear Stress
  - 취성의 이론들
    ① Mohr-Coulomb Stress
    ② Maximum Tensile Stress

- Stress tool을 삽입하여 각각의 이론에 입각하여 safety factor, safety margin, stress ratio를 확인할 수 있다.

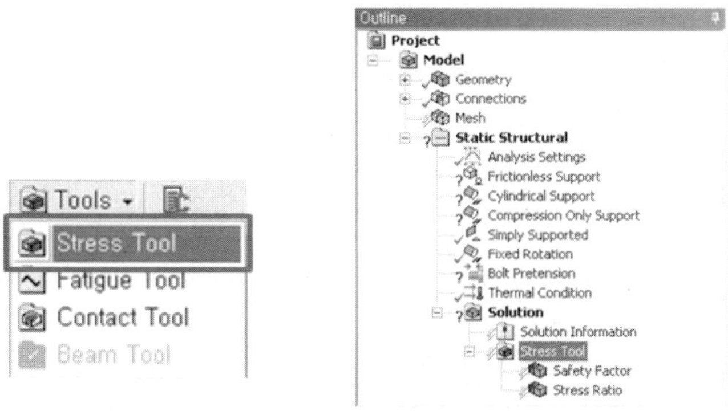

[그림 5.31] Stress Tool 삽입

5.37 Contact Results

- Contact(접촉) 결과는 Outline의 Solution을 선택하고, "Contact tool"을 눌러 보고 싶은 접촉 결과를 삽입하여 확인한다.

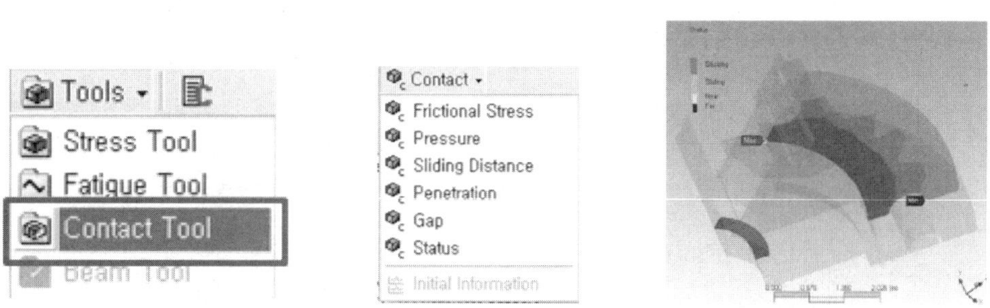

[그림 5.32] Contact Results 삽입

5.38 Contact Results

- Contact Tool에서 contact region(s)의 결과확인

그래픽 창의 하단부의 Worksheet탭을 눌러 목록에서 보고자 하는 접촉부의 contact regions을 선택할 수 있다.

- Contact, target, both sides를 선택할 수 있다.

Geometry : 그래픽 창에서 contact regions을 선택할 수 있다.

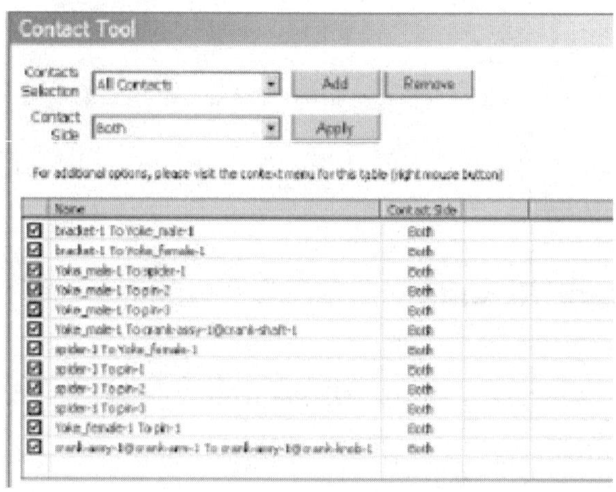

[그림 5.33] Worksheet에서 Contact regions 결과확인

[예제.3] Linear Structural Analysis

- 목적 : 임펠러타입의 펌프는 5개의 파트로 이루어진 조립품이다.

이것을 벨트에 preload 상태로 100N이 적용된 상태를 해석한다.

- 조건 : 임펠러는 하중이 적용된 상태에서 변형이 0.075mm를 넘지 않도록 한다.

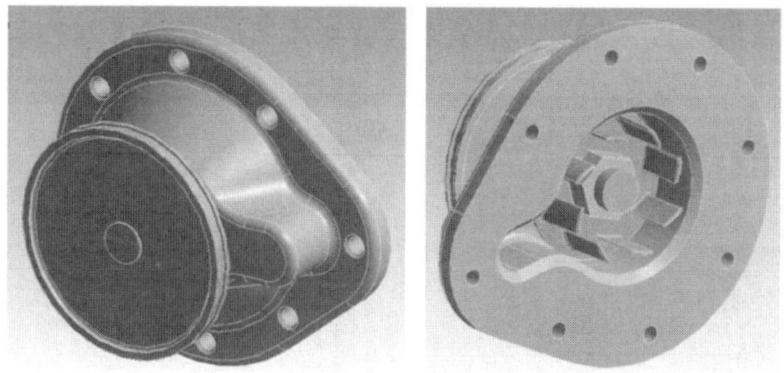

[그림 E5.1] 예제에 사용될 임펠러타입의 펌프 모델

Assumptions

- 펌프 하우징은 펌프 조립품에 완전히 접촉된 상태라고 가정한다.

  마운팅되는 면에 "frictionless support" 조건을 적용한다.

- 볼트가 끼워질 카운터보어 면에는 "frictionless support" 조건을 부여한다.

- 하중은 벨트로부터(X = 100 N)이 풀리에 적용된다.

  bearingload는 벨트와 접촉이 발생하는 풀리의 면에만 힘을 분배하여 적용될 것이다(오직 압축방향으로만).

Start Page

1. 시작페이지에서 Simulation을 선택한다.
2. "Map of Analysis Types"을 닫는다.
3. Geometry를 불러온다.

- context menu에서 Geometry → From file에서 "Pump_assy3.x_t"을 open한다.

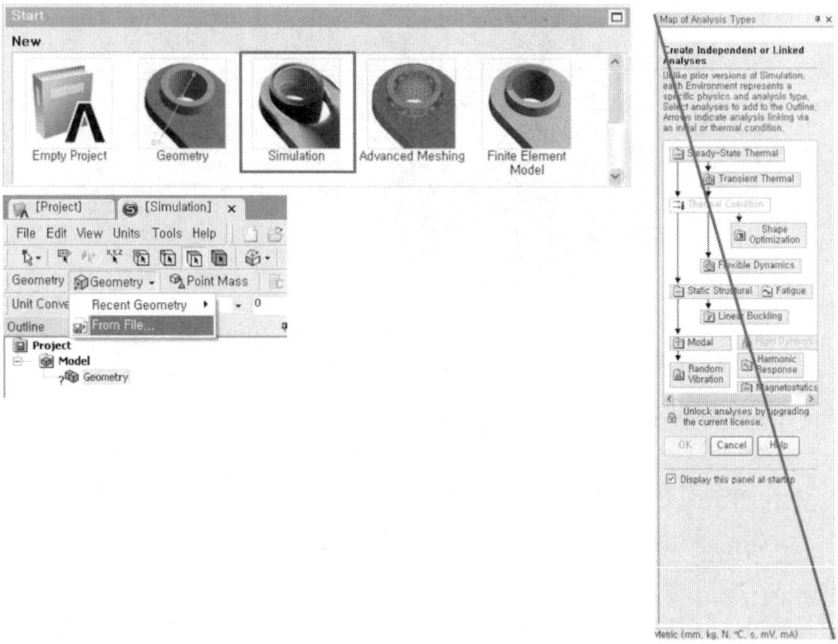

[그림 E5.2] 모델 불러오기

Preprocessing

4. 단위를 설정한다.

- "Units 〉 Metric(mm, kg, N, ℃, s)"

5. 펌프하우징의 물성치를 변경한다("Part 1").

- geometry 항목의 "Part 1"을 선택한다.

- Details of~의 material에서 "Polyethylene"을 선택한다.

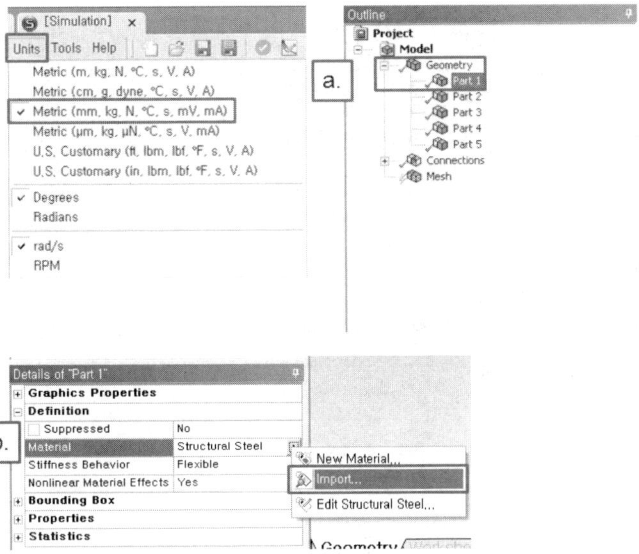

[그림 E5.3] 단위 설정과 펌프 물성치 변경

6. 4개의 접촉영역을 "No Separation"으로 설정한다(아래 보이는 영역).

- shift 키를 선택한 상태에서 1번 접촉영역을 클릭한 후, 4번 접촉영역을 클릭한다.
- Details of~에서 접촉 형태를 "no separation"으로 바꾸어 준다.

  나머지 접촉 조건은 "Bonded" 상태로 그대로 둔다.

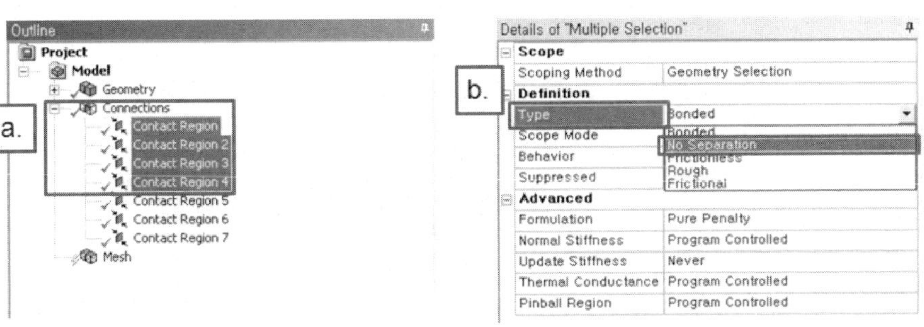

[그림 E5.4] No Speration 설정

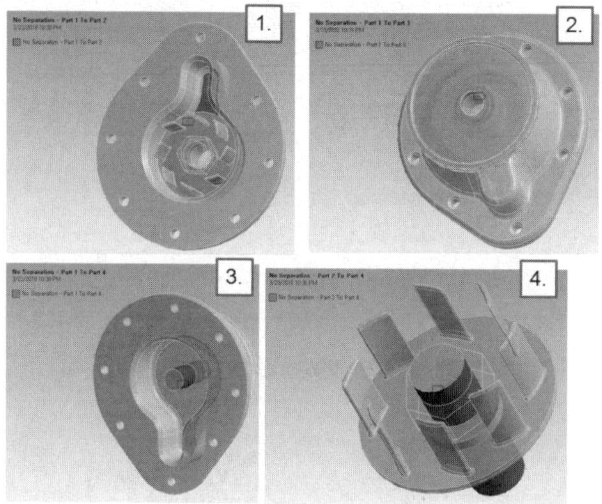

[그림 E5.5] 설정된 Part

Environment

7. Bearing load를 풀리에 적용한다.
   a. "New Analysis" 메뉴에서 "Static Structural"을 선택한다.
   b. 풀리의 홈 파인 면을 선택한다.
   c. Context 메뉴에서 "Loads"를 선택하고 "Bearing Load"를 선택한다. 또는 "RMB 〉 Insert 〉 Bearing Load"로 선택한다.
   d. Details of~에서 "Components"로 바꾸고 "X = 100 N"을 입력한다.

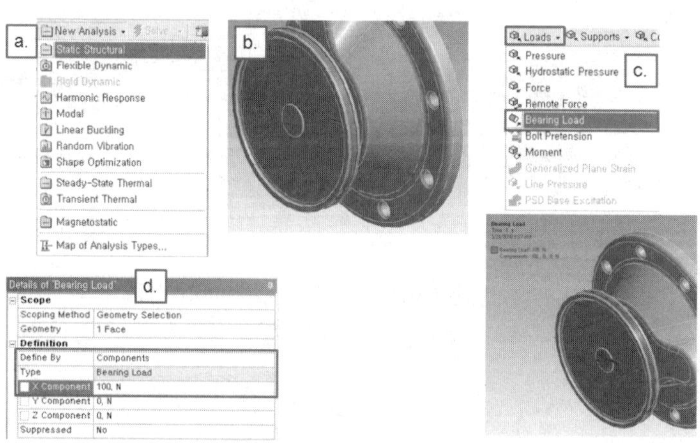

[그림 E5.6] Bearing load를 풀리에 적용하는 과정

8. 구속조건을 적용한다.

- 펌프하우징의 바닥변을 선택한다(Part 1).
- From the context 메뉴에서 "Supports"를 선택하고 "Frictionless Support"를 선택하거나, "RMB 〉 Insert 〉 Frictionless Support"한다.

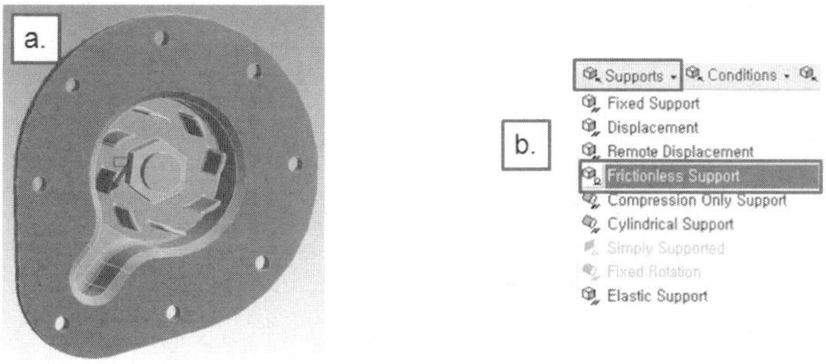

[그림 E5.7] 구속조건을 적용

- 8개의 countersink 면에 frictionless supports 조건을 부여한다.
- 각각의 면들을 선택할 때 Ctrl키를 이용하여 선택할 수 있다.

여기서는 Simulation에 있는 매크로를 가지고 이용할 것이다. 먼저 초기 면을 선택하고, 매크로를 실행하면 같은 사이즈의 다른 면을 찾게 된다. 이 매크로는 바디나 모서리도 함께 사용할 수 있다.

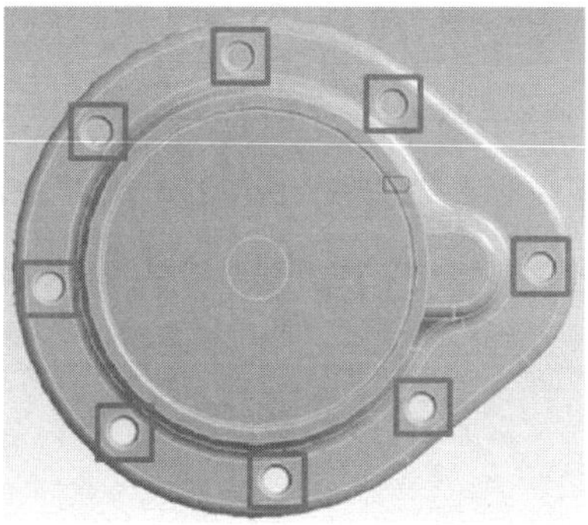

[그림 E5.8] frictionless supports 조건을 부여

9. Countersunk 구멍을 선택한다(selectbysize macro).
    a. 1개의 countersink 면을 선택한다(임의의 면).
    b. “Tools 〉 Run Macro”을 선택한다.
    c. 프로그램 설치 경로 ₩DesignSpace₩DSPages₩macros를 선택한다.
    d. “selectBySize.js”를 선택한다.
    e. “Open”을 선택한다.

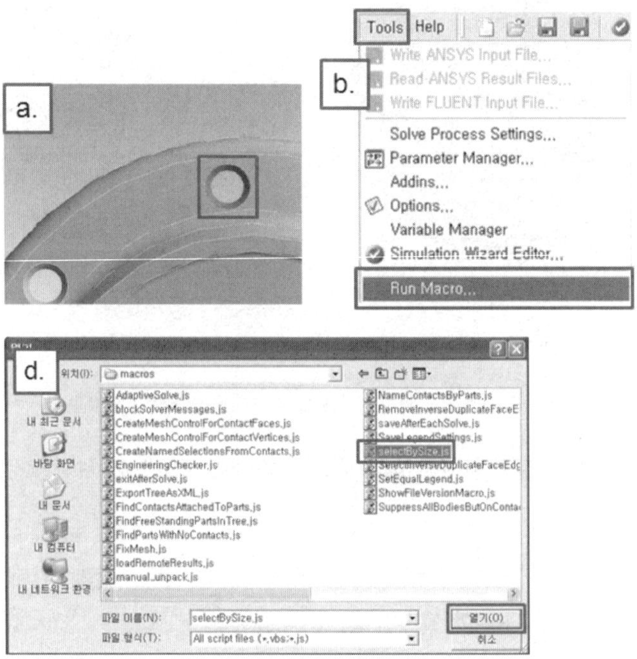

[그림 E5.9] 면들의 선택할 때 매크로의 이용하기

10. Countersunk 홀 면에 구속조건을 부여한다.
    a. Context 메뉴에서 “Supports”를 선택, “Frictionless Support”를 선택하거나 “RMB → Insert → Frictionless Support”한다.

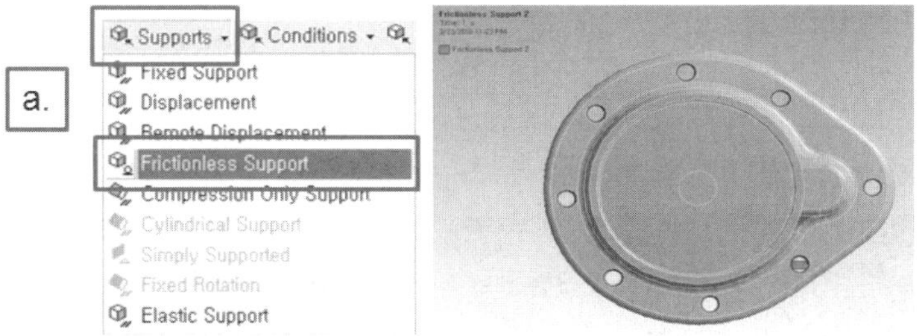

[그림 E5.10] Countersunk 홀 면에 구속조건을 부여

Solution

11. "Analysis Settings"을 선택하고 details of~에서 "Weak Springs"을 "Program Controlled"에서 "Off"로 바꾼다.

12. Solve를 눌러 해석을 수행한다.

- 툴바에서 "Solve" 버튼을 누르거나 Solution 항목에서 "Solve"를 선택한다.

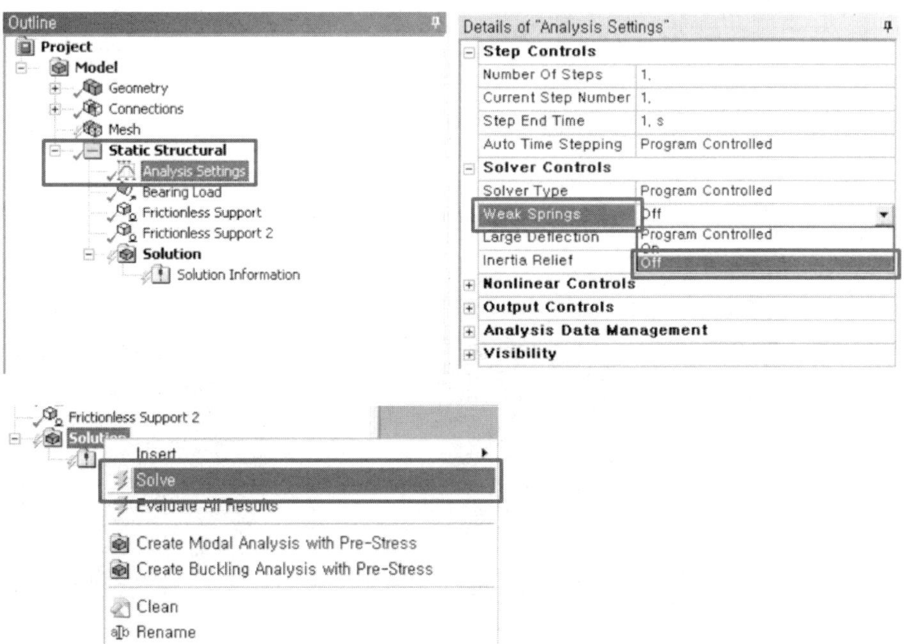

[그림 E5.11] 해석수행

Postprocessing

13. Solution에 결과를 삽입한다.
    a. Solution 항목을 선택한다.
    b. Context 메뉴에서 Stresses 〉 Equivalent (von-Mises)를 선택하거나 "RMB 〉 Insert 〉 Stress 〉 Equivalent (von-Mises)"한다.
    c. 위와 같이 Deformation 〉 "Total Deformation"을 삽입한다.

14. 다시 Solve를 실행한다.

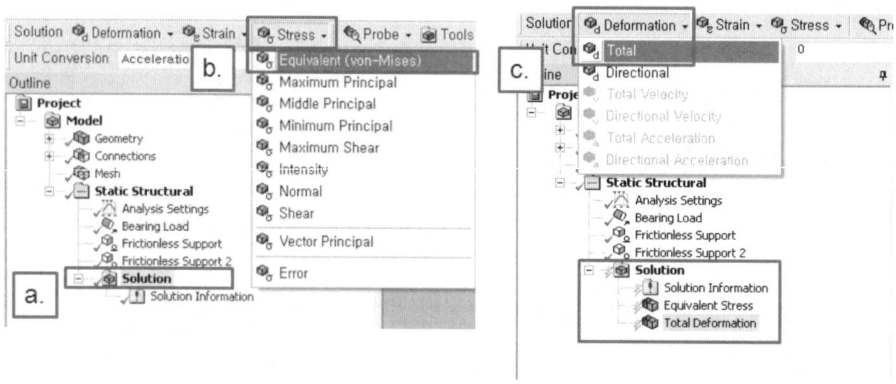

[그림 E5.12] Solution에 결과를 삽입

• 결과 항목에서 "scope" 항목을 선택하여 원하는 파트의 결과만 확인할 수 있다.

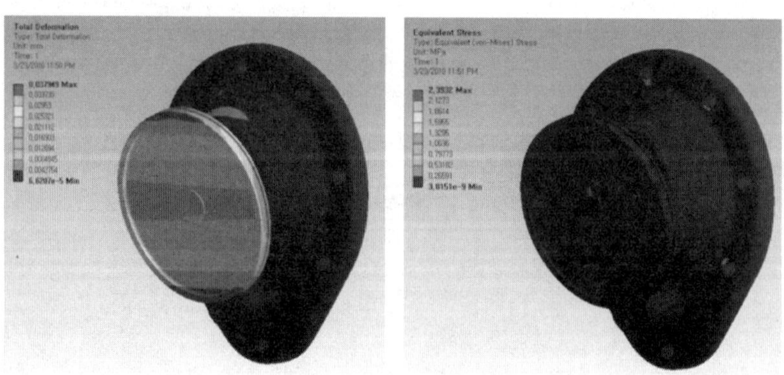

[그림 E5.13] 계산결과 확인

15. 원하는 바디나 면을 결과로 출력한다.
    a. “Solution” 항목을 선택하고, 선택필터를 “Body”로 설정한다.
    b. 임펠러를 선택한다(part 2).
    c. “RMB 〉 Insert 〉 Stress 〉 equivalent (von-Mises)”
16. 위와 같은 방법으로 임펠러의 “Total Deformation” 결과를 삽입한다.
17. 펌프 하우징의 stress와 total deformation의 결과도 삽입한다(Part 1).

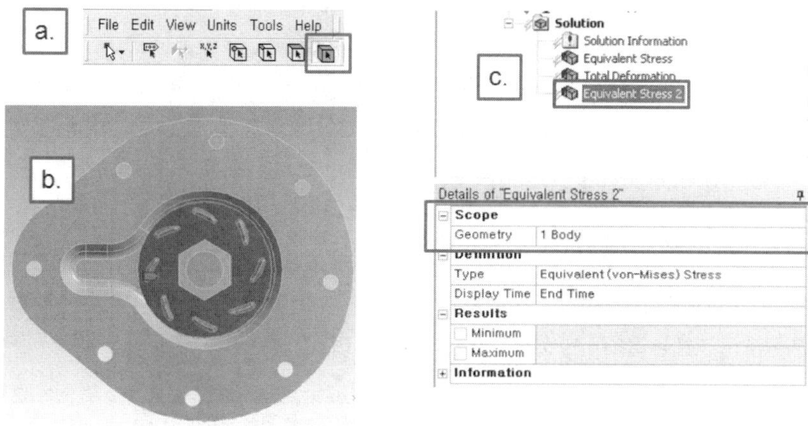

[그림 E5.14] 원하는 바디나 면을 선택하고 결과를 출력

18. 결과 항목의 이름을 변경한다.
    a. RMB하여 result → Rename
19. Solve 아이콘을 눌러 해석을 수행한다.

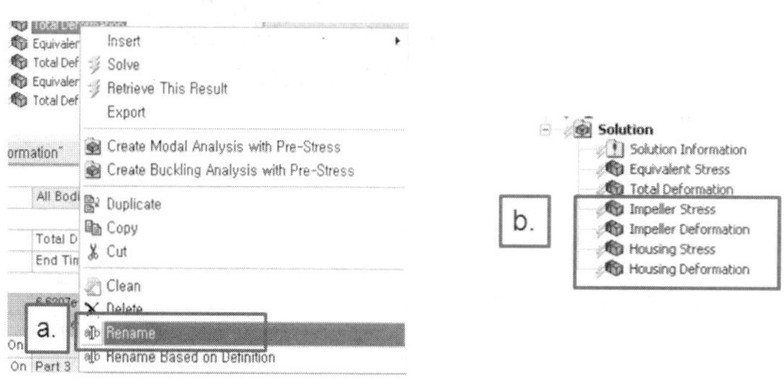

[그림 E5.15] 결과 항목의 이름을 변경

- 임펠러의 변형량이 목표치 안에 있음을 확인한다.

  변형량은 약 0.024mm이다(목표 〈 0.075mm).

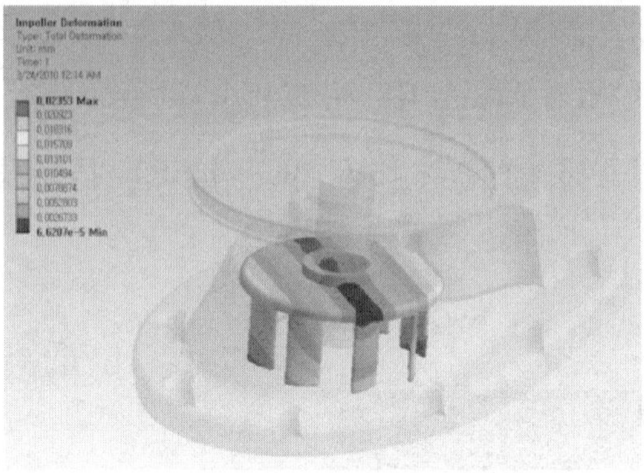

[그림 E5.16] 변형량 확인

- 최대응력값이 재질의 허용응력 안에 있어야 한다(tensile yield = 25MPa). Scoping 기능을 이용하여 관심부의 응력이 얼마나 나타나는지를 확인한다.

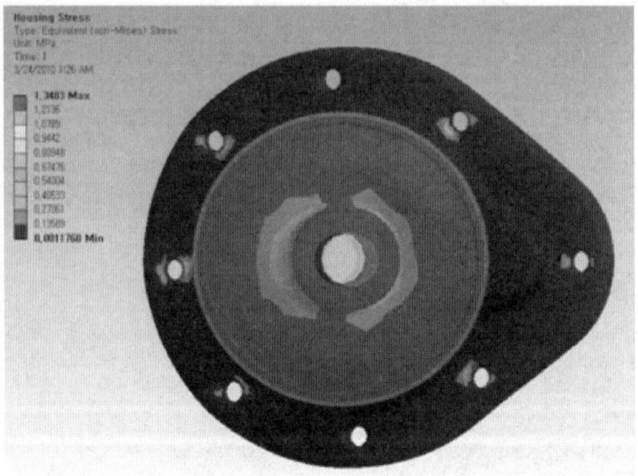

[그림 E5.17] 관심부의 응력계산 결과 확인

20. 하우징 Scope하여 응력결과를 알아본다.
    a. 풀리와 임펠러를 숨긴다.

- 풀리를 선택하고 "RMB 〉 Hide Body"를 선택한다.

  b. 선택필터를 "Face"로 두고 펌프하우징의 5면을 선택한다(Part 2).

  c. "Solution" 항목을 선택하고 "RMB → Insert → Stress → equivalent(von Mises)"를 삽입한다.

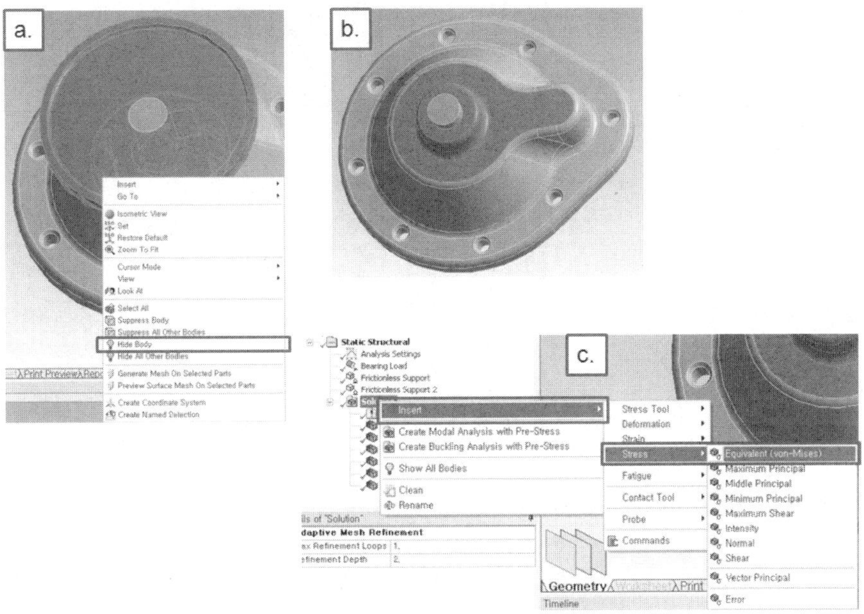

[그림 E5.18] 하우징의 응력계산 결과 확인

21. 하우징의 안쪽면의 응력결과를 확인한다.

  a. 임펠러 파트를 숨긴다.

- 임펠러 선택후 "RMB 〉 Hide Body"를 한다.

  b. 펌프하우징의 아래 변을 선택한다(Part 2).

  c. "Solution" 항목을 선택하고 "RMB → Insert → Stress → equivalent(von Mises)"를 삽입한다.

22. Solve 아이콘을 눌러 해석을 수행한다.

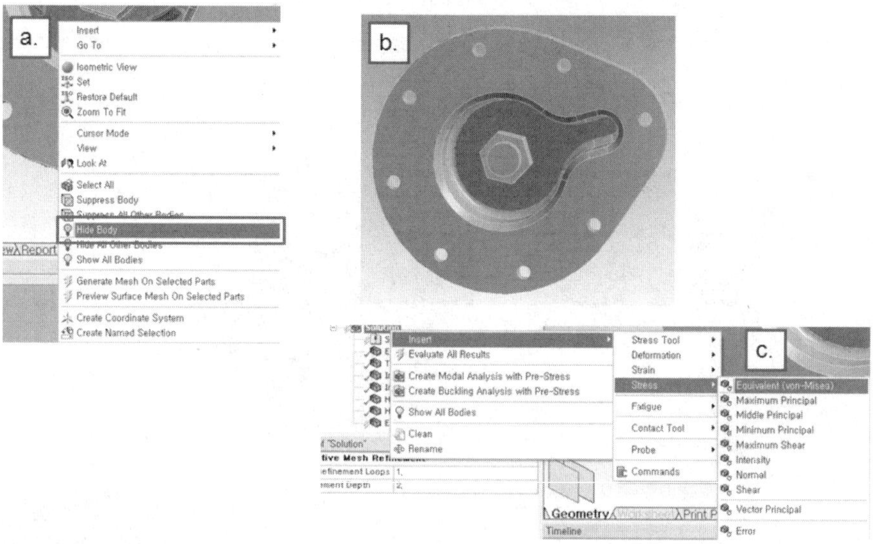

[그림 E5.19] 하우징의 안쪽면의 응력계산 결과를 확인

- 목표값과 비교하여 해석 결과를 확인한다.
- 예제의 해석 수행을 끝마쳤으면, 원하는 부분의 그림을 삽입하여 보고서를 작성하도록 한다.

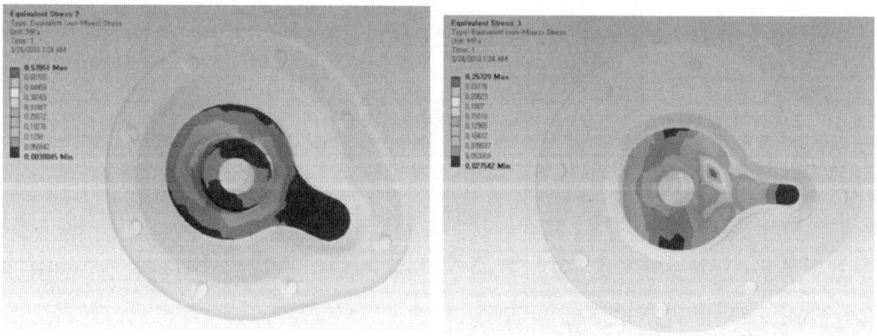

[그림 E5.20] 하우징 안쪽과 바깥쪽의 해석 결과

제 6 장

Vibration Analysis

6.1 Chapter Overview

- Simulation을 이용하여 모드 해석을 수행한다. Simulation에서 모드 해석 수행 방법은 앞에서 수행한 선형구조 해석과 유사하다.

  5장에서 선형구조 해석 관련하여 가정한 내용이 다시 사용된다.

  - 모드 해석 과정
  - 전하중 상태에서의 모드 해석 과정
  - capability들은 일반적으로 ANSYS DesignSpace Entra 라이센스 및 그 이상에서 가능한 것이다.

6.2 Basics of Free Vibration Analysis

- 모드 해석에서 고유진동수 → ω_i와 모드 형상 ϕ_i는 다음의 행렬식으로부터 얻게 된다.

$$([k] - \omega_i^2[M])\Phi_i = 0$$

- 모드해석 시의 가정
  - [K]와 [M]은 상수이다.

- 선형탄성재료 거동으로 가정
- 소변형 이론, 비선형은 포함되지 않음
- [C]가 없음, 따라서 댐핑은 제외됨
- {F}가 없음, 따라서 구조물에 외력이 작용하지 않음
  - Mode shapes {f}은 절대적인 값이 아니고 상대적인 값이다.

6.3 Free Vibration Analysis Procedure

- 모드 해석을 수행하는 과정은 선형구조 해석 과정과 동일하다.
  모드 해석을 수행할 수 있는 단계는 다음과 같다.
  - 기하 모델 open
  - 물성치 정의
  - 접촉영역 정의
  - 옵션조절을 통한 요소망 조절
  - 해석타입 설정
  - 경계조건 정의
  - 결과 항목에 Frequency Finder를 삽입
  - Frequency Finder Option 정의
  - "Solve"
  - 결과 검토

6.4 Geometry and Point Mass

- 모달 해석은 모든 종류의 기하모델을 지원한다.

- Solid bodies, surface bodies, line bodies

- "Point Mass"를 사용할 수 있다. 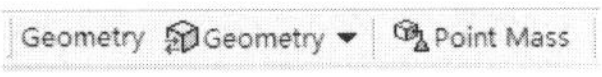

- Point Mass는 고유진동수 해석에서 질량을 더한다.

- Point Masses는 고유진동수 해석에서 고유진동수를 증가시킬 것이다.

- 물성치 : Young's Modulus, Poisson's Ratio, Density가 필요하다.

6.5 Contact Regions

- 모드 해석에서 접촉영역 설정이 가능하다. 그러나 모드 해석은 완전히 선형 해석이므로, 접촉거동은 비선형 접촉형태와 다르게 작용할 것이다.

Contact Type	Static Analysis	Model Analysis		
		Initially Touching	Inside Pinball Region	Outside Pinball Region
Bonded	Bonded	Bonded	Bonded	Free
No Separation	No Separation	No Separation	No Separation	Free
Rough	Rough	Bonded	Free	Free
Frictionless	Frictionless	No Separation	Free	Free

- 모드 해석에서 접촉 사용시 두 가지의 중요한 내용은 다음과 같다.

- 두 비선형 접촉거동 – rough와 frictionless – 는 선형으로 거동한다. 따라서 이것들은 내부적으로 bonded 또는 no separation으로 될 것이다.

- 만일 갭이 존재한다면, 비선형 접촉거동은 free가 된다.

  Bonded와 no separation 접촉은 pinball region의 size에 달려 있다.

- pinball region은 기본적으로 자동 결정된다.

6.6 Analysis Type

- Selecting "Modal" from the "New Analysis"에서 "Modal"을 선택하면 자동으로 Outline에 "Analysis Settings" 항목이 삽입된다.
  - Mode의 개수 : 6~200까지 설정할 수 있다.
  - 진동수 범위의 설정 : 기본 0Hz~1e+08Hz로 되어 있다.

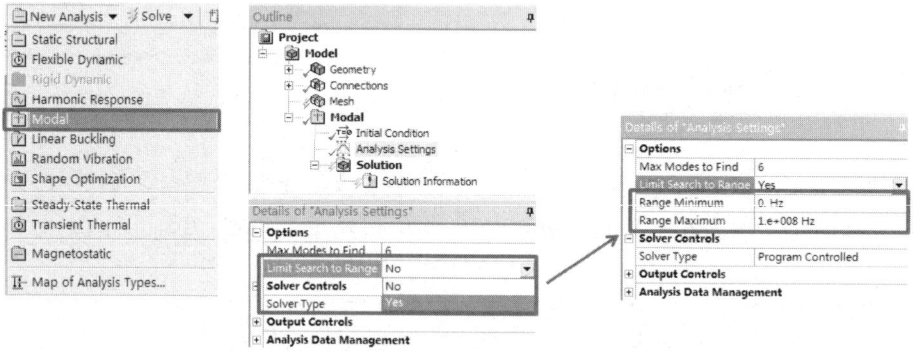

[그림 6.1] Analysis Type 구성

6.7 Loads and Supports

- 구조 및 열하중은 모드 해석에서 사용되지 않는다.
- 모드 해석에서의 경계조건 적용
  - 만일 경계조건이 불분명하다면, rigid-body 모드가 발생하게 된다.
    이들 모드들은 0 또는 0 Hz에 가깝게 된다. 정적 구조 해석과는 달리 모드 해석에서는 rigid-body 모션을 막는 것이 필요하지는 않는다.
  - 모드형상과 주파수에 영향을 주기 때문에 모드 해석에서의 경계조건은 매우 중요하다. 어떻게 모델에 구속조건을 설정해 주어야 하는지 주의를 기울어야 한다.

- compression only support는 비선형 경계조건이다.
  따라서 모드 해석에서는 사용하지 않는다.

6.8 Requesting Results(1)

- "Solve"를 수행한다.
- 해석이 끝나면, solution 항목에서 다음과 같이 바로 표시되는 그래프와 표를 보여준다. 이것은 모드 차수와 주파수를 나타낸다.

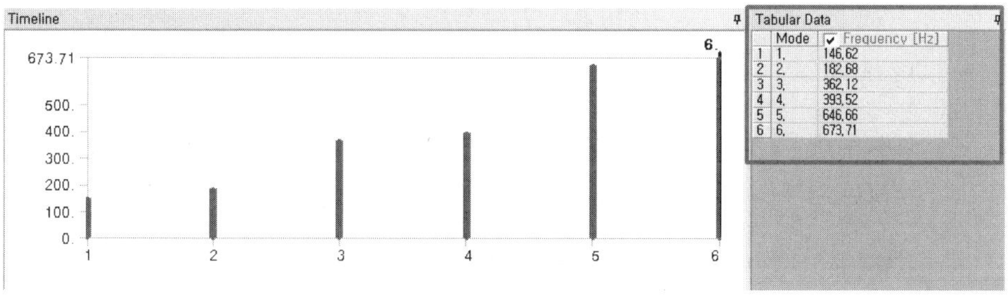

[그림 6.2] **모드 차수와 주파수**

- 그래프나 표로부터 원하는 주파수 혹은 모든 주파수를 나타낼 때, 모드 형상도 같이 보여준다.

6.9 Requesting Results(2)

- 그래프나 표로부터 원하는 주파수를 선택한다.
- RMB 〉 모두 혹은 원하는 주파수 선택
  - RMB 〉 Create Mode Shape Results
  - 모드형상을 보기위하여 "Total Deformation"에서 확인할 수 있다.
  - "Solve"를 수행한다.

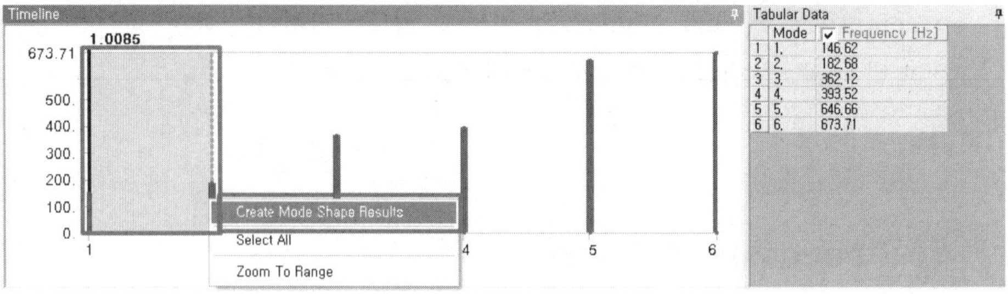

[그림 6.3] Create Mode Shape Results

6.10 Reviewing Results(3)

- 모드 형상
  - 건축물에 적용된 하중이 없기 때문에 모드 형상은 자유진동에 관련한 값이다.
  - 주파수는 결과 항목의 Details of~에서 확인한다.
  - 작업창의 Time line 탭의 애니메이션 툴바는 모드 형상을 확인하는데 도움을 준다.

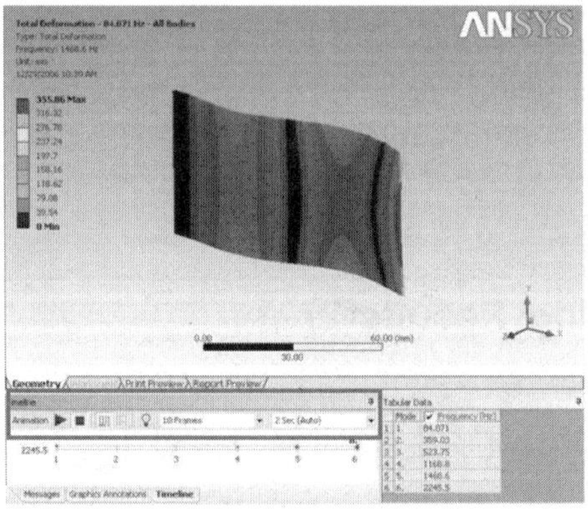

[그림 6.4] Reviewing Result

6.11 Free Vibration with Pre-Stress(1)

- 모드 해석 수행 시 전 하중 상태를 고려해야 할 경우도 있다.
  - 정적하중이 가해진 상태에서 구조물의 고유진동수를 구하는 경우이다.
  - 조율된 축방향 하중이 증가하면서 주파수도 증가하게 된다.

6.12 Free Vibration with Pre-Stress(2)

전하중 상태의 모드 해석 수행 시 내부적으로 두 반복 과정이 자동으로 이루어진다.

- 정적선형구조 해석은 초기에 수행된다.

$$[K]\, x_o = F$$

- 정적구조 해석으로부터 응력상태 stress stiffness matrix[S]가 계산된다.

$$[\sigma_o] \rightarrow [S]$$

- 전하중 상태의 모드 해석은 [S]항을 포함하여 수행하게 된다.

$$([K+S] - \omega_i [M])\, \Phi_i = 0$$

6.13 Procedure w/ Pre-Stress Effects

- 하중을 받고 있는 상태에서 모드 해석을 수행하기 위해 정적구조 해석을 먼저 수행한다.
- 구조 해석 결과는 하중을 받고 있는 상태의 모달 해석에 사용되게 된다.
  - 구조 해석 결과 항목에서 RMB하고 "Create Modal Analysis with Pre-stress"를 선택한다.

- 메뉴에서 "New Analysis"에서 "Modal"을 선택한다.

• New Analysis를 선택하는 방법으로 모드 해석을 수행한다면, Initial Condition 을 "Static Structural"로 바꾸어 준다.

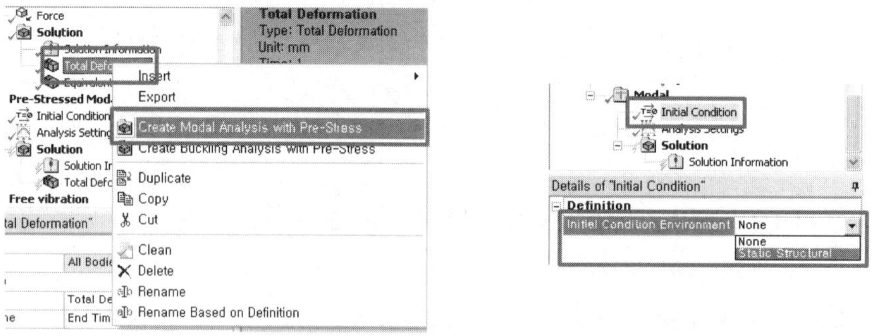

[그림 6.5] Procedure w/ Pre-Stress Effects

6.14 Example w/ Pre-Stress Effects(1)

• 한쪽 끝단이 고정되어 있는 얇은 판 모델을 비교해 본다.

- 두 가지 해석 실행 - 고유진동 해석과 전하중 상태의 고유진동 해석을 실시하여 두 개의 해석 결과 비교

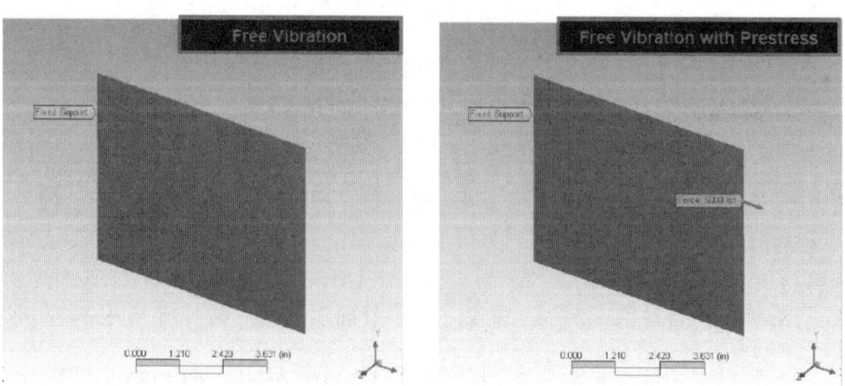

[그림 6.6] 고유진동 해석과 전하중 상태의 고유진동 해석

6.15 Example w/ Pre-Stress Effects(2)

- 모드 해석을 할 때 “Initial Condition”이 기본적으로 “None”으로 되어 있기 때문에 하중을 고려한 상태를 해석하고자 할 때에는 먼저 구조해석 수행 후 “Initial Condition”을 “Static Structural”로 바꾸어 주어야 하중을 받고 있는 상태에서의 모드 해석 효과를 부여할 수 있다.

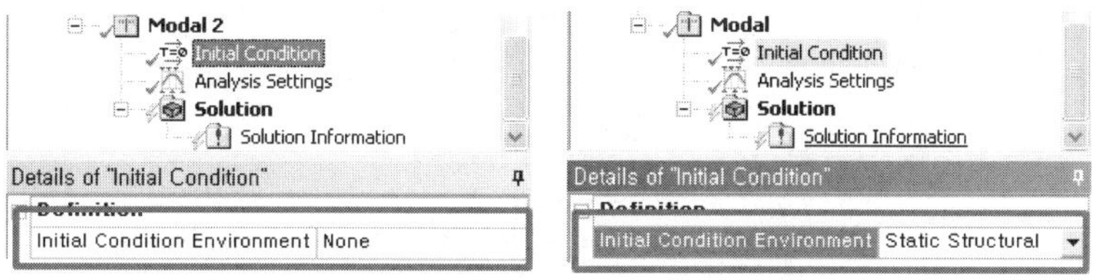

[그림 6.7] Pre-Stress Effects

6.16 Example w/ Pre-Stress Effects(3)

- 이번 예에서 작용하중에 대하여 인장응력 상태가 된다. 따라서 아래의 그림과 같이 고유진동수가 증가하게 된다.

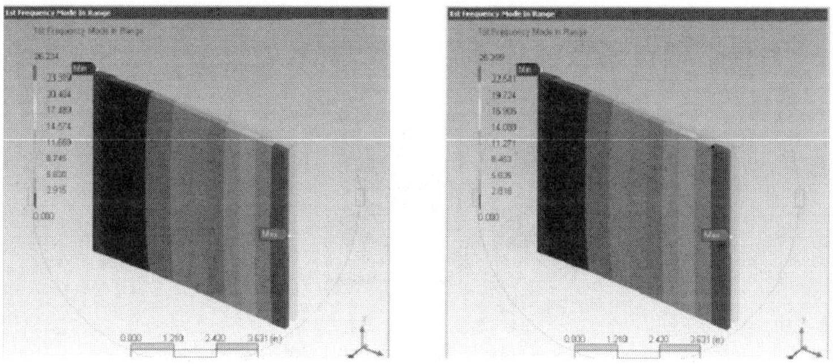

Free Vibration 1st mode frequency:141 Hz	Free Vibration with per-Stress 1st mode frequency:184 Hz

[그림 6.8] Pre-Stress Effects

[예제.4] Prestressed Modal

- 목적 : 그림에서 tension link가 하중을 받고 있는 상태와 받고 있지 않은 상태에서의 모달 해석의 응답을 보도록 한다.
- 문제 설명 : 아래 link를 4000N의 인장하중이 작용하는 상태에서의 link의 진동수와 하중이 작용하지 않는 상태에서의 고유 진동수 결과를 비교해 본다.

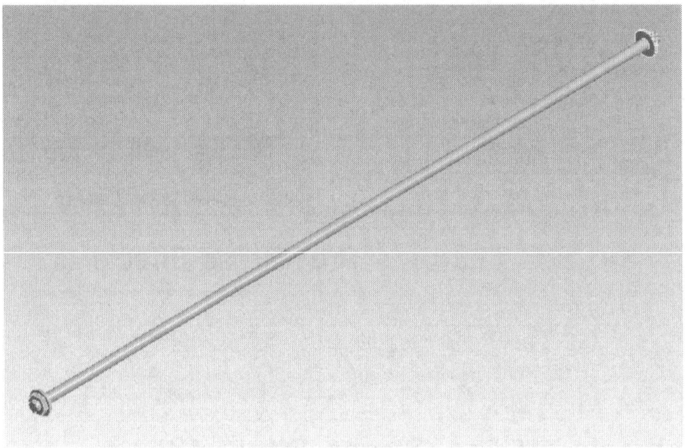

[그림 E6.1]

Start Page

1. 시작페이지에서 Simulation을 선택한다.

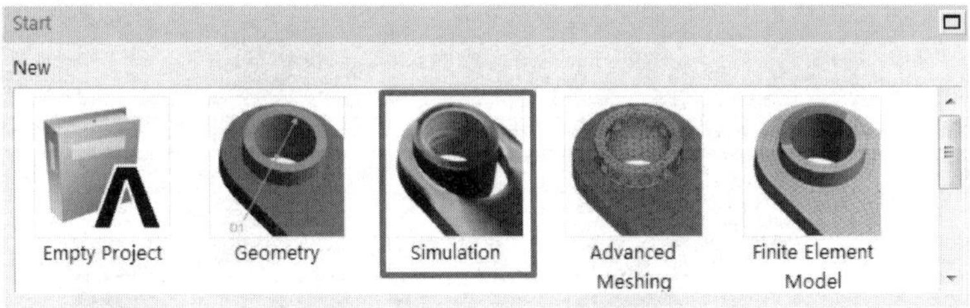

[그림 E6.2] Simulation 시작

2. "Map of Analysis Types"을 close한다.

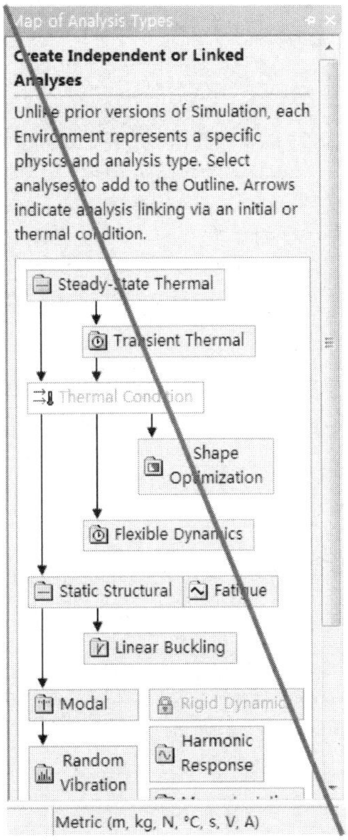

[그림 E6.3] Map of Analysis Types 닫기

3. Geometry를 open한다.
   - Context menu에서 Geometry 〉From file하여 "tension_link.x_t"를 open 한다.

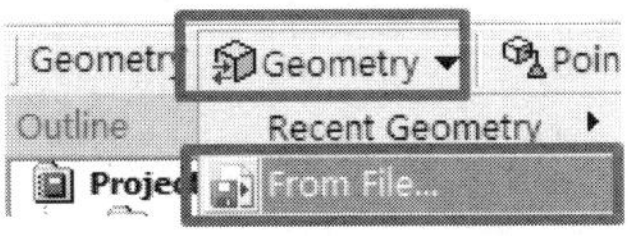

[그림 E6.4] Geometry 불러오기

Preprocessing

4. 단위를 설정한다.
   "Units 〉 Metric(mm, kg, N, ℃, s)"

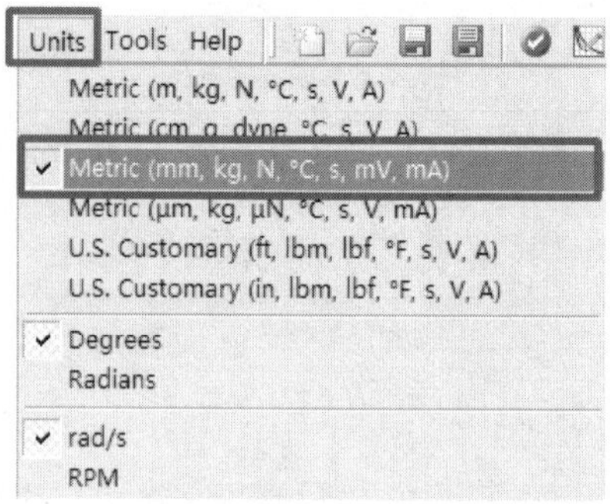

[그림 E6.5] 단위를 Metric으로 설정

5. 하중이 작용하고 있는 상태를 위해 Static Structural analysis를 선택하여 해석을 수행하도록 한다.
   "New Analysis" 메뉴에서 "Static Structural"을 선택한다.

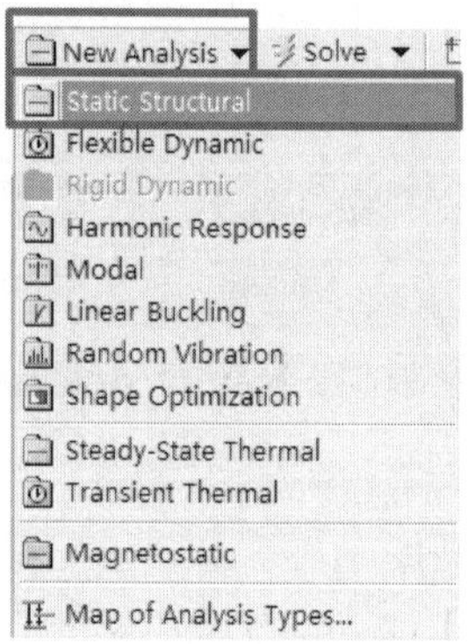

[그림 E6.6] Static Structural analysis 선택

6. 구속조건을 삽입한다.
   한쪽의 와셔를 선택하여 안쪽 면을 선택하고, "RMB → Insert → Fixed Support"를 삽입한다.
   다른 쪽의 와셔를 선택하여 가장자리 둘레 면을 선택하고, "RMB → Insert → Frictionless Support"를 삽입한다.

[그림 E6.7] 구속조건의 적용

7. 하중을 부여한다.
   a. 가장자리 면에 frictionless support를 적용한 와셔의 안쪽 면을 선택한다.
   b. "RMB 〉 Insert 〉 Force"를 한다.
   c. "Details of Force"에서 "Components"로 변경한다.
   d. 하중 값에 "4000"을 입력한다.

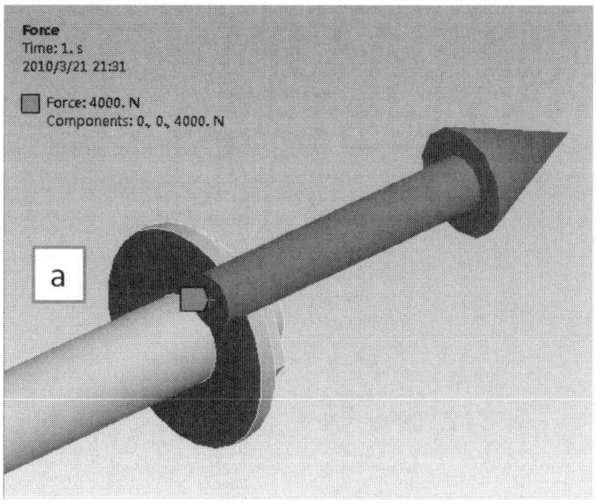

[그림 E6.8] 하중의 부여

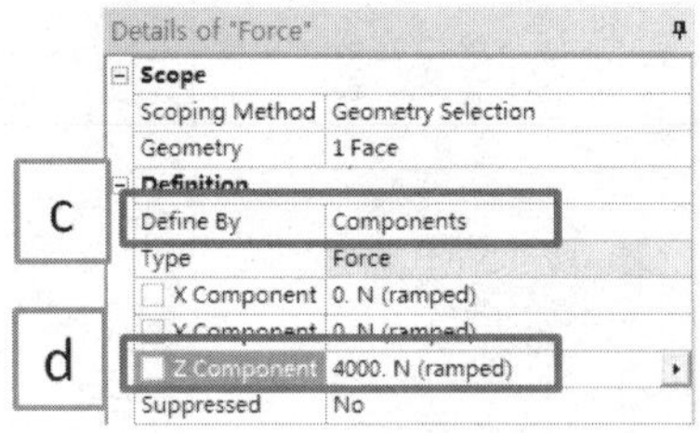

[그림 E6.9] 하중값 설정

Analysis Settings

8. 해석 옵션을 하중받는 상태에서의 모달 해석을 수행하는 것으로 변경한다.
   Analysis Settings을 선택한다.
   "Analysis Data Management"를 확인한다.
   "Future Analysis"에서 "Prestressed Analysis"로 변경한다.

9. Solve 아이콘을 누른다.

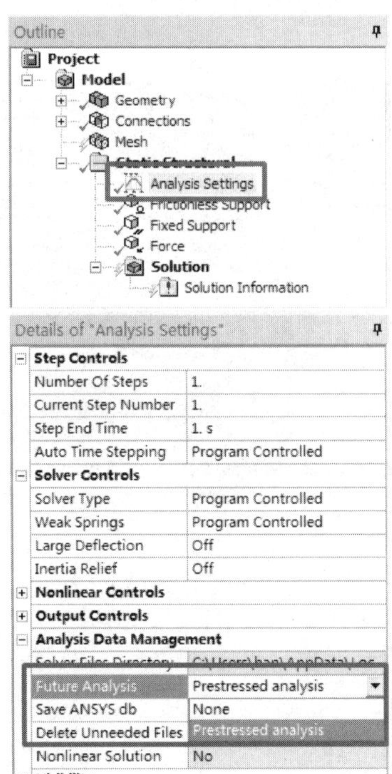

[그림 E6.10] Analysis Settings

Postprocessing

9. 수행한 구조 해석 Solution 항목에서 변형량과 응력을 삽입하여 결과를 확인한다.

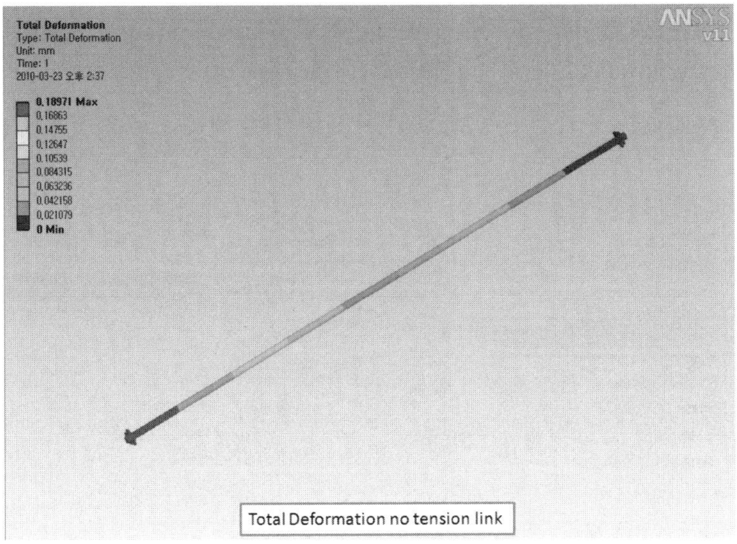

[그림 E6.11] 변형량 확인

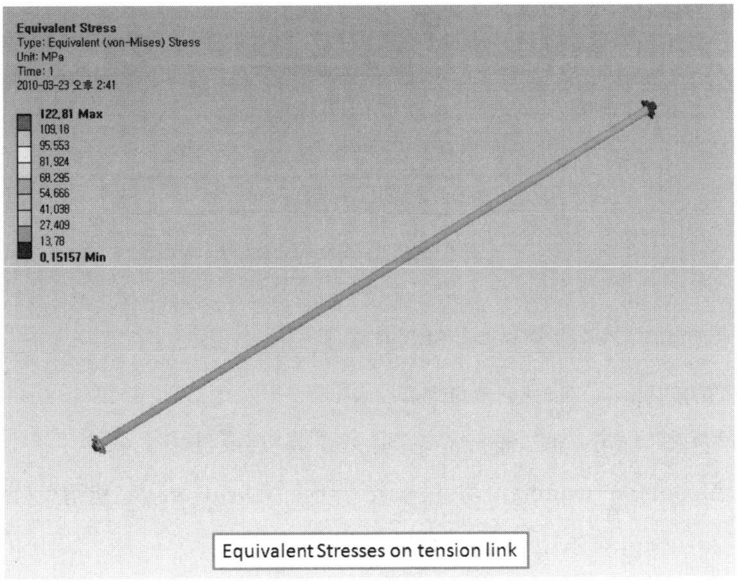

[그림 E6.12] 등가응력 확인

Set up Pre-Stressed Modal Analysis

10. 하중이 작용하는 상태에서의 모달 해석을 수행하는 상태로 적용한다.
    "New Analysis"에서 "Modal"를 선택한다.
    Modal environment의 이름을 "Pre-Stressed Modal"로 변경한다.
    "Initial Condition Environment"를 "Static Structural"로 설정한다.
    구조해석을 수행한 결과를 선택하고(예 변형량) RMB 〉 "Create Modal Analysis with Pre-Stress"를 선택하여 해석을 수행할 수 있다.

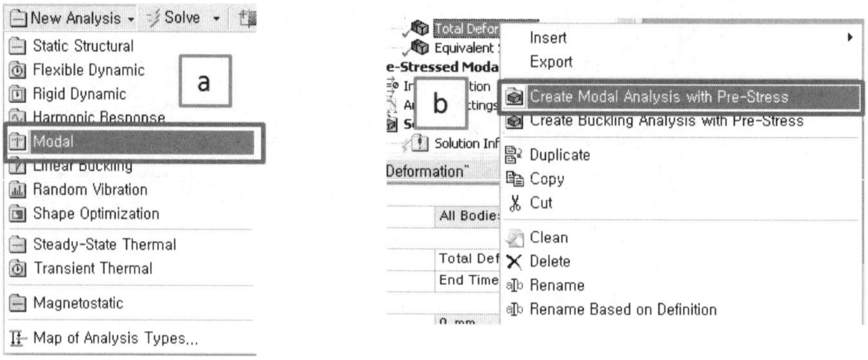

[그림 E6.13] Create Modal Analysis with Pre-Stress

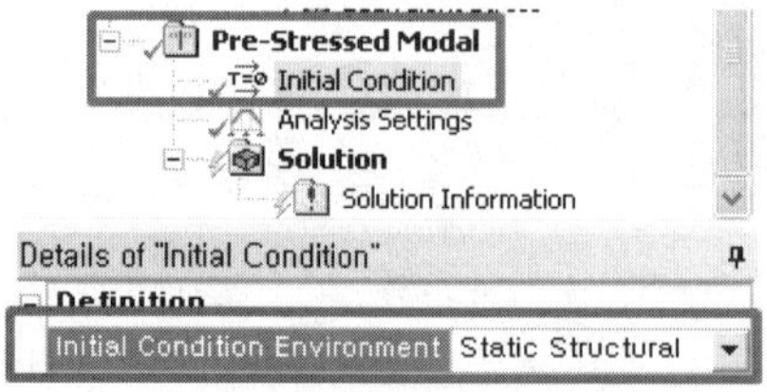

[그림 E6.14] Pre-Stressed Modal

Set up Free Vibration Analysis

11. 고유진동수 해석을 수행한다.
    "New Analysis" 메뉴에서 "Modal"를 선택한다.
    Modal environment의 이름을 "Free vibration"로 변경한다.

12. 구속조건을 적용한다.
    6번의 a와 b 조건을 모델에 적용한다.

구조 해석에서 적용한 구속조건 2개를 선택하여 RMB → Copy를 하고 현재 수행하고 있는 고유진동 해석 environment를 선택 후 RMB → Paste한다.

Solution

13. 두 개의 해석을 수행한다.
"Project" 항목을 선택하고 RMB → "Solve"를 선택한다.

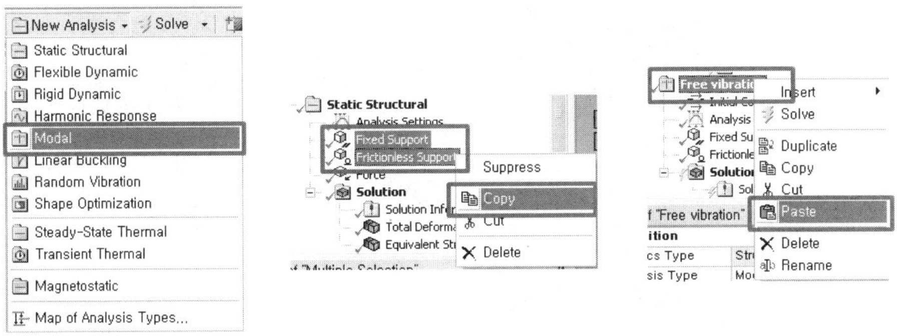

[그림 E6.15] 진동해석 계산의 진행

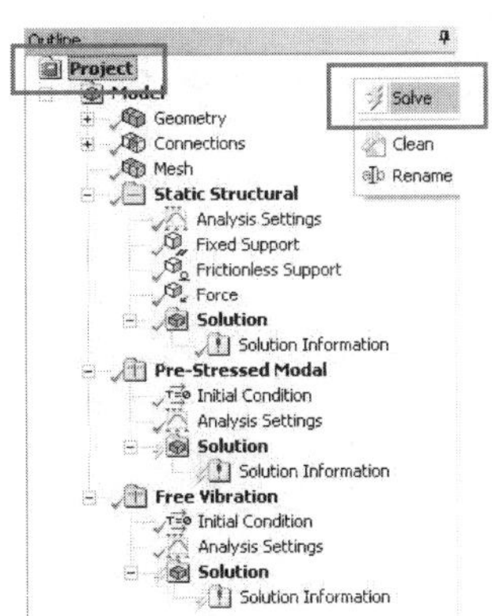

[그림 E6.16] 계산의 실행

Postprocessing

14. 하중을 받는 상태의 모달 해석과 받지 않는 상태의 고유진동수 해석의 결과를 비교한다.

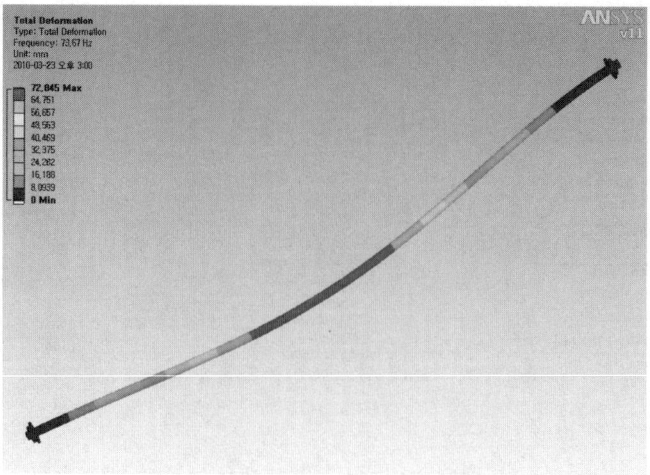

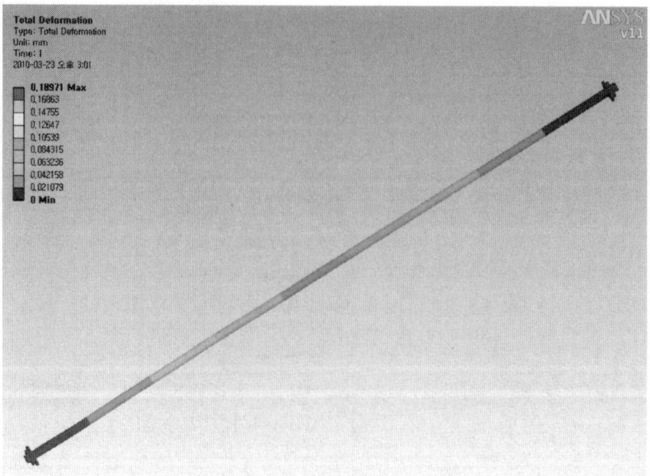

[그림 E6.17] 총변형량 확인

제 7 장

정상상태 열 해석

- Simulation에서 정상상태 열 해석을 수행하도록 한다.
  - 모델 불러오기 및 mesh 생성
  - 조립품 모델
  - 접촉 설정
  - 열하중 입력 및 경계조건 설정
  - Solution Option 설정
  - 결과확인 및 검토

7.1 steady-state 열 해석

- steady-state 열 해석은 steady-state 하중 하에서 구조물의 열 응답을 얻는 것이다.
- 일반적인 열전달식은 다음과 같다.

$$[C(T)]\{\dot{T}\}+[K(T)]\{T\}=\{Q(t,T)\}$$

T는 시간, {T}는 온도, [C]는 비열 매트릭스, [K]는 전도 matrix, {Q}는 heat flow rate load vector이다.

- steady-state 해석에서 모든 시간 의존 항은 제거된다.

$$[K(T)]\{T\}=\{Q(T)\}$$

7.2 Basics of Steady-State Heat Transfer

- Simulation에서 steady-state 열 해석의 temperatures {T}는 아래의 식으로 계산하게 된다.

$$[K(T)]\{T\}=\{Q(T)\}$$

- 식에 적용되는 가정
  - steady-state 해석은 시간 영향을 받지 않는다.
  - [K]는 상수이거나 온도의 함수가 된다.
- 온도 의존 열전도계수는 각 물성치별로 입력할 수 있다.
  - {Q}는 상수이거나 온도의 함수가 된다.
- 온도의 대류계수는 대류조건별로 입력할 수 있다.

7.3 Geometry

- Simulation에서 지원하는 모든 종류의 기하모델을 열 해석할 수 있다.
  - Solid, surface, line bodies를 해석할 수 있다.
  - Line bodies의 단면과 위치는 DesignModeler에서 적용해야 한다.
  - "Point Mass" 명령은 열 해석에서 이용할 수 없다.
- 쉘 및 선 모델을 사용할 때의 중요한 가정들
  - Shells : 두께 방향의 열전도를 고려할 수 없다.
  - Line bodies : 단면의 두께 변화가 고려되지 않는다. 선 모델은 단면의 온도가 상수라는 가정 하에 빔 또는 트러스트 구조물 등에 쓰여진다.
- Line Body의 길이를 따라서 온도 변화가 고려된다.

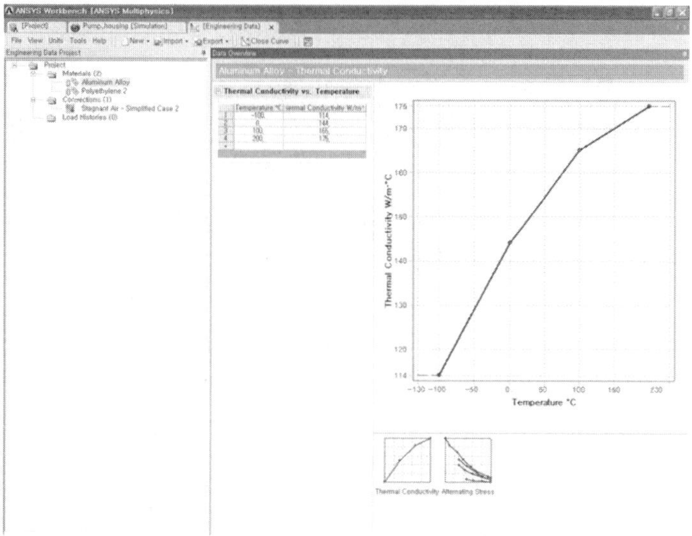

[그림 7.1] Material Properties

7.4 Material Properties

- 필요한 물성치는 최소한 Thermal Conductivity(열전도 계수)는 알고 있어야 한다.
- 물성치 입력은 "Engineering Data" 항목에서 하고, 단품별로 물성치 정의를 따로 할 수 있다.
- 열전도 계수는 온도에 따른 계수의 변화 형태로 쓸 수 있다.

7.5 Assemblies – Solid Body Contact

- 솔리드모델의 조립품을 불러올 때, 접촉영역은 자동으로 생성된다.

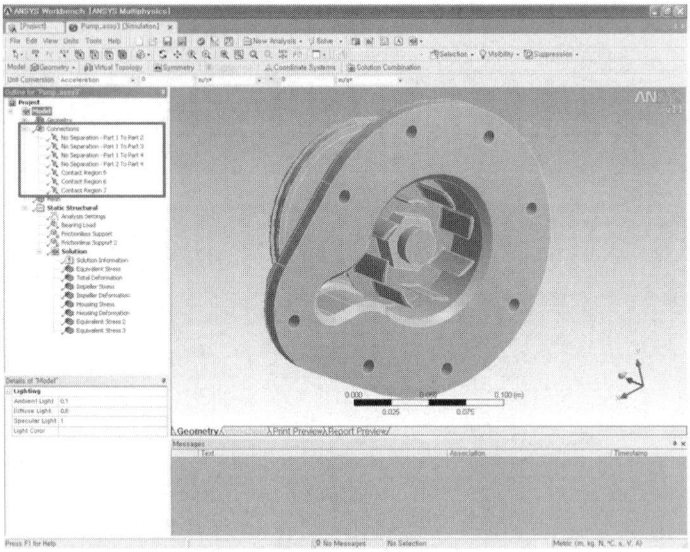

[그림 7.2] 자동으로 생성된 접촉영역

7.6 Assemblies – Contact Region

- Simulation에서 다양한 접촉 거동 설정이 가능하다.
  - 일반적으로 접촉형태는 구조해석 기준을 의미한다.
  - 만일 파트들에 초기접촉이 있다면, 열전달은 파트들 사이에서 발생할 것이다. 초기에 파트간의 접촉이 없다면 파트 사이의 열전달은 없게될 것이다.

Contact Type	Heat Transfer Between Parts in Contact Region?		
	Initially Touching	Inside Pinball Region	Outside Pinball Region
Bonded	Yes	Yes	No
No Separation	Yes	Yes	No
Rough	Yes	No	No
Frictionless	Yes	No	No

[그림 7.3] 다양한 접촉거동 설정

- pinball 영역은 자동적으로 설정된다.

- Pinball 영역은 ANSYS Professional 라이센스 및 그 이상에서 설정 가능하다.
  - Target 절점들이 pinball 영역 안에 있고, contact은 bonded 또는 no separation 이면 열전달이 일어날 것이다(초록색 실선).
  - 반면 이 외의 절점들(초록색 점선) 사이에서는 열전달이 일어나지 않을 것이다.

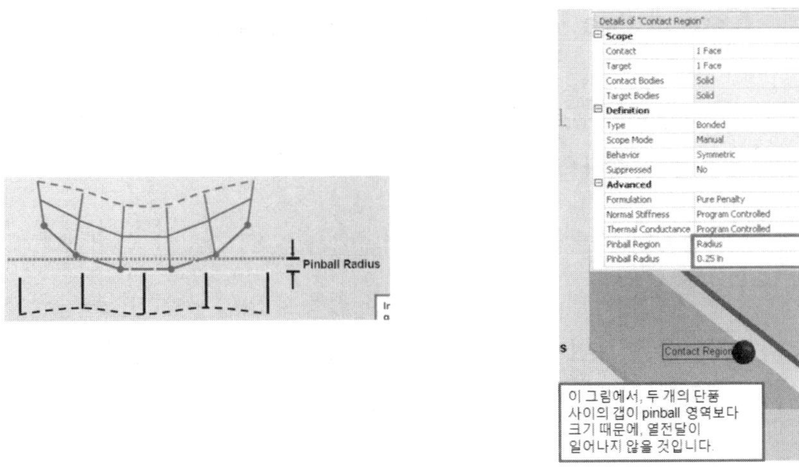

[그림 7.4] Contact Region

7.7 Assemblies – Thermal Conductance(1)

- 기본값으로 높은 thermal contact conductance(TCC)는 조립품 모델의 단품 사이에서 정의된다.
  - 두 개의 단품사이에서 열흐름의 양은 heat flux q로 정의된다.

$$q = TCC \cdot (T_{target} - T_{contact})$$

  - $T_{contact}$은 contact "절점"의 온도이고, T_{target}은 contact의 수직방향으로 대응되는 target "절점"의 온도이다.
  - 기본값으로 모델의 열전도 계수에서 정의된 가장 큰 값을 기초로 하므로 TCC는 상대적으로 높은 값으로 설정된다.

ASMDIAG는 모델의 전체 크기의 대각선 길이를 나타낸다.

$$TCC = KXX \cdot 10{,}000/ASMDIAG$$

7.8 Assemblies – Thermal Conductance(2)

- Perfect thermal contact conductance는 파트사이의 경계 면에서 온도 강하가 없는 것으로 가정됨을 의미한다.

- 두 개의 접촉면(다른 온도), 즉 경계면에서 온도 강하가 일어난다.

이 강하는 두 개의 면 사이에서 불완전 접촉에 의한 것이다. 불완전 접촉(TCC)은 다음과 같은 많은 요인에 의해 영향을 받을 수 있다.

- 면의 평평함
- 면의 끝단
- 산화물
- 고여있는 유체
- 접촉압력
- 면 온도
- 열전도성 수지의 사용

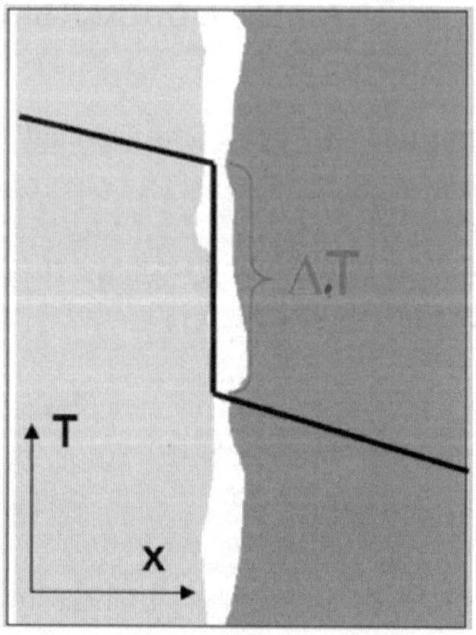

[그림 7.5] Perfect thermal contact conductance

7.9 Assemblies – Thermal Conductance(3)

- finite thermal contact conductance (TCC)를 정의할 수 있다.
  - 단위 면적당의 thermal contact conductance는 아래의 그림과 같이 상세 정보 창에서 각 접촉 영역별로 입력할 수 있다.
  - 만일 thermal contact resistance를 알고 있다면, TCC 값을 얻기 위해서 이 값을 거꾸로 접촉 면적으로 나누어 준다.
  - 이렇게 되면, 접촉영역에서 contact와 target면 사이에 온도 강하가 발생하게 될 것이다.

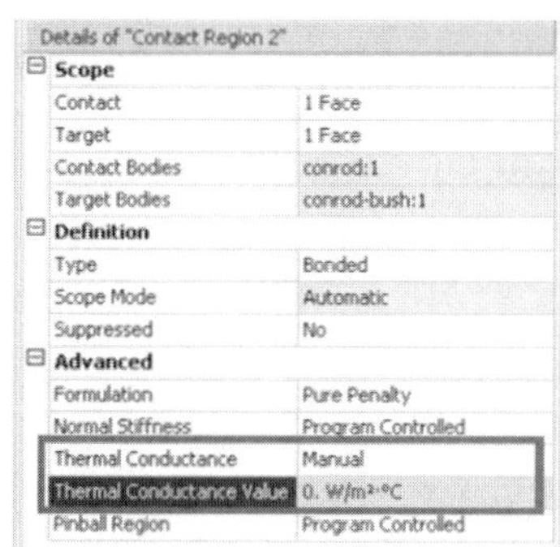

Details of "Contact Region 2"	
Scope	
Contact	1 Face
Target	1 Face
Contact Bodies	conrod:1
Target Bodies	conrod-bush:1
Definition	
Type	Bonded
Scope Mode	Automatic
Suppressed	No
Advanced	
Formulation	Pure Penalty
Normal Stiffness	Program Controlled
Thermal Conductance	Manual
Thermal Conductance Value	0. W/m²·°C
Pinball Region	Program Controlled

[그림 7.6] 상세 정보 창에서 각 접촉 영역 별로 입력

7.10 Assemblies – Spot Weld

- Spot welds 열전달 포인트를 제공한다.
  - Spotweld는 DesignModeler와 Unigraphics에서만 정의할 수 있다.
  - Spotwelds는 Simulation에서 vertices로 정의해야만 한다.

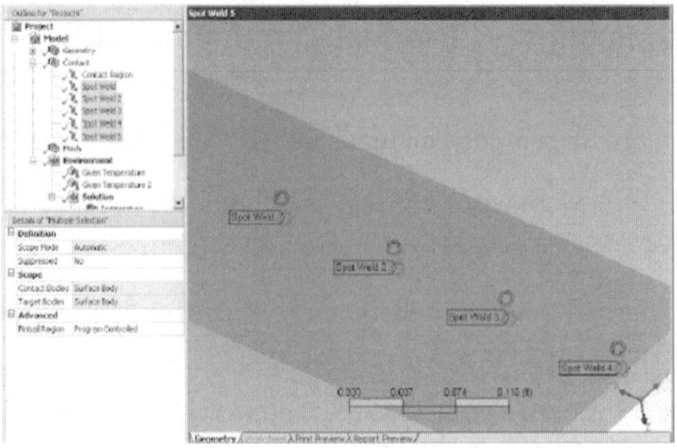

[그림 7.7] Spot welds

7.11 Heat Loads

- Heat Flow : Heat Flow
  - heat flow rate는 vertex, edge, surface에 적용할 수 있다. 하중은 다중선택을 하여 나누어 부여할 수 있다.
  - Heat flow는 energy/time의 단위를 갖는다(power).
- Heat Flux : Heat Flux
  - heat flux는 오직 면에만 적용할 수 있다.
  - heat flux는 energy/time/area의 단위를 갖는다(power/area).
- Internal Heat Generation : Internal Heat Generation
  - internal heat generation rate은 오직 body에만 적용할 수 있다.
  - heat generation은 energy/time/volume의 단위를 갖는다.
    열하중의 양(+)의 수는 시스템에 에너지를 가하는 것이다.
    또한, 다중 하중이 존재한다면 이는 누적되게 적용된다.

7.12 Adiabatic Conditions

- Perfectly Insulated Heat Flow
  - 완전 단열조건을 면에 적용할 수 있다.
  - zero heat flow rate 하중을 고려할 수 있다.
  - 이는 실제 자연적으로 일어나는 조건으로 열해석 시 아무런 조건을 주지 않게 된다.
  - 이 하중 조건은 정의된 면에 있는 하중을 제거하는 것을 의미한다.

  예를 들어, 사용자가 heat flux 또는 convection을 적용한 후 단열 면은 선택적으로 하중을 제거한다.

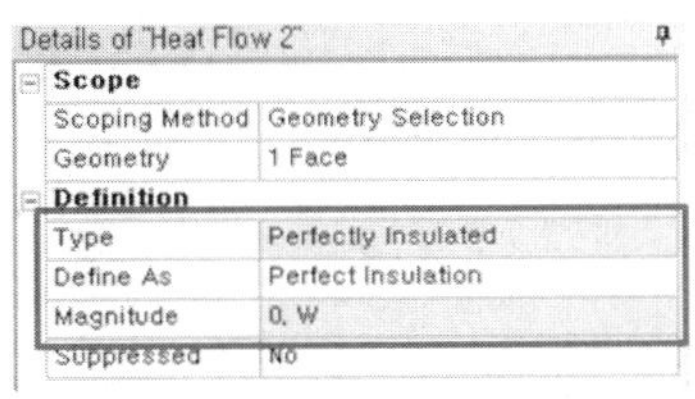

Details of "Heat Flow 2"

Scope	
Scoping Method	Geometry Selection
Geometry	1 Face
Definition	
Type	Perfectly Insulated
Define As	Perfect Insulation
Magnitude	0. W
Suppressed	No

[그림 7.8] 완전 단열조건을 면에 적용

7.13 Thermal Boundary Conditions Temperature

- 열하중 조건은 국부적으로 또는 원격으로 부여할 수 있다.
- Given Temperature 또는 Convection 하중은 이미 적용되어 있는 열 하중 또는 열 경계조건 면에 적용하지 말아야 한다.
  - 만일 열하중을 갖고 있는 요소에 적용한다면 열 경계조건은 덮어쓰기 될 것이다.
  - 완전 단열은 열 경계조건으로 덮어쓰게 될 것이다.
  - Given Temperature
  - vertices, edges, surfaces에 온도조건이 적용된다.
  - 선택된 면에 주어진 온도값으로 고정된다.

7.14 Thermal Boundary Conditions(1)

- Convection(대류) Convection
  - 오직 면에만 적용 가능하다.
  - Convection은 면의 '주변 온도'와 관계된다.

$$q = hA(T_{surface} - T_{ambient})$$

  - convective heat flux q는 대류열전달계수 h, 면적 A와 면온도와 주변온도와의 차이값 과의 관계식으로 이루어진다.
  - "h"와 "T_{bulk}"는 사용자에 의해 입력된다.
  - 대류계수 h는 상수 또는 파일로부터 쓸 수 있다.

Details of "Convection"	
Scope	
Scoping Method	Geometry Selection
Geometry	1 Face
Definition	
Type	Convection
Film Coefficient	3. W/m²·°C (ramped)
Ambient Temperature	22. °C (ramped)
Suppressed	No

Details of "Convection"	
Scope	
Scoping Method	Geometry Selection
Geometry	1 Face
Definition	
Type	Convection
Film Coefficient	Stagnant Air - Simplified...
Ambient Temperature	22. °C (ramped)
Suppressed	No

[그림 7.9] Convection 설정

7.15 Thermal Boundary Conditions(2)

- Convection Coefficient(온도 의존 대류)
  - 표에서 "New Convection…"을 선택한다.
  - "Engineering Data"안에 coefficient vs temperature에 입력한다.
  - 상수 또는 온도의존값 $h(t)$로 사용되어진다.

- Average film temperature

$$T = (\ T_{surface} + T_{bulk}\ ) \ /\ 2$$

- Surface temperature

$$T = T_{surface}$$

- Bulk temperature

$$T = T_{bulk}$$

- Difference of surface and bulk temperatures

$$T = (\ T_{surface} - T_{bulk}\ )$$

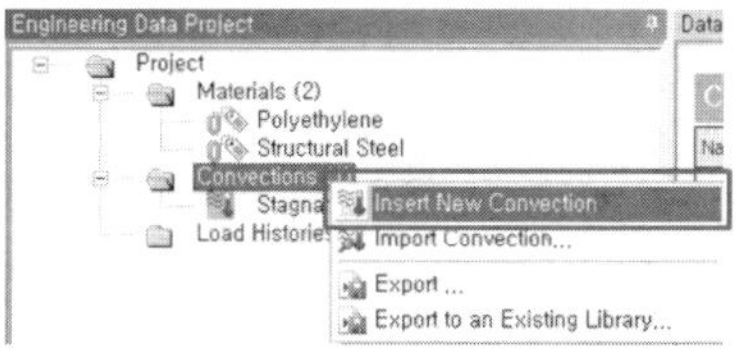

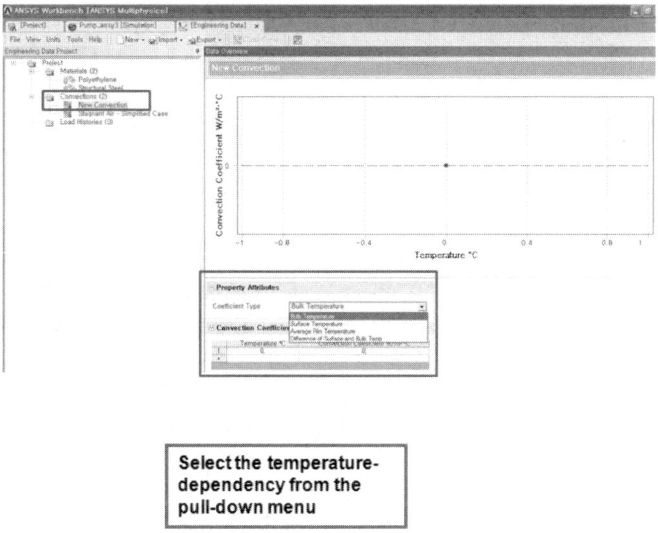

[그림 7.10] Thermal Boundary Conditions 설정

7.16 Thermal Boundary Conditions(3)

- Convection Coefficient(온도 의존 대류)
- 온도의존의 형태를 선택한 후에 사용자는 "Film Coefficient vs.Temperature"를 선택하고 table 형태로 입력하게 된다. 입력된 값은 아래의 그림과 같이 그래프로 출력할 수 있다.

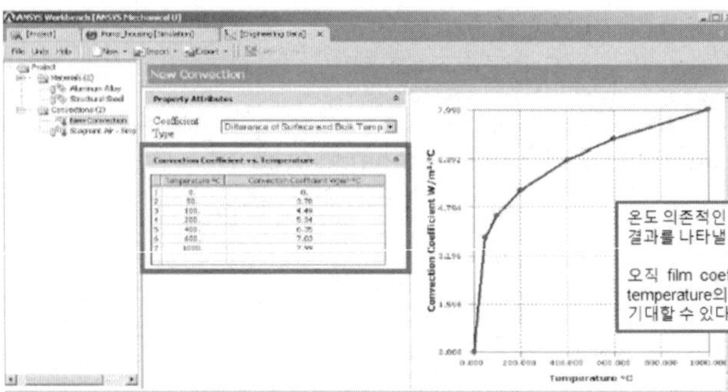

[그림 7.11] 온도의존 대류

7.17 Thermal Boundary Conditions(4)

- Temperature-Dependent Convection (continued) :
- 대류 데이터는 파일로 불러들일 수 있다.

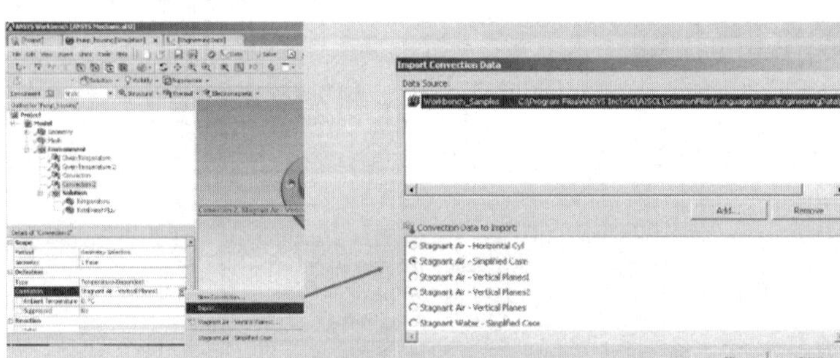

[그림 7.12] 대류 데이터 불러오기

7.18 Thermal Boundary Conditions(5)

- Radiation(복사) Radiation
  - Surfaces에 적용된다. (edges in 2D analyses) 복사와 관련된 식은 아래와 같다.

$$Q_R = \sigma \varepsilon F A \left(T_{surface}^4 - T_{ambient}^4 \right)$$

여기서 각각의 상수 및 변수는 다음과 같이 정의된다.

- σ : Stefan-Boltzman constant
- ϵ : Emissivity
- A : Area of radiating surface
- F : Form factor(1)
- ambient radiation만 적용 가능하다(not between surfaces).
- Form factor 1로 가정한다.
- Stefan Boltzman constant는 자동으로 단위에 따라 적용된다.

Details of "Radiation"

Scope	
Scoping Method	Geometry Selection
Geometry	1 Face
Definition	
Type	Radiation
Correlation	To Ambient
Emissivity	1.
Ambient Temperature	22. °C (ramped)
Suppressed	No

[그림 7.13] Thermal Boundary Conditions

7.19 Solution Options

- "New Analysis" 메뉴에서 "Steady-State Thermal" 항목을 선택하면 Outline History란에 "Analysis Settings"이 삽입되어진다.

열 해석을 하기 위해 이 부분의 옵션을 설정하여야 한다.

- 5장에서 본 정적 해석에 활용할 수 있는 항목들을 동일한 방법으로 활용할 수 있다.

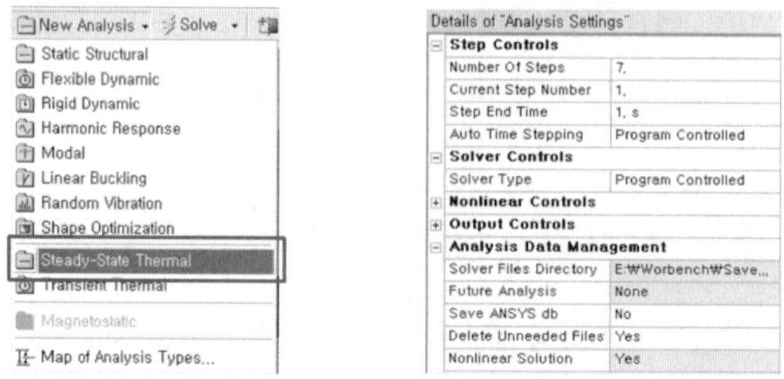

[그림 7.14] Solution Options

7.20 Solving the Model(1)

- 결과항목에서 "Solve"를 선택한다.
  - "Solution Information"은 해석되는 과정을 보여준다.

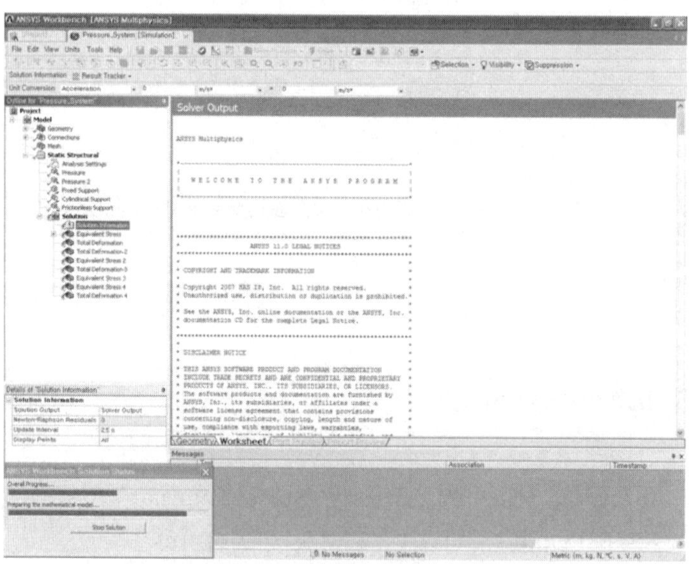

[그림 7.15] Solution Information

7.21 Solving the Model(2)

- 열응력 해석 방법
  - 결과항목의 "Temperature"를 선택하고 RMB하여 "Generate Static Analysis with Thermal Condition"을 선택한다.
  - Static Structural 항목에서 구조하중과 경계조건을 삽입한다(temperature는 열 경계조건으로 적용될 것이다).
  - Structural 결과항목에서 "Solve"를 선택한다.

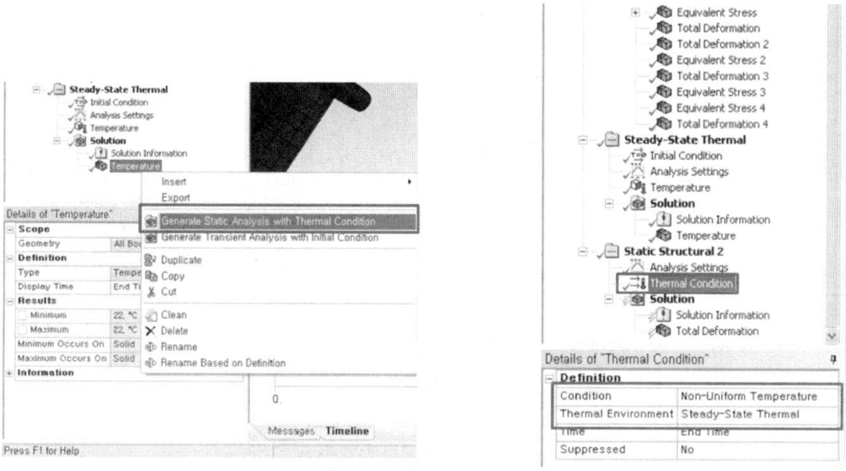

[그림 7.16] 하중과 경계조건의 삽입

7.22 Results and Postprocessing

- 열 해석 결과 검토
  - 온도분포
  - Heat Flux
  - Heat Flow Rate의 "반력"

- Simulation에서 해석의 결과는 Solving전에 설정하지만, 해석이 끝난 후에도 설정하여 결과를 확인할 수 있다.
- 이미 Solving된 모델의 결과를 추가 검토하는데 있어서 "Solve"를 할 필요가 없다.

7.23 Temperature

- 온도 분포결과의 출력
  - 온도는 스칼라량이다. 따라서, 방향성을 가지고 있지 않다.

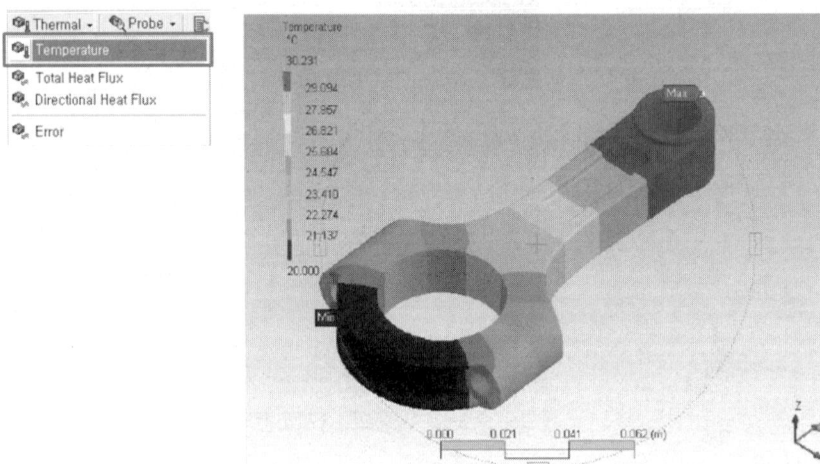

[그림 7.17] 온도 분포 Contour

7.24 Heat Flux

- Heat flux는 contour 또는 vector 형태의 출력할 수 있다.
  - Heat flux q는 다음과 같이 정의된다.

$$q = -KXX \cdot \nabla T$$

- "Total Heat Flux"와 "Directional Heat Flux"는 Vector 출력을 할 수 있다.

• 크기와 방향성은 vector mode를 활성화시켜 출력할 수 있다.

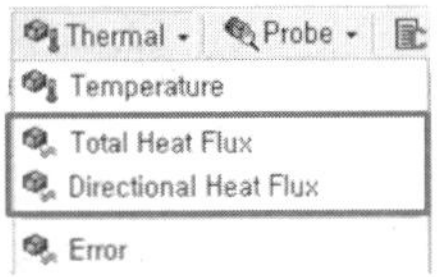

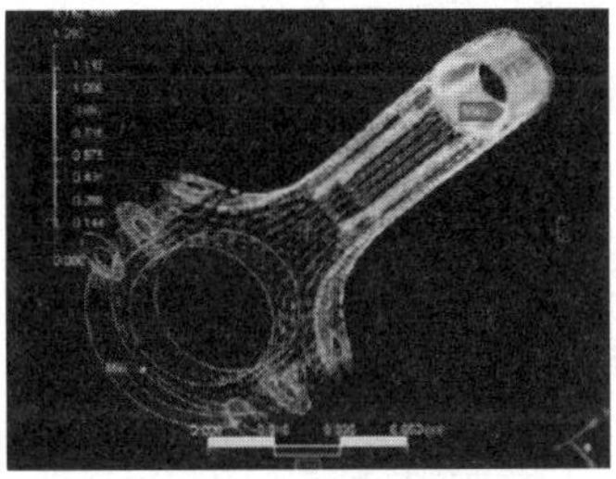

[그림 7.18] Heat fulx의 Vector 형태 출력

7.25 Reaction Heat Flow Rate

• Reaction heat flow rate의 반력은 Given Temperature나 Convection 경계조건에서 확인할 수 있다.

- 결과 항목에서 probe를 삽입한다.
- Detail of~의 reaction load에서 boundary condition 부분을 설정한다.
- "Solve"를 선택한다.

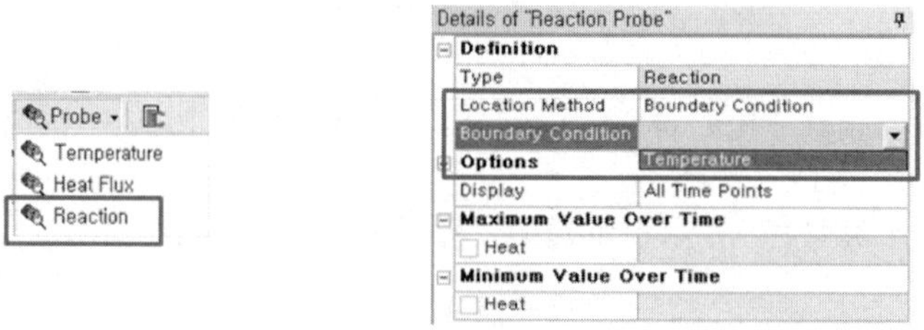

[그림 7.19] Reaction load에서 boundary condition부분을 설정

[예제.5] Steady State Thermal Analysis

- 목적 :

  - pump housing의 열전달 특성을 위해 열 해석을 수행한다.

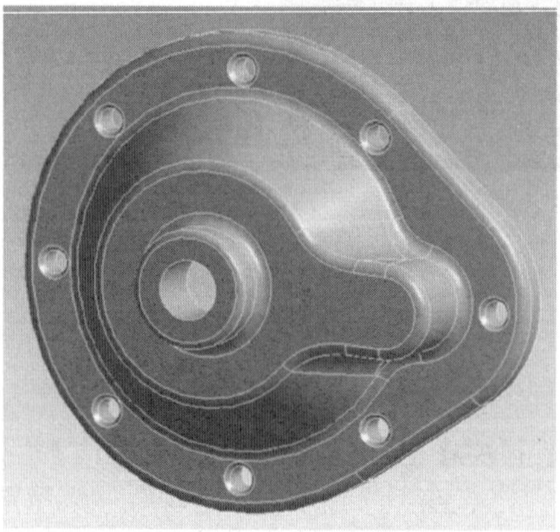

[그림 E7.1] 해석 모델

Assumptions

- 펌프하우징의 온도는 60℃로 유지된다. 펌프에 교접하는 면을 이 온도로 적용할 것이다.
- 펌프의 내부면들은 유체에 의해 90℃의 상수로 고정된다.
- 모델의 외곽면들은 simplified convection correlation for stagnant air at 20℃로 적용된다.

Start Page

1. 시작페이지에서 Simulation을 선택한다.
2. “Map of Analysis Types”을 닫는다.
3. Geometry를 불러온다.

a. Context menu에서 Geometry 〉From file하여 “Pump_housing.x_t”를 open 한다.

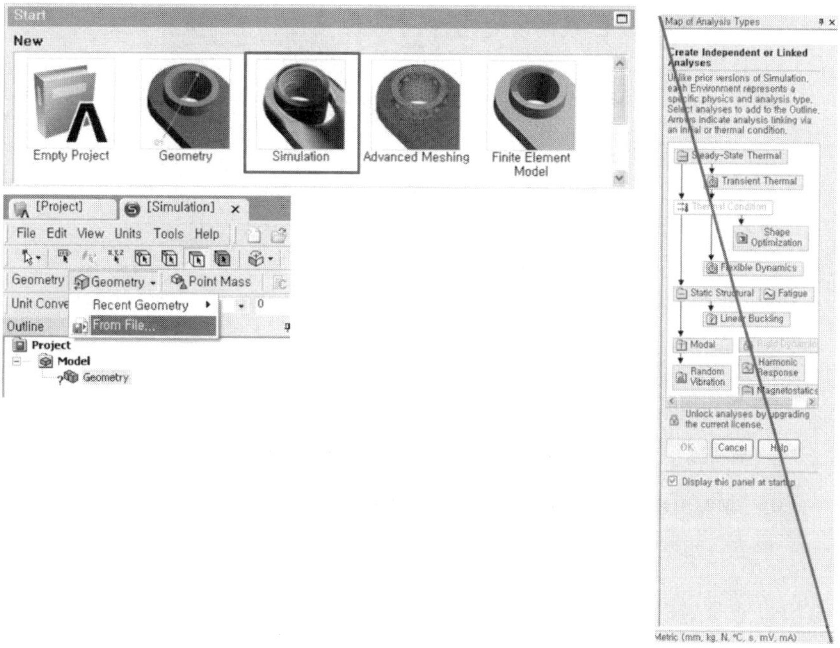

[그림 E7.2] 모델 불러오기

Preprocessing

4. 단위를 설정한다.
   a. “Units 〉 Metric(m, kg, N, ℃, s, V, A)”
5. 펌프하우징의 물성치를 변경하고 격자를 생성한다(“Part 1”). :
   a. geometry 아래 “Part 1”을 선택한다.
   b. “details of~”에 material에서 “polyethylene”으로 설정한다.
   c. Mesh 항목에서 relevance를 100으로 설정한다.

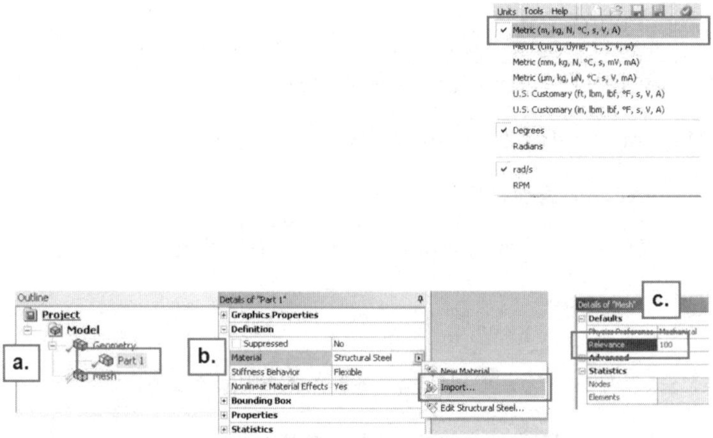

[그림 E7.3] 단위 및 물성치 설정

Environment

6. 해석타입을 설정한다.

- “New Analysis” 메뉴에서 “Steady-State Thermal”를 선택한다.

7. 열하중을 입력한다.
   a. 펌프하우징의 안쪽면(13개의 면)을 선택한다.
   b. RMB 〉 Insert 〉 Temperature를 삽입한다.
   c. “Magnitude”값을 90℃를 입력한다.

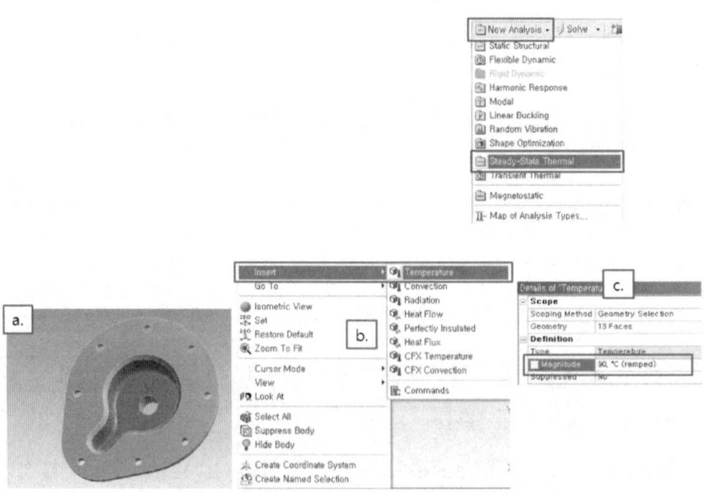

[그림 E7.4] 해석타입 설정 및 온도 값 부여

Environment

d. 펌프 하우징의 교접되는 면을 선택한다.
e. "RMB 〉 Insert 〉 Temperature"를 삽입한다.
f. "Magnitude"값을 60℃를 입력한다.

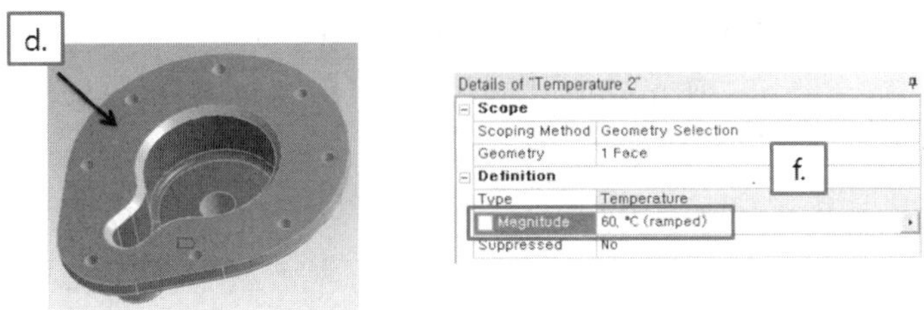

[그림 E7.5] 펌프 하우징의 교접되는 면에 온도 값 부여

Environment

g. 펌프 하우징의 (32개의 면)을 선택한다.
f. "RMB 〉 Insert 〉 Convection"을 삽입한다.
I. "Details of Convection"에서 "Film Coefficient"값을 입력하는 란을 "Import"를 선택한다.
j. "Import"하여 "Stagnant Air - Simplified Case"를 선택한다.
k. "Ambient Temperature"값을 20℃로 입력한다.

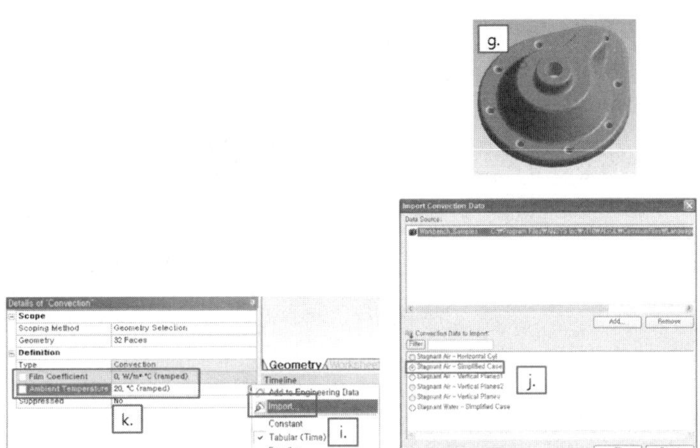

[그림 E7.6] 펌프 하우징 면(32개)에 온도 값 부여

Duplicate Model

8. 모델을 Duplicate한다.

- "Model" 항목을 선택하고 RMB > Duplicate를 삽입한다.

9. 모델에 새 물성치 설정한다.
   a. "Model2" 항목에 "Part1"을 선택한다.
   b. Details of~에 material 항목에서 "Import"하여 "Aluminum Alloy"을 입력한다.

10. 두 모델을 Solve한다.

- "Project" 항목에서 Solve를 눌러 해석을 수행한다.

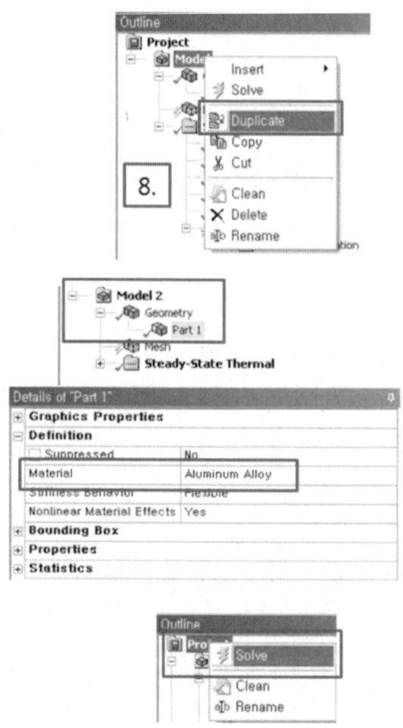

[그림 E7.7] 복사한 모델에 새 물성치 부여

Postprocessing

10. 결과를 확인한다.
   a. 각각의 모델에 "Solution" 항목을 선택하여 RMB > Insert > Thermal >

Temperature를 삽입한다.

b. "Total Heat Flux"를 삽입한다.

c. "Project" 항목에서 "Solve"를 선택하여 해석을 수행한다.

> **Note** 각각의 temperature의 결과를 비교한다.

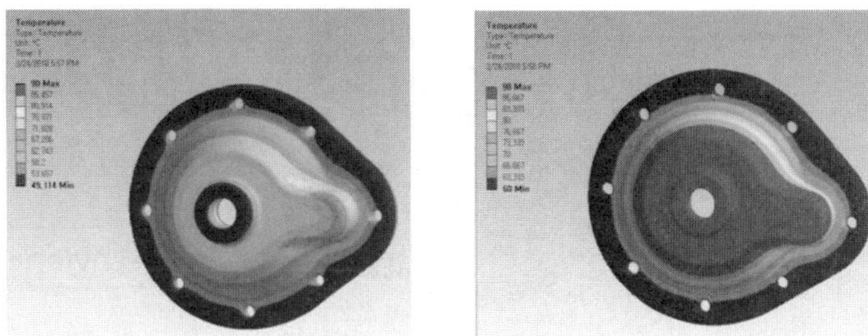

Polyethylene　　Aluminum

[그림 E7.8] 재질에 따른 온도해석 결과

10. Compare Heat Flux를 비교한다.

- vector display mode에서 "Total Heat Flux" 결과를 확인한다.

> **Note** heat flux 결과는 wireframe mode로 설정하여 확인한다.

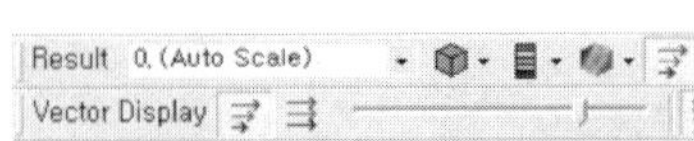

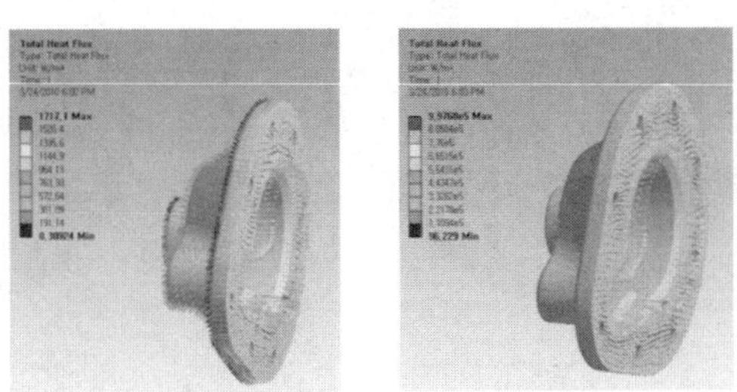

Polyethylene　　Aluminum

[그림 E7.9] Compare Heat Flux를 비교

13. 외부면의 temperature의 결과를 Scoping하여 확인한다.
    a. 32개의 외부면에 extend to limits를 이용한다.
    b. "Solution" 항목에서 RMB → Insert → Thermal → Temperature를 선택한다.
    c. Model 2의 Solution 항목에 copy/paste를 이용, 결과를 삽입한다.
    d. Project 항목에서 Solve를 눌러 해석을 수행한다.

Polyethylene

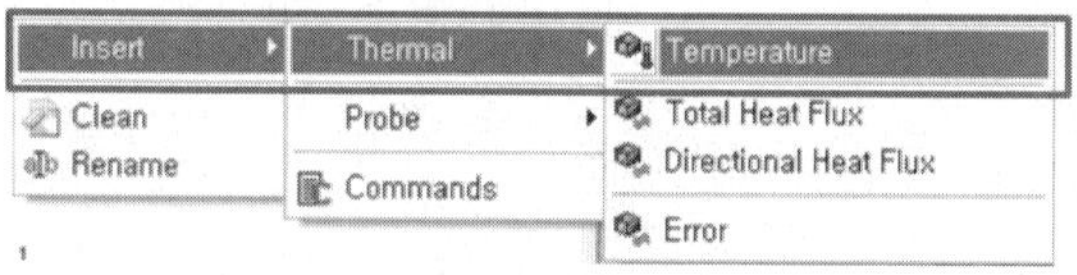

[그림 E7.10] 외부면 온도를 Scoping

• 두 모델의 온도분포 결과를 비교, 확인한다.

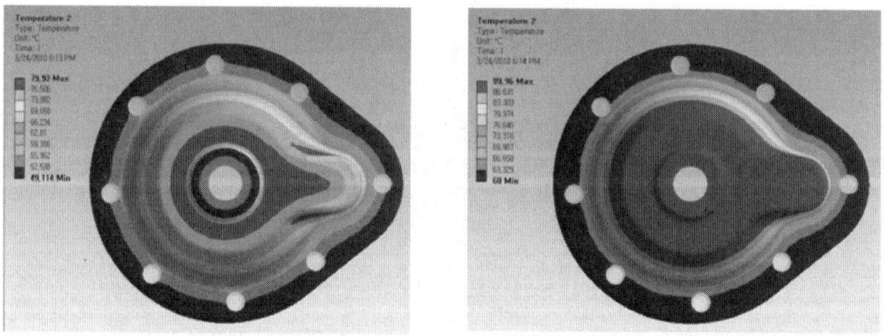

Polyethylene Aluminum

[그림 E7.11] 두 모델의 온도분포 결과를 비교, 확인

제 8 장

Shape finder

8.1 Chapter Overview

- Simulation에서 Shape Finder를 이용하도록 한다.
  - Simulation에서 선형 정적 구조해석을 기본으로 하여 형상 최적화 해석을 수행하도록 한다.
  - 5장에서 수행하였던 선형 정적 구조해석을 이용하도록 한다.

8.2 Basics of Shape Optimization(1)

- Shape Finder는 위상 최적화를 수행하게 된다.
  - Shape Finder는 모델의 체적 감소를 목적으로 최적화를 수행한다.
  - 다른 관점에서 보면 Shape Finder는 모델의 강성 대 체적 비가 최적인 상태를 찾기 위한 것이다. Shape Finder는 전체 구조물의 강도에 영향을 미치지 않는 영역을 찾게 된다.
  - Shape Finder는 단일 정적 구조해석을 기반으로 한다.
- Shape Finder는 다중 환경을 쓸 수 없다.
- Shape Finder는 현재 modal, heat transfer 또는 기타 다른 해석에 사용할 수 없다.
- 단일 정적구조 해석을 기반으로 함에도 불구하고 최적화를 수행하기 때문에 내부적으로 수많은 반복해석을 하게 된다. 따라서 해석 시간이 상대적으로 길어지게 된다.

8.3 Basics of Shape Optimization(2)

- 아래의 예는 볼트하중을 받고 있는 단순한 구조물에서 주어진 하중에 대한 Shape Finder를 이용하여 weight 감소영역을 찾는 것이다.
  - Shape optimization은 개념 설계나 기존에 설계된 모델의 weight 감소에 유용하게 쓰일 수 있다.

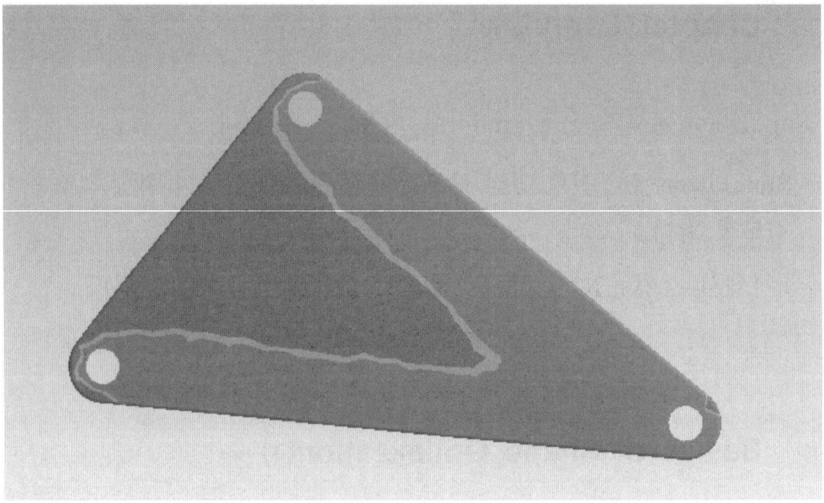

[그림 8.1] 볼트하중을 받고 있는 단순한 구조물에서 주어진 하중

8.4 Shape Optimization Procedure

- 형상 최적화 과정은 선형구조 해석과 유사하다.
  - 기하모델 불러오기
  - 물성치 정의
  - 접촉조건 설정
  - mesh 밀도 조절

- 해석타입을 Shape Finder로 설정
- 하중 및 구속조건 입력 및 정의
- 결과 항목에 Shape Finder 삽입
- Shape Finder Options 설정
- 해석 실행
- 해석결과 확인

8.5 Geometry and Material Properties

- 선형 구조해석과는 달리 오직 솔리드 모델만 형상 최적화가 가능하다.
  - 선 또는 면 모델은 Shape Finder 쓸 수 없다.
- 물성치는 Young's Modulus와 Poisson's Ratio가 필요하다.
  - 만일 가속도(관성력)가 존재하면 밀도를 입력해야 한다.
  - 만일 열하중이 존재하면 열전도계수와 열팽창계수가 필요하다.

8.6 Contact Regions

- Shape Finder에서 면 대 면 접촉형태가 지원된다.
  - 형상 최적화는 반복해석을 수행한다. 비선형 접촉이 존재하면 해석 시간은 더 길어지게 된다.
  - 선 및 면 모델은 Shape Finder에서 지원되지 않는다. 모서리 접촉 및 점용접은 사용할 수 없다.

8.7 Mesh Controls

- 요소망 밀도는 해석결과에 영향을 줄 수 있다.
  - 아래 그림은 형상 최적화 해석을 수행한 결과이다.
  제거될 부분의 영역을 표시하게 되고 이는 요소망 밀도가 높으면 좀 더 정확한 결과를 줄 수 있으나, 해석 시간이 오래 걸리게 된다.

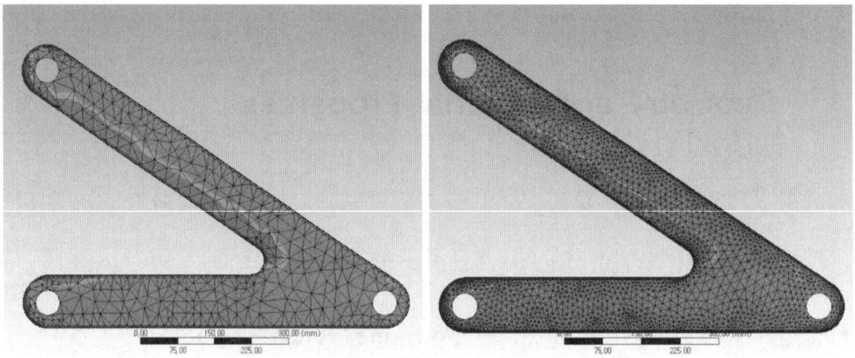

[그림 8.2] 요소망 밀도에 따른 mesh 형태

8.8 Loads and Supports

- Shape Finder에서 대부분의 하중 및 경계조건 형태를 사용할 수 있다.
  - Shape Finder는 적용된 하중을 기준으로 volume을 최소화하고 stiffness를 최대화 하게 된다. 따라서 하중 및 경계조건은 매우 중요하며 결과에 영향을 미치게 된다.
- 하중경로가 바뀌게 되면 Shape Finder의 결과도 바뀌게 된다.
- Compression Only support는 비선형이다. Shape Finder는 최적화 문제를 계산하기 때문에 비선형 경계조건의 추가는 더욱 해석 시간을 증가시키게 된다.
  - 열하중도 적용할 수 있다.

8.9 Requesting Results

- Shape optimization은 Shape Finder 항목만 삽입하면 수행 가능하다.
  - Solution 항목에서 Shape Finder를 추가시킨다.
  - 다른 결과 항목은 추가하지 않는다. 응력 해석을 하고자 한다면 Environment 항목을 복사하여 변위 및 응력 결과 항목들을 삽입하여 해석한다.
  - Shape Finder에서 목표로 하는 절감량을 정의해야 한다(기본 값은 20%로 되어 있다).

[그림 8.3] Shape Finder의 선택

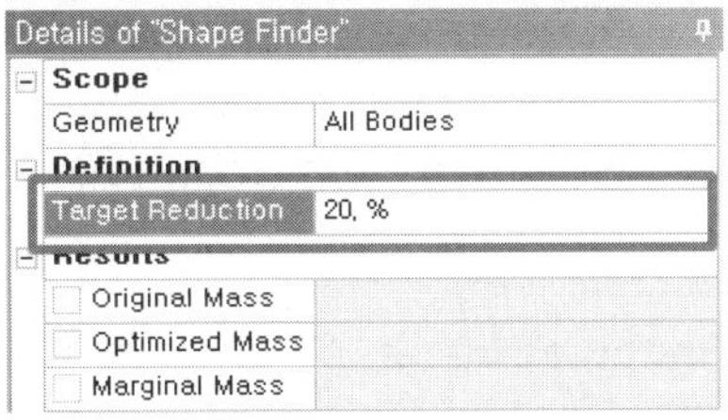

[그림 8.4] Shape Finder의 절감량

8.10 Solution Options(1)

- Analysis Settings의 details of에서 해석 옵션을 설정할 수 있다.
  - shape optimization은 Details of~에서 해석 타입을 변경할 수 있으나 기본 옵션으로 사용하여도 무방하다.
- 만약 필요하다면 “Solver Type” 또는 “Weak Springs”를 변경할 수 있으며 이는 4장에서의 옵션 설정을 확인하도록 한다.

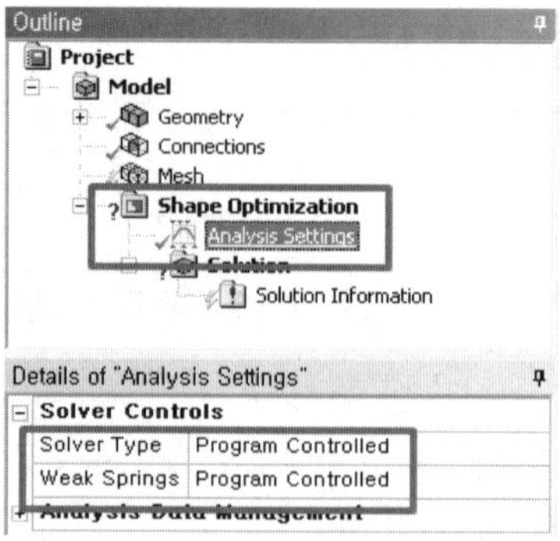

[그림 8.5] Weak Springs의 설정

8.11 Solution Options(2)

- Shape Finder는 내부적으로 아래의 내용들을 수행한다.
  - Shape Finder 과정은 ANSYS의 위상 최적화 과정에 해당된다.
- Design Simulation에서는 오직 단일 응력 해석만 가능하다(반면에 ANSYS에서는 모드 해석과 다중 하중을 지원한다).
  - 만일 열하중이 있으면 열 해석을 먼저 실시한다.
- 열 해석은 일단 한 번만 수행된다. 이는 형상 변화를 계산하는데 있어서 온도 값을 다시 계산하지 않는다는 것을 의미한다.

8.12 Solving the Model

- 모델의 셋팅이 끝난 후, 해석을 실행한다.
  - 형상 최적화는 수많은 반복계산을 하기 때문에 선형 구조해석보다는 해석 시간이 길어질 수도 있다.

- Solution 항목의 Worksheet 탭은 어떻게 많은 수의 반복계산을 했는지 그 내용을 자세히 알려준다.

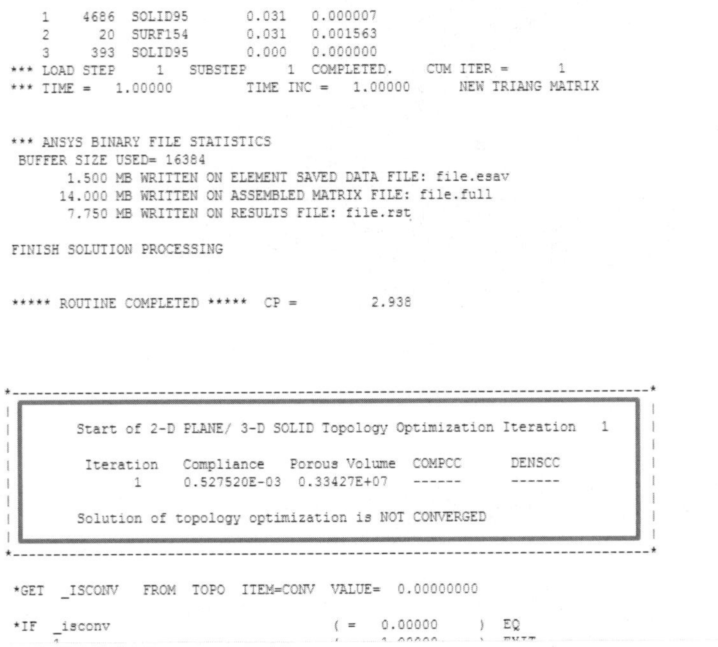

```
   1    4686  SOLID95        0.031    0.000007
   2      20  SURF154        0.031    0.001563
   3     393  SOLID95        0.000    0.000000
*** LOAD STEP     1   SUBSTEP     1  COMPLETED.    CUM ITER =      1
*** TIME =   1.00000         TIME INC =   1.00000      NEW TRIANG MATRIX

*** ANSYS BINARY FILE STATISTICS
 BUFFER SIZE USED= 16384
       1.500 MB WRITTEN ON ELEMENT SAVED DATA FILE: file.esav
      14.000 MB WRITTEN ON ASSEMBLED MATRIX FILE: file.full
       7.750 MB WRITTEN ON RESULTS FILE: file.rst

FINISH SOLUTION PROCESSING

***** ROUTINE COMPLETED *****  CP =         2.938

Start of 2-D PLANE/ 3-D SOLID Topology Optimization Iteration   1

 Iteration   Compliance    Porous Volume  COMPCC      DENSCC
     1      0.527520E-03  0.33427E+07    ------      ------

Solution of topology optimization is NOT CONVERGED

*GET  _ISCONV   FROM  TOPO  ITEM=CONV  VALUE=  0.00000000

*IF  _isconv                          ( =   0.00000     )  EQ
```

[그림 8.6] Solution 항목의 Worksheet 탭

8.13 Reviewing Results(1)

- 해석이 끝난 후, Shape Finder 결과를 검토한다.
  - 출력된 결과대로 orange는 삭제 가능한 영역이고, beige는 여유율을 의미한다.
  - Details of~에서 본래의 mass와 최종 mass를 비교하여 할 수 있다.

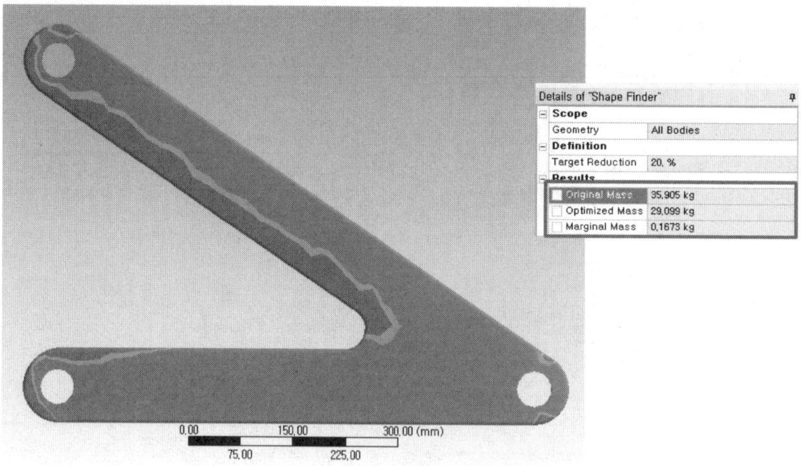

[그림 8.7] Shape Finder 결과 확인

8.14 Reviewing Results(2)

- 애니메이션은 shape finder 결과를 정확히 파악할 수 있게 도와준다.

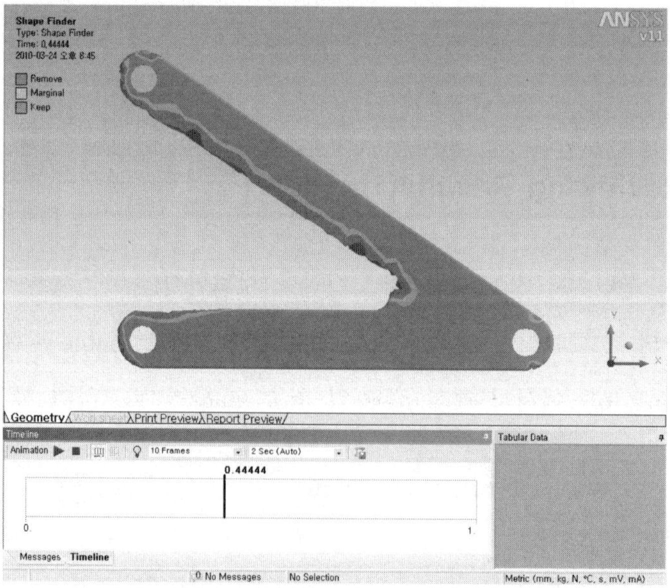

[그림 8.8] Shape Finder 결과 – 애니메이션

[예제.6] Shape Finder

- 목적 : Use the shape optimization툴을 이용하여 모델의 질량을 40% 감소되는 영역을 확인할 것이다.

  - 볼륨을 제거한 모델의 응력을 확인한다.

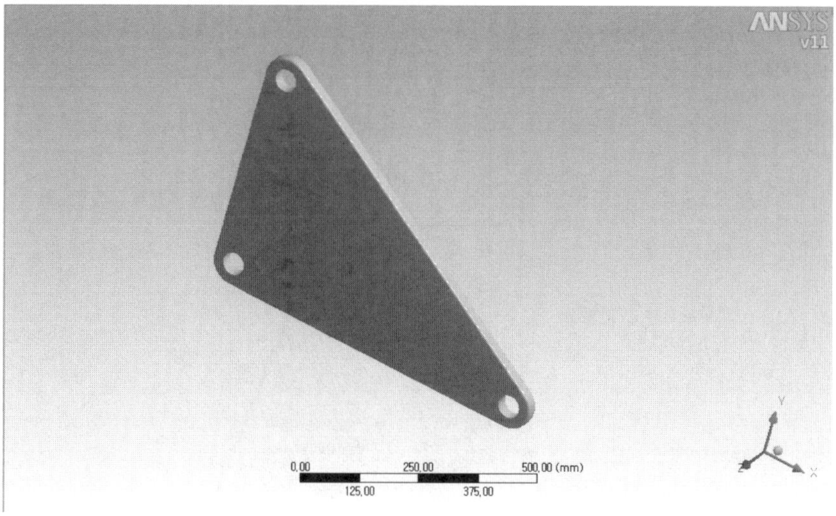

[그림 E8.1] 해석모델

Start Page

1. 시작페이지에서 Simulation을 선택한다.

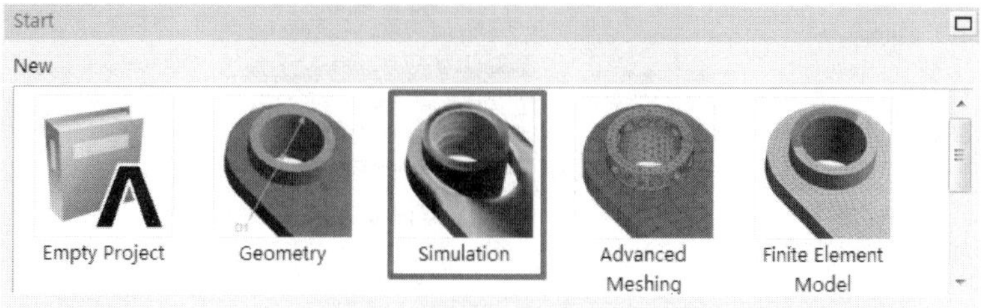

[그림 E8.2] Simulation의 시작

2. "Map of Analysis Types"을 닫는다.

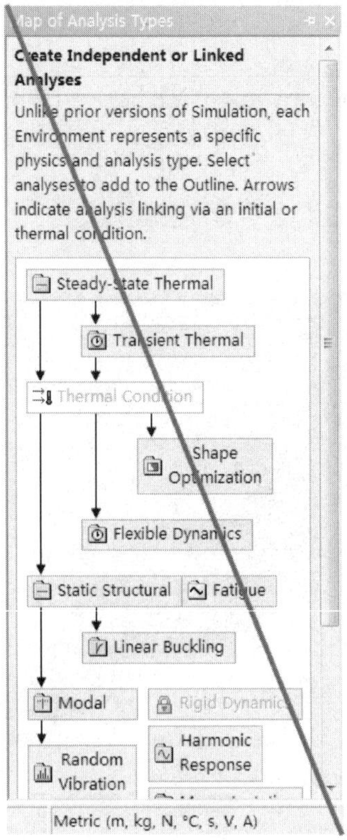

[그림 E8.3] "Map of Analysis Types" 닫기

3. Geometry를 불러온다.
   a. Context menu에서 Geometry 〉From file하여 "Bracket_Opt.x_t"을 open 한다.

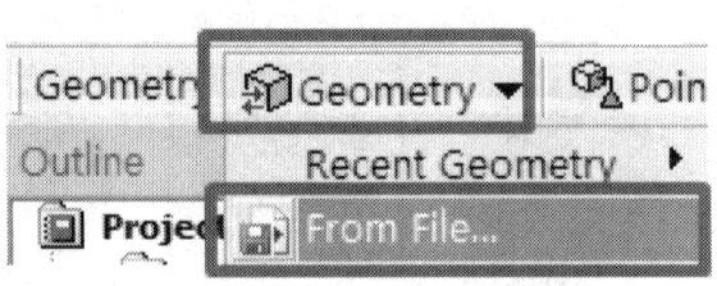

[그림 E8.4] Geometry 불러오기

4. 단위를 설정한다.
   "Units 〉 Metric (mm, Kg, N, ℃, s)"

5. Mesh옵션을 변경한다. :
   a. “Mesh” 항목을 선택한다.
   b. Details of~에서 “Relevance를 100으로 설정한다.

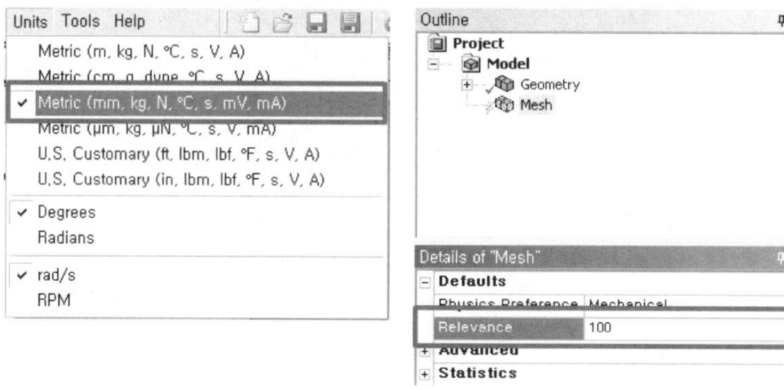

[그림 E8.5] 단위 설정

Preprocessing

   c. “Mesh” 항목을 선택하고 RMB 〉 Insert 〉 Method를 선택한다.
   d. 파트를 선택하고 “Apply”한다.
   e. “Method”를 기본 “Automatic”에서 “Tetrahedrons”으로 변경한다.

Note Shape optimization은 오직 tetrahedral 요소 타입만 지원한다.

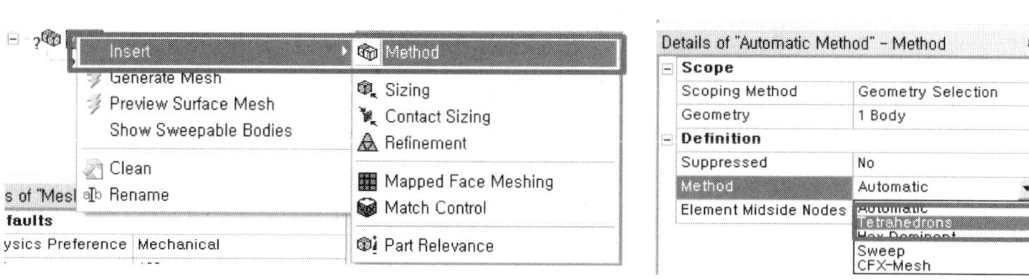

[그림 E8.6] 해석격자 종류 설정 – Tetrahedrons

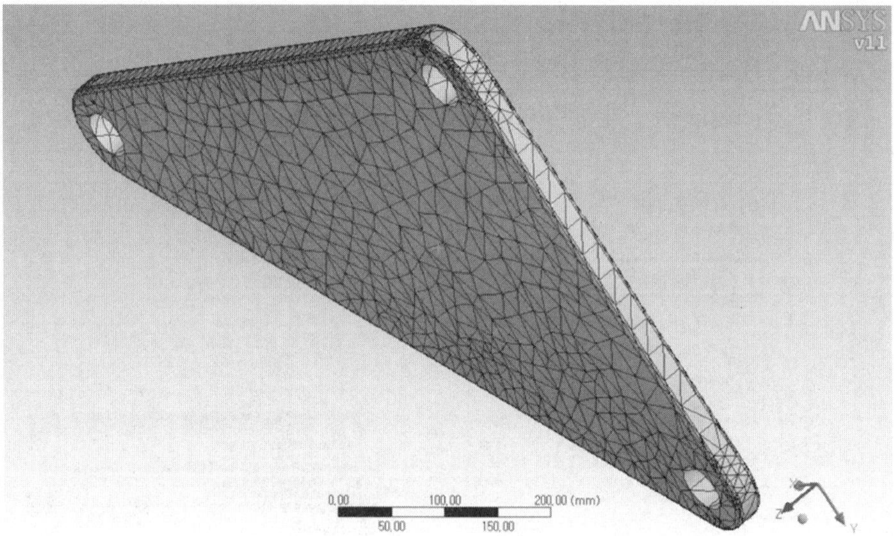

[그림 E8.7] 생성된 해석격자

Environment

6. 해석타입을 설정한다.
"New Analysis" 메뉴에서 "Shape Optimization"을 선택한다.

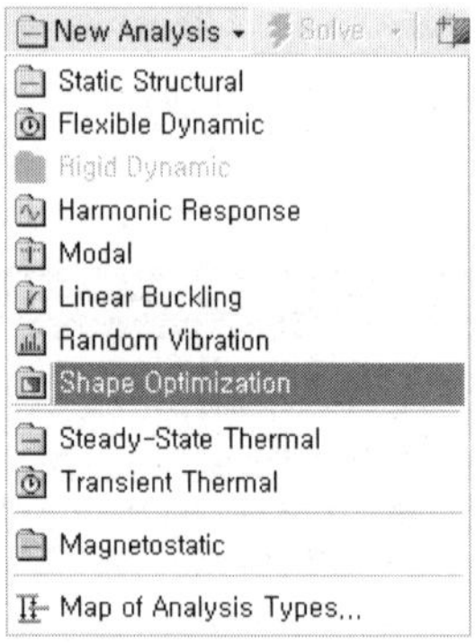

[그림 E8.8] New Analysis 메뉴에서 Shape Optimization 선택

구속조건을 설정한다.

a. 선택 모드에서 "Face"를 선택한다.
b. 아래 두 원통면을 선택한다.

c. RMB 〉 Insert 〉 Fixed Support를 선택한다.

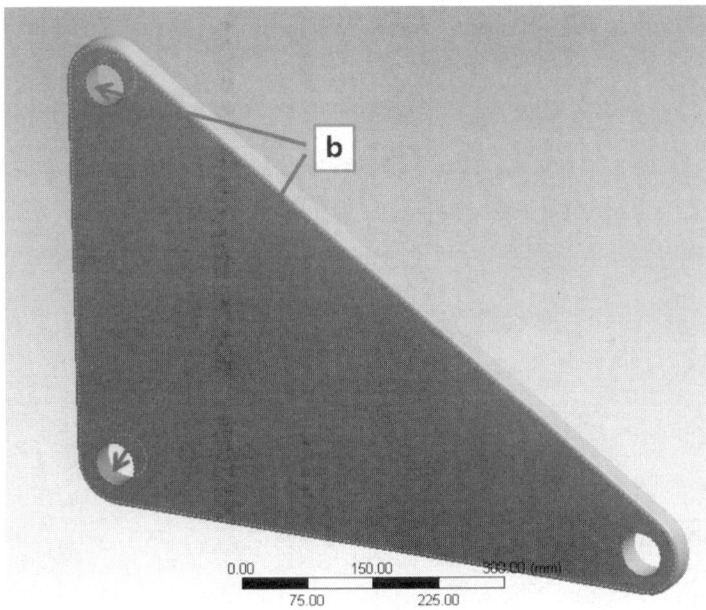

[그림 E8.9] 구속조건 설정

8. 하중을 입력한다.
   a. 아래 원통면을 선택한다.
   b. RMB 〉 Insert 〉 Force를 삽입한다.
   c. "Component"로 변경한다.
   d. X = 10 N; Y = 5 N를 입력한다.

Details of "Force"	
Scope	
Scoping Method	Geometry Selection
Geometry	1 Face
Definition	
Define By	Components
Type	Force
X Component	10. N
Y Component	5. N
Z Component	0. N
Suppressed	No

[그림 E8.10] 하중의 입력

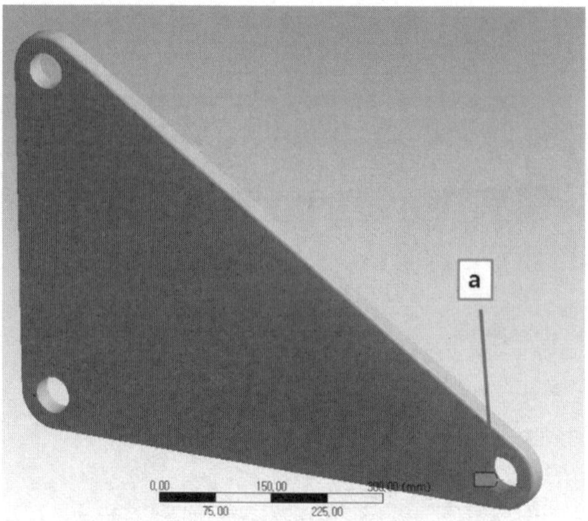

[그림 E8.11] 선택된 면의 하중 입력

Solution

9. "Shape Finder" 옵션을 설정한다.
   a. Solution 항목을 설정한다.
   b. RMB 〉 Insert 〉 Shape Finder를 입력한다.
   c. Target Reduction 항목에 "40%"를 입력한다.

10. Solve를 눌러 해석을 수행한다.

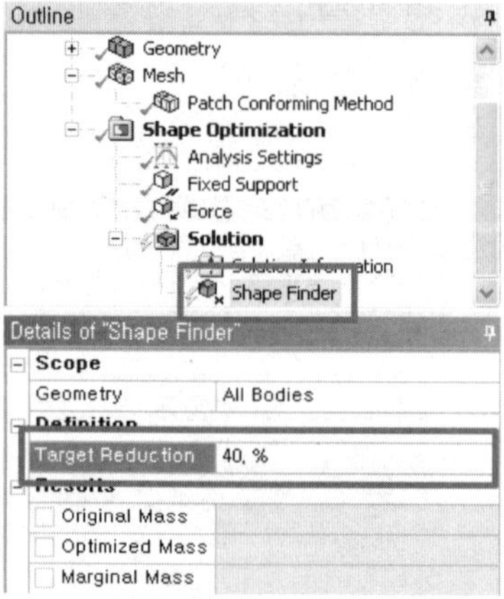

[그림 E8.12] Target Reduction 설정

Result

11. solution 항목의 shape finder을 눌러 결과를 확인한다.

Details of "Shape Finder"	
Scope	
Geometry	All Bodies
Definition	
Target Reduction	40. %
Results	
Original Mass	60.225 kg
Optimized Mass	36.966 kg
Marginal Mass	0.22761 kg

[그림 E8.13] 해석결과 확인 -절감량

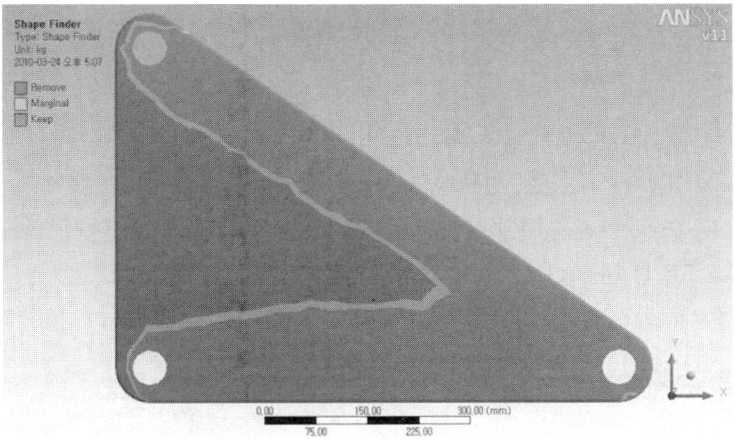

[그림 E8.14] 해석결과 확인 -절감량 분포

Note 붉은 영역이 목표 절감량에 따른 삭제 가능한 영역을 나타낸다.

- 줄자 기능을 이용하여 삭제 가능 영역의 길이를 확인할 수 있다.

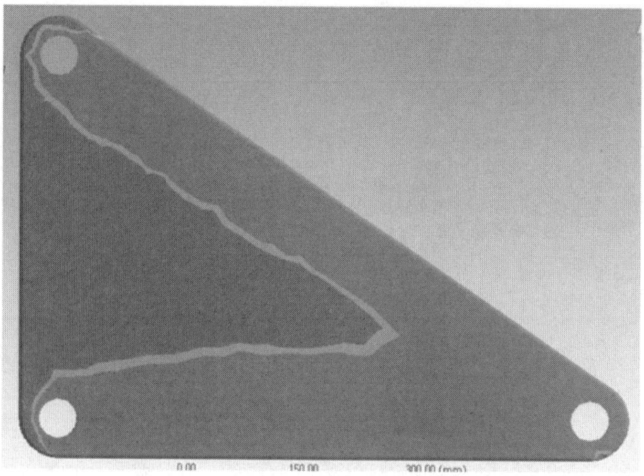

[그림 E8.15] 해석결과 확인 –절감량의 측정

Restart Page

12. 수정 된 캐드 모델을 불러온다.
    a. Model 항목을 선택하여 "RMB 〉 Duplicate"을 선택한다.
    b. Model 2가 선택된 상태에서 "Geometry 〉 From File "에서 "Bracket_Opt_2.x_t"를 Open한다.

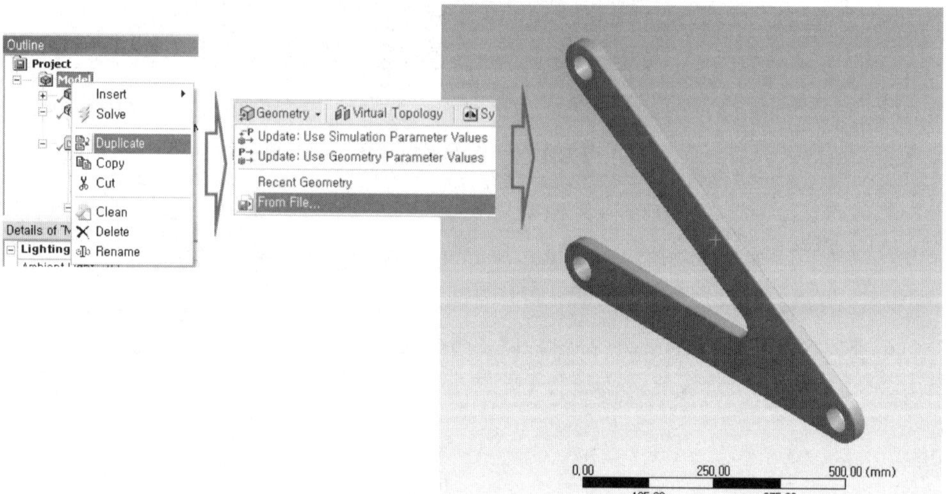

[그림 E8.16] 수정 된 캐드 모델 불러오기

Verification

- "shape finder"를 이용하여 얻은 결과를 이용할 수 있도록 모델을 수정하여 구조 해석을 수행하도록 한다.
- 먼저 했던 구속 및 하중조건을 이용하여 새 모델에 같은 값을 적용하여 해석을 수행하도록 한다.

13. 해석타입을 "Static Structural"로 설정한다.
    a. "Model 2" 항목의 "Shape Optimization"을 활성화한다.
    b. "Analysis type"을 "Static Structural"로 변경한다.

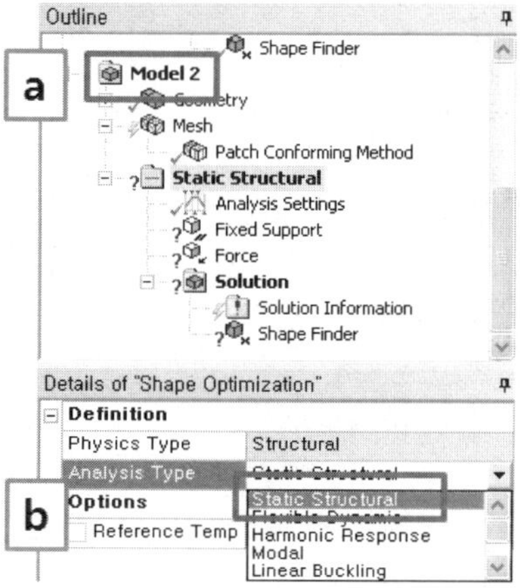

[그림 E8.17] 해석타입의 설정

Environment

14. 하중 및 구속조건을 설정한다.
    a. environment 2의 "Fixed Support"를 선택한다(Geometry 항목란이 설정되지 않았다).
    b. 원통 면들을 선택하고 details of~에서 "Apply"를 선택한다.
    c. "Force"를 선택한다.
    d. 원통면을 details of~에서 "Apply"를 선택한다.

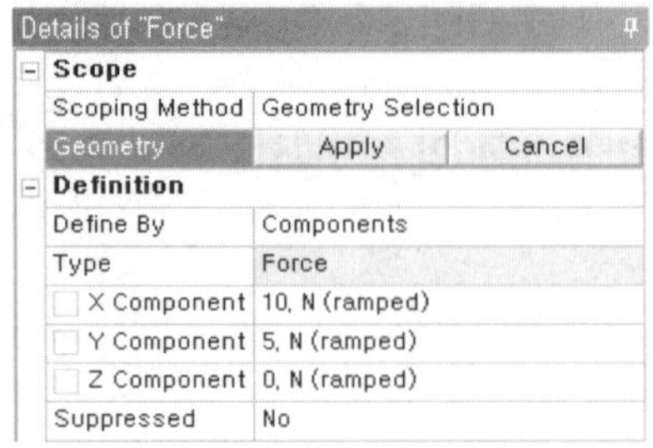

Details of "Force"	
Scope	
Scoping Method	Geometry Selection
Geometry	Apply / Cancel
Definition	
Define By	Components
Type	Force
X Component	10. N (ramped)
Y Component	5. N (ramped)
Z Component	0. N (ramped)
Suppressed	No

[그림 E8.18] 하중 및 구속조건의 설정

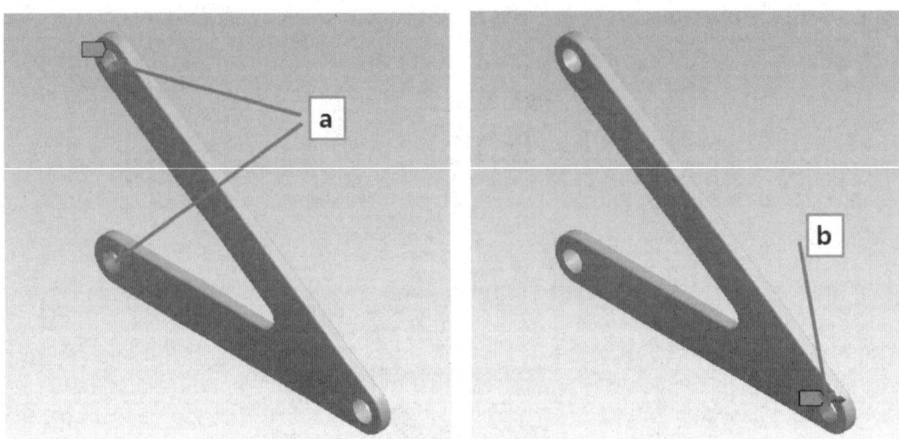

[그림 E8.19] 하중 및 구속조건의 설정위치

Solution

15. 결과를 확인한다.
    a. solution 항목에서 "Shape Finder"를 선택하고 RMB → delete한다.
    b. solution 항목에서 RMB → Insert → Stress → Equivalent (Von-Mises) Stress 를 선택한다.
    c. RMB → Insert → Deformation → Total

16. Solve를 선택하여 해석을 수행한다.

17. Shape Optimization의 최종 단계는 기하학적 형상 변화(최적 형상 모델)에 따른 구조적인 결과를 평가하는 것이다.

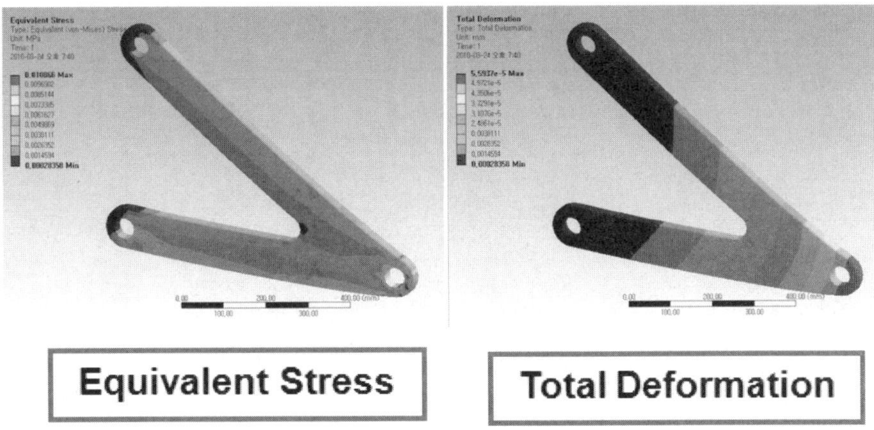

[그림 E8.20] 응력과 변형량 확인

제 9 장

Post processing

- 9장의 내용은 결과검토를 원활히 할 수 있도록 하는 아래와 같은 내용들로 구성되어 있다.

  A. 결과 검토
  B. 결과 Scoping 기능
  C. 결과 Export
  D. 좌표계
  E. Solution Combination 기능
  F. 응력 특이해
  G. 수렴

9.1 Viewing Results

- 결과검토 항목을 선택하면 상단의 Context toolbar의 메뉴는 결과를 검토할 수 있는 도구들로 변경된다.

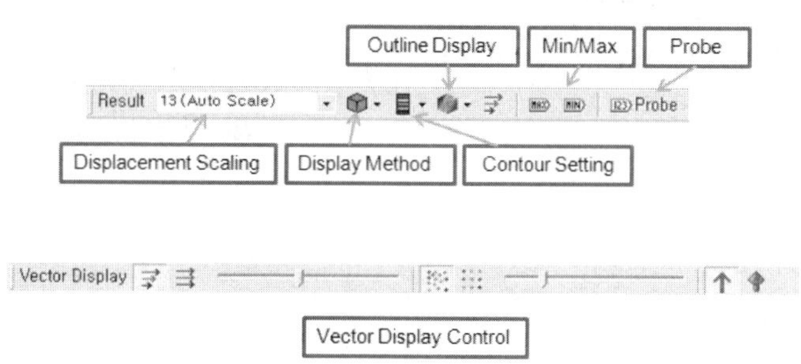

[그림 9.1] 결과 검토 Toolbar

- "Timeline"의 animation toolbar에서 animation 설정할 수 있다

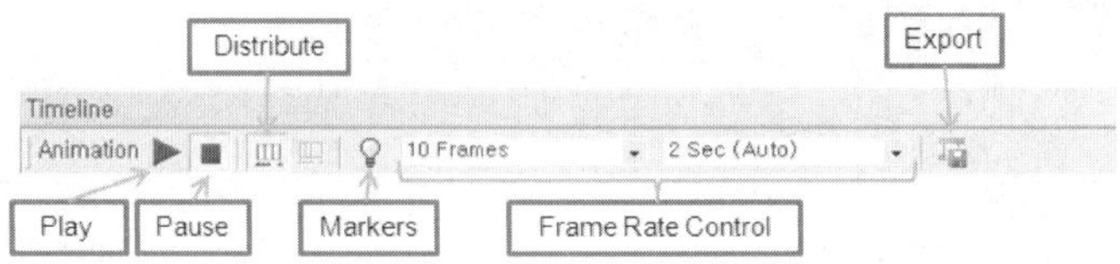

[그림 9.2] animation 설정 toolbar

9.2 Displacement Scaling

- 구조 해석(정적구조, 모드해석, 좌굴해석)에서 변형형상을 바꿀 수 있다.
  - 구조물의 변형을 보기 위해 scaling은 자동적으로 설정된다.
  - 사용자는 변형되지 않은 상태나 변형된 상태로 바꿀 수 있다.

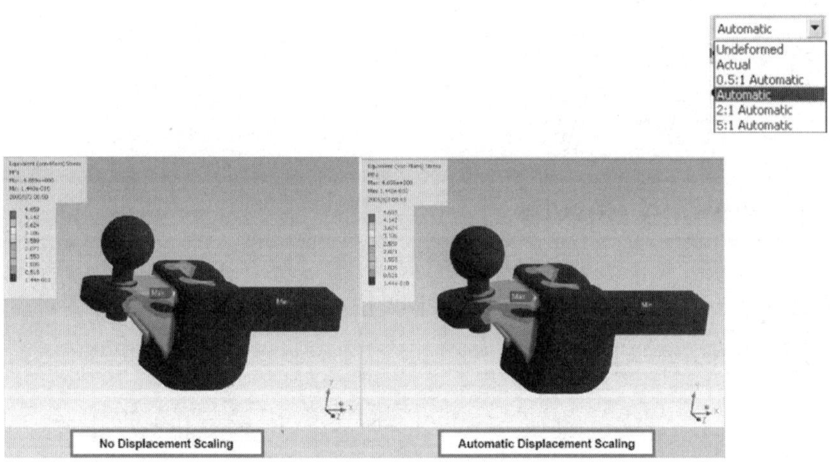

[그림 9.3] 변형되지 않은 상태와 변형된 상태

9.3 Legend Controls(1)

- 그래픽창의 Legend 항목에서 오른쪽 마우스를 눌러 Legend 설정을 변경할 수 있다.

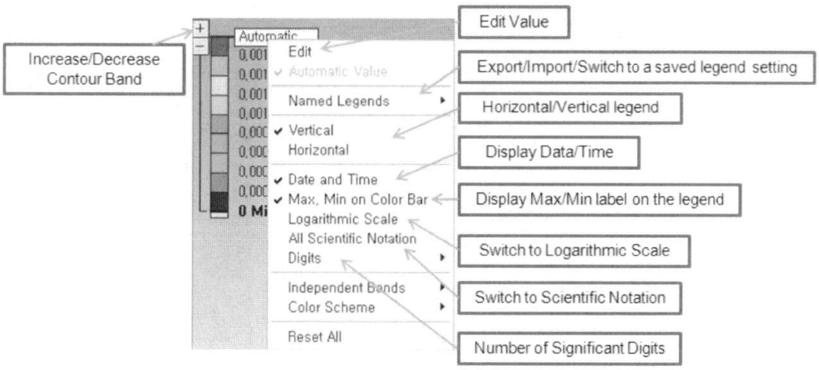

[그림 9.4] Legend bar

9.4 Legend Controls(2)

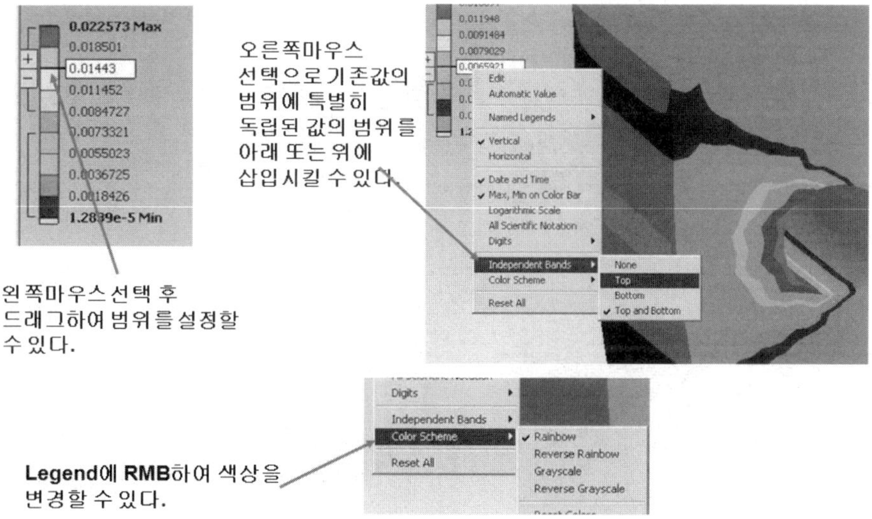

[그림 9.5] Legend Control

9.5 Manipulating the Legend

- Exterior contour plot시에, 결과를 구별하기 위해서 legend를 조정할 수 있다.

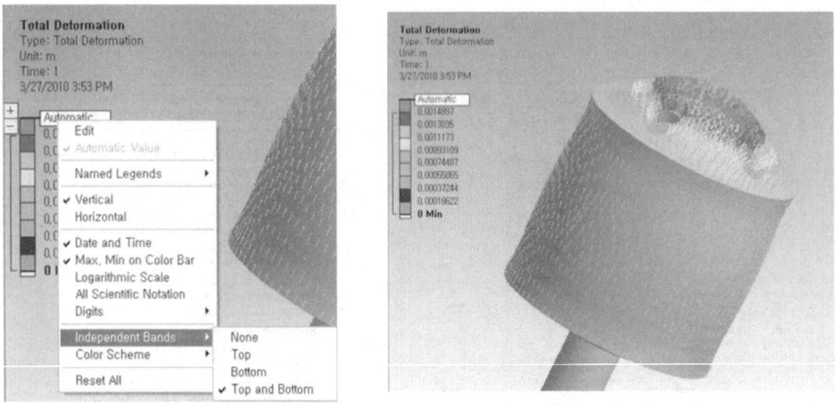

[그림 9.6] Legend를 조정

9.6 Display Method(1)

- "Geometry" 항목에서 아래 네 가지 중 선택하여 원하는 결과분포로 볼 수 있다.

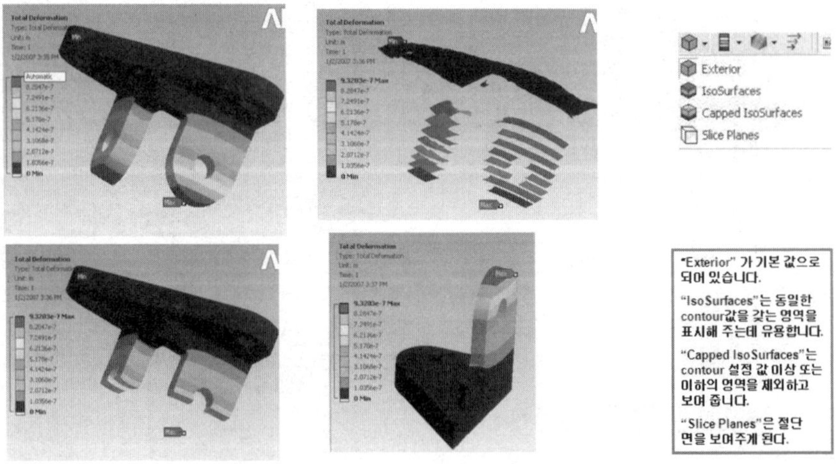

[그림 9.7] 4가지 Display Method

9.7 Display Method(2)

- IsoSurfaces 결과 출력방법은 독립적으로 제어할 수 있다.

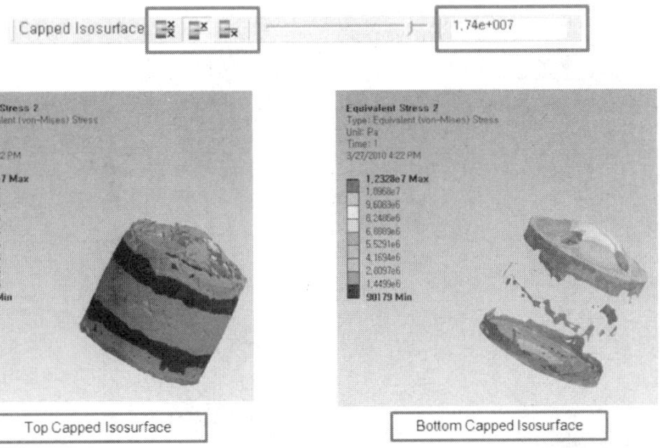

[그림 9.8] Iso surfaces 결과(Top and Bottom capped)

9.8 Contour Settings

- 아래 4가지 방법으로 "Contours"를 조절할 수 있다.

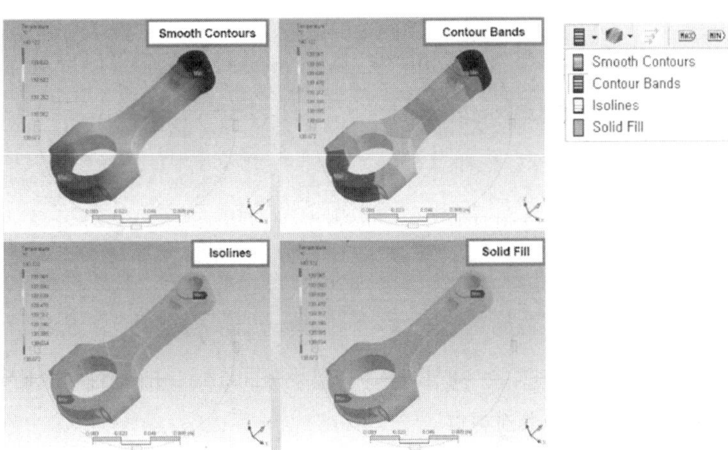

[그림 9.9] Contour 조절

9.9 Outline Display

- “Edges”는 변형 전 모델이나, mesh를 결과와 함께 확인할 수 있다.

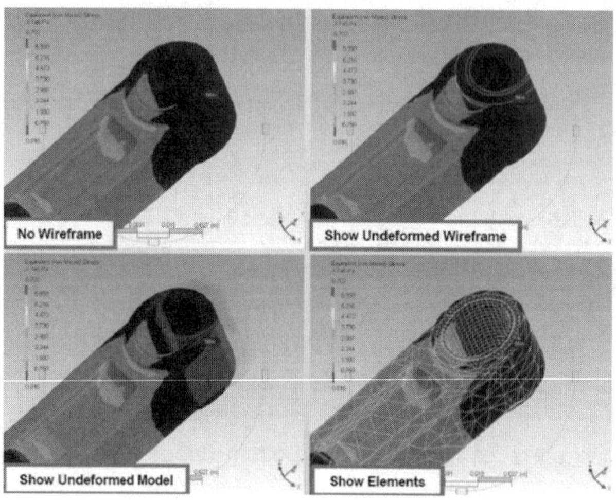

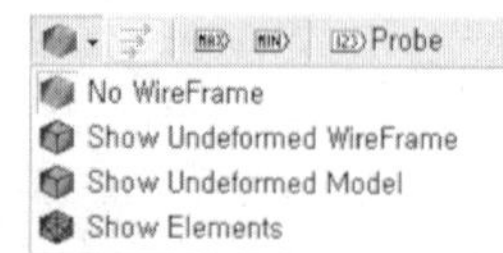

[그림 9.10] Outline Display의 4가지 view

9.10 Section Planes

- Slice Plane 모드에서 slice plane을 추가되거나 수정할 수 있다.
  - Section plane을 추가하려면 “Draw Section Plane” 아이콘을 선택하고 왼쪽 마우스를 누른 채로 드래그한다.
  - Selection planes은 details view에서 체크박스를 사용하여 활성화, 또는 해제할 수 있다.
  - Delete 아이콘을 선택하여 section planes을 삭제할 수 있다.
  - section planes 수정은 활성화되어 있는 section plane에 대해서 그래픽창에서 핸들을 사용하여 수정한다.

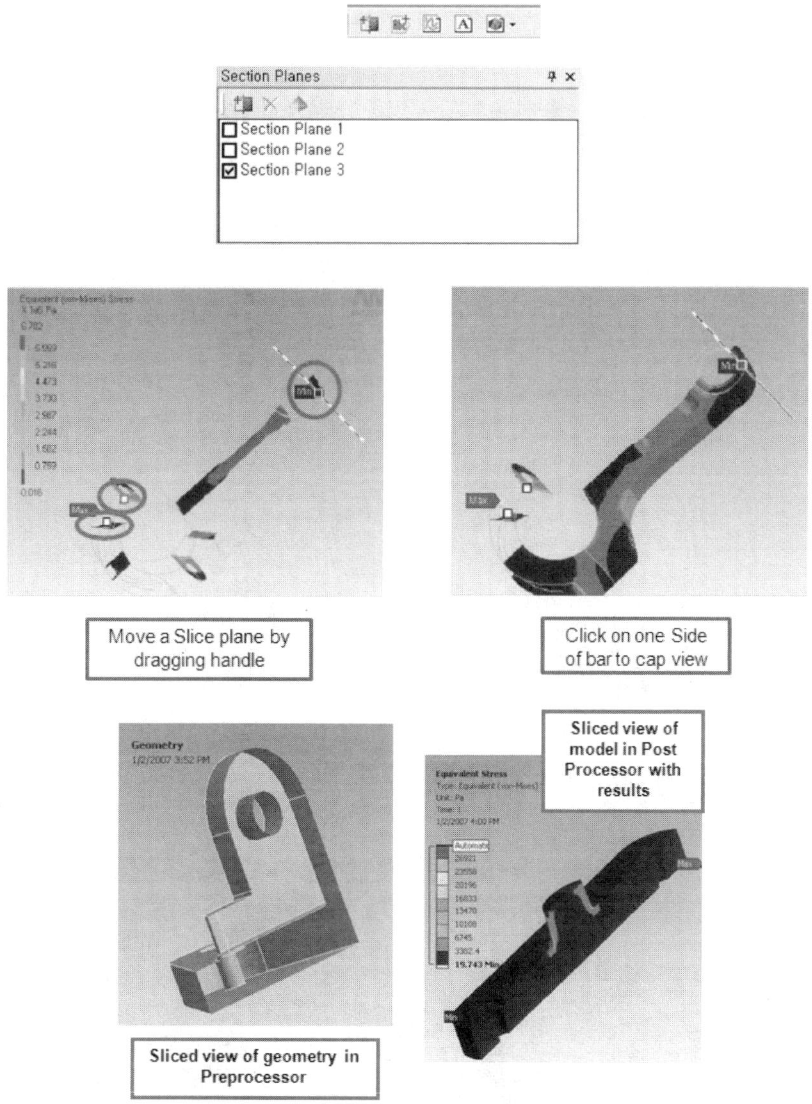

[그림 9.11] 여러 가지의 Selection planes mode

9.11 Probe Tool(1)

- Probe는 모델의 특정부분의 결과를 보여준다.

- 좌표계나 모델의 요소를 선택하여 이용할 수 있다.

Details of "Stress Probe"

Definition	
Type	Stress
Location Method	Coordinate System
Orientation	Global Coordinate System
Location	Global Coordinate System
X Coordinate	0. m
Y Coordinate	0. m
Z Coordinate	0. m
Options	
Result Selection	All
Display	All Time Points
Maximum Value Over Time	
Normal - X Axis	
Normal - Y Axis	
Normal - Z Axis	
XY Shear	
YZ Shear	
XZ Shear	

[그림 9.12] Probe Tool

9.12 Probe Tool(2)

- Probe Tool example : 좌표계와 응력결과에서 선택하여 정의한다.

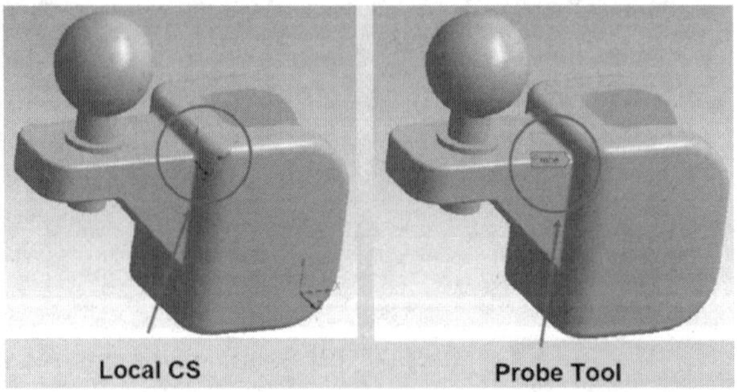

Details of "Stress Probe"

Definition	
Type	Stress
Location Method	Coordinate System
Orientation	Coordinate System
Location	Coordinate System
X Coordinate	-3.0616e-018 m
Y Coordinate	0.15291 m
Z Coordinate	-0.36603 m
Options	
Result Selection	All
Display	All Time Points

[그림 9.13] Probe Tool example

9.13 Charts and Tables

- 확인하고자 하는 결과데이터들을 charts&table을 이용하여 동시에 그래프로 도시할 수 있다.
  - Select "New Chart and Table" 아이콘을 선택한다.
  - 결과들을 선택 후 Details of~ 항목에서 "Apply"를 선택한다.
- Ctrl키를 이용하여 다중 선택할 수 있다.
  - Details of~에서 Output 항목을 설정한다.
  - display할 항목들을 세부적으로 설정할 수 있다.

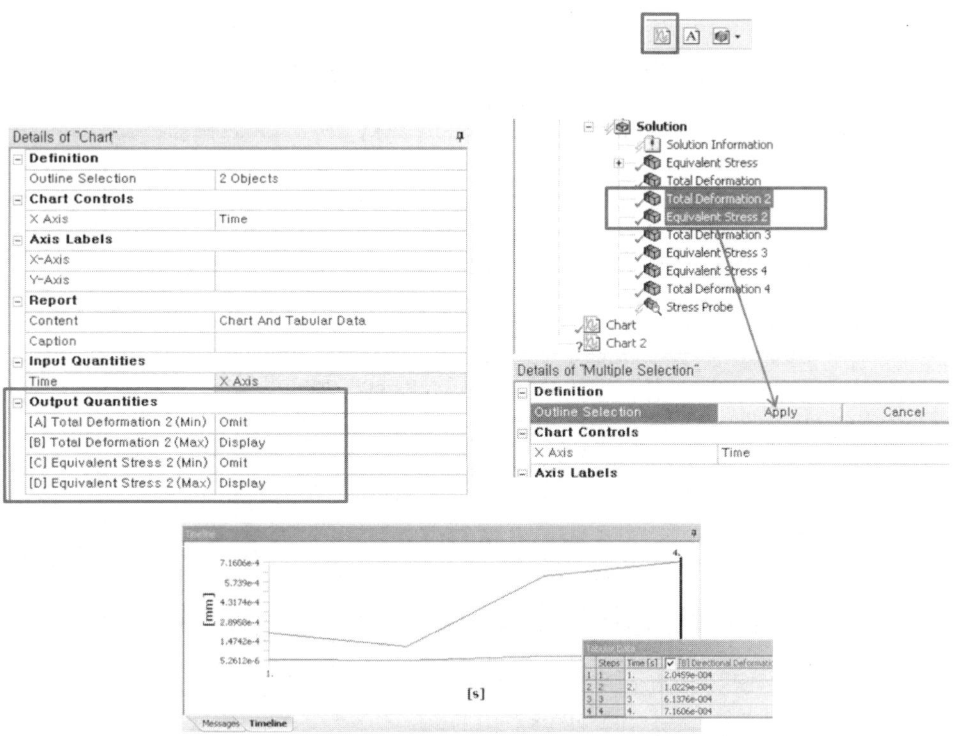

[그림 9.14] charts&table을 이용한 결과 그래프

9.14 Animation Controls

- Animation toolbar에서 play, pause, stop 설정을 할 수 있다.
- 주의 : animations은 그래픽 창의 하단부의 “Timeline”에서 제어한다.

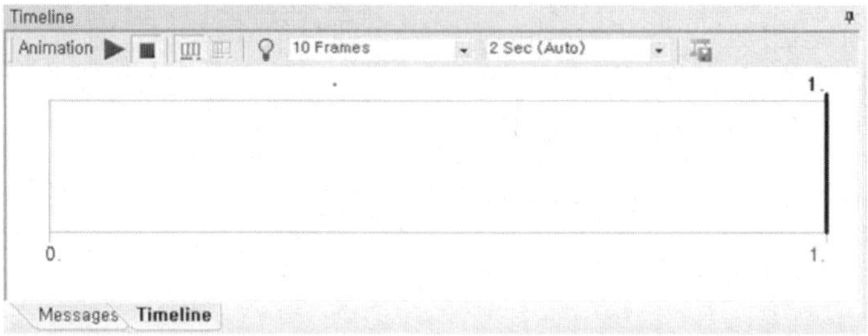

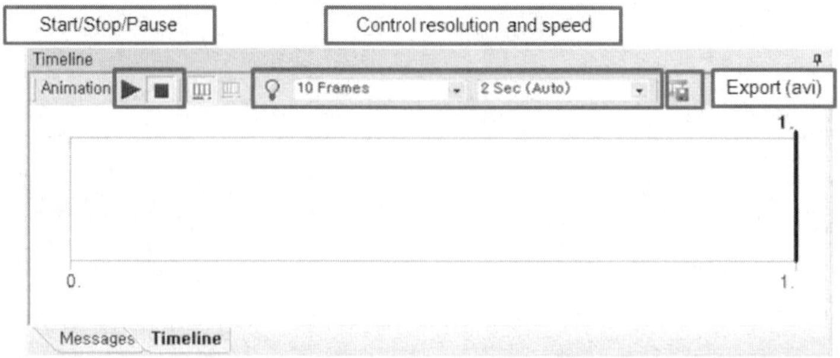

[그림 9.15] animation control

9.15 Alerts

- Alert는 기준을 만족하는 스칼라 결과를 체크하는 간단한 방법이다.
  - Alert는 모든 contour 결과 항목에 사용할 수 있다(vector 제외).
  - 결과 항목에서 간단하게 추가한다.
  - 상세정보창에서 기준값을 설정한다.
  - Outline tree에서 초록색 체크표시는 기준 값을 만족할 때이고, 붉은색 경고표시는 기준 값을 만족하지 않는 경우이다.

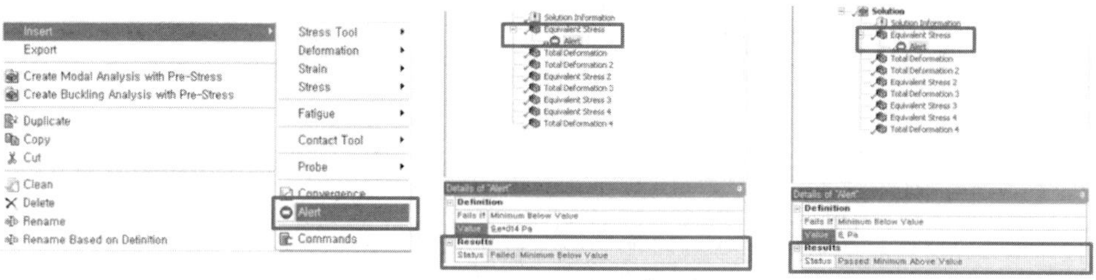

[그림 9.16] Alert를 이용하여 기준에 만족하는 스칼라 결과를 선택

9.16 Vector Plots(1)

- Vector 출력은 deformation, principal stresses/strains, heat flux와 같은 방향성을 가진 결과 값에서만 확인할 수 있다.
  - Vector 출력 가능한 결과 항목이 선택되었을 때에만 Vector 아이콘이 활성화된다.

[그림 9.17] 활성화된 Vector 아이콘

- 아래 툴바를 이용하여 Vector plot을 제어할 수 있다.

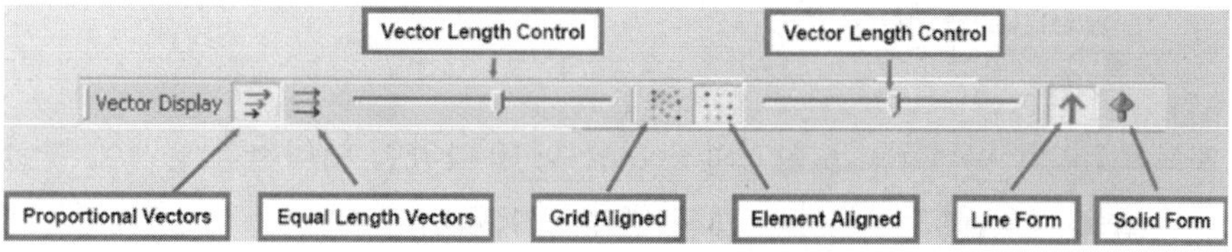

[그림 9.18] Vector plot 제어

9.17 Vector Plots(2)

- Examples

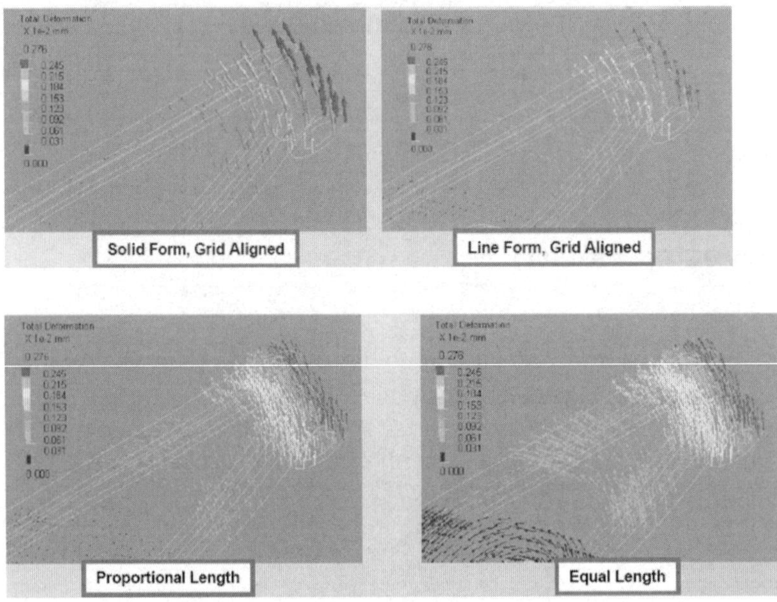

[그림 9.19] 제어에 따른 Vector Plots의 변화

9.18 Multiple Viewports

- Multiple viewports는 현재의 Project에서 다양한 이미지를 동시에 확인할 수 있다(모델의 여러 뷰나 여러 개의 결과 항목들).
  - 다른 모델의 다른 environments 상태들도 Multiple viewports를 이용하여 나타낼 수 있다.

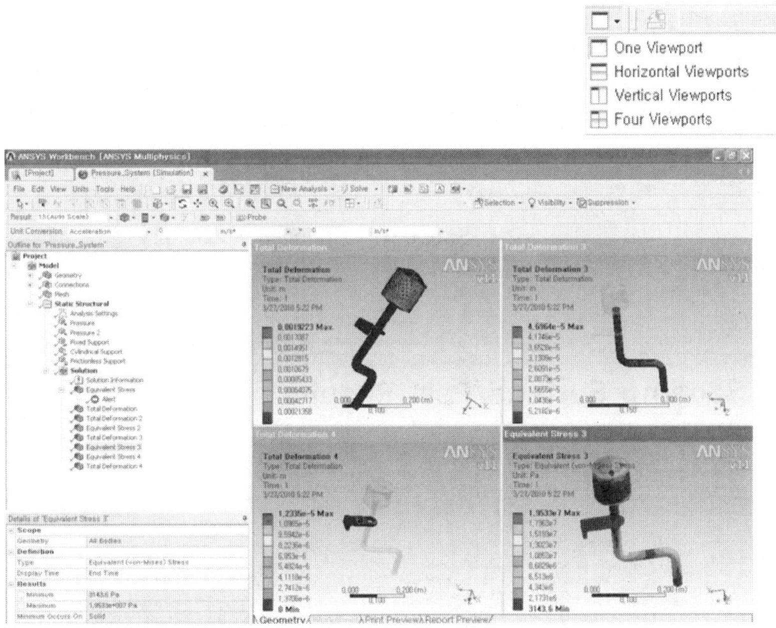

[그림 9.20] Multiple Viewports

9.19 Scoping Results

- Postprocessing 시에 나타내고자 하는 결과의 범위를 설정할 수 있다.
  - Scoping 기능은 선택된 면의 결과를 볼 때 Legend 항목 값이 자동 스케일 조정된다.

- Scope 실행방법
  - 모델에서 관심부분의 요소를 먼저 선택하고 결과 항목을 삽입한다.
  - 항목을 삽입하고 Details of~ 항목에 Geometry를 선택하고 Apply 버튼을 누른다.
  - 선택되지 않은 부분들은 투명하게 보여 질 것이다.

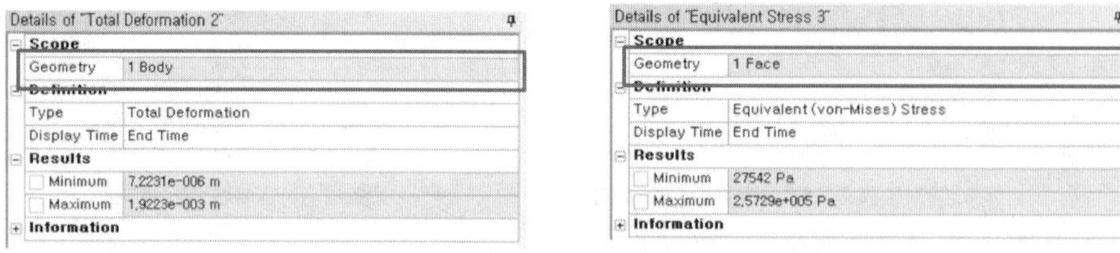

[그림 9.21] Scoping Results에서 Geometry 선택

9.20 Scoping Surface/Part Results

- Examples : Surface나 Part의 Scoping

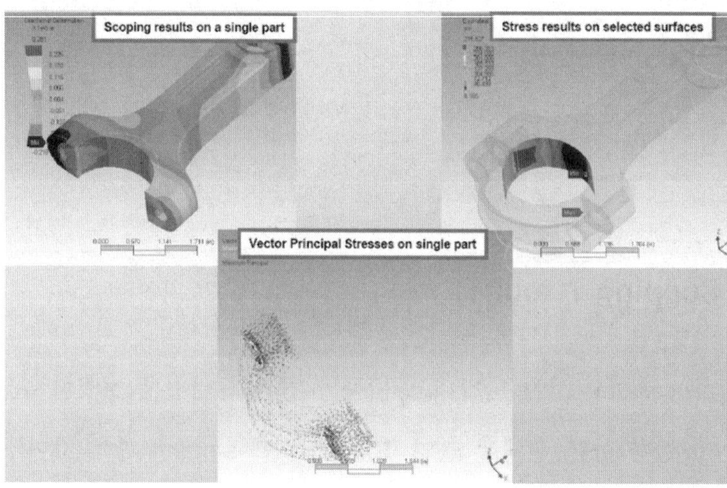

[그림 9.22] Surface나 Part의 Scoping

9.21 Scoping Edge & Vertex Results

- 한 개의 edge(또는 점)를 선택하여 Scoping 결과를 볼 수 있다.
  - 한 개의 edge를 선택하여 Scoping한 결과 for results scoping.
  - 선택된 edge의 결과가 작업창에 그래프로 나타난다.

- Worksheet 탭에서도 그래프를 확인할 수 있다.

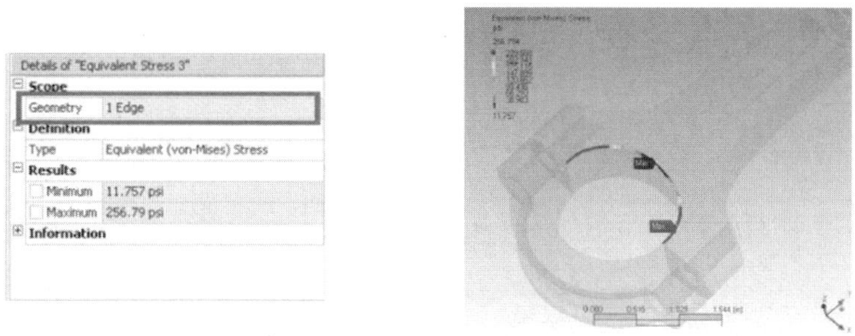

[그림 9.23] 한 개의 edge를 선택하여 Scoping 결과를 보기

9.22 Exporting Results(1)

- Worksheet 탭의 정보는 export 가능하다.
  - Select the branch and click on the Worksheet 탭을 선택한다.
  - RMD 후 "Export"를 선택한다.
- Tabular data를 엑셀로 export 할 수 있다.
  - Export시킬 셀을 선택한다.
  - RMD → Copy cell을 선택한다.
  - Excel에 paste 한다.

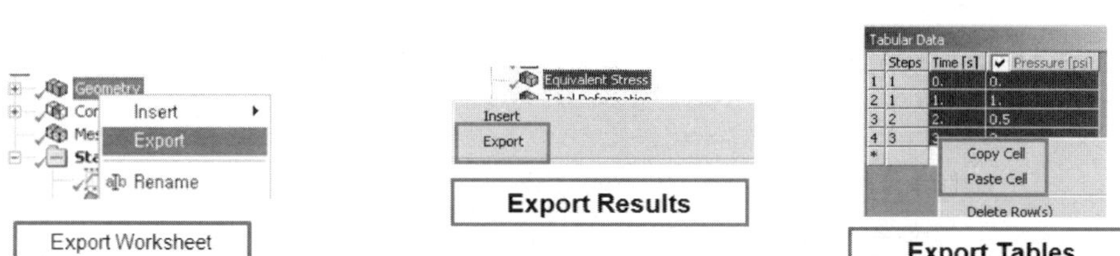

[그림 9.24] 엑셀에 결과를 출력

9.23 Exporting Results(2)

• "Export"에 대한 옵션을 "Tools menu → Options → Simulation"에서 변경할 수 있다.

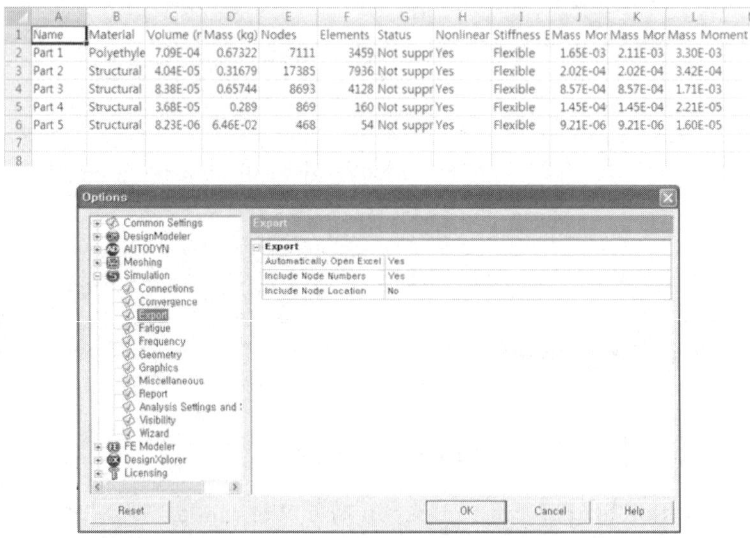

[그림 9.25] export option 변경

9.24 Coordinate Systems(1)

• 방향성성분을 포함하는 결과는 로컬좌표계를 이용하여 결과를 확인할 수 있다.

- Details of~ 항목에 coordinate system의 drop down list에서 정의된 좌표계를 선택한다.
- Direction Deformation, Normal/Shear Stress/Strain, Directional Heat Flux는 좌표계를 이용할 수 있다.

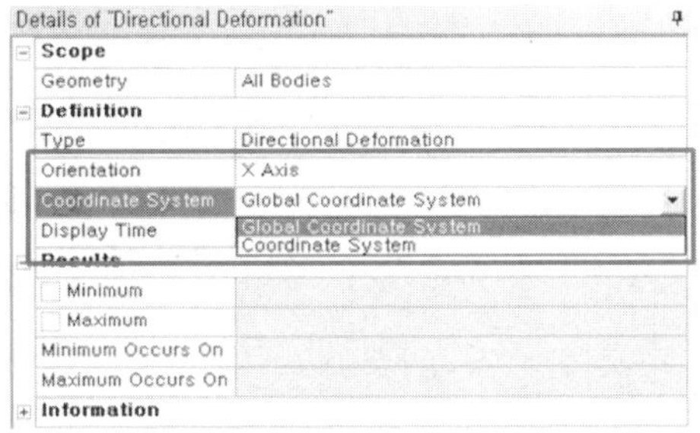

[그림 9.26] 상세 정보창에서 Coordinate Systems 정의

9.25 Coordinate Systems(2)

• 다음과 같이cylindrical 좌표계를 만들어서 결과를 확인할 수 있다.

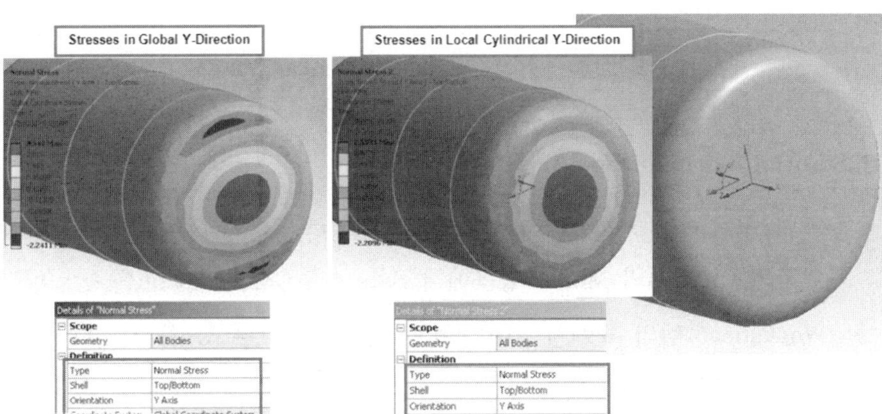

[그림 9.27] cylindrical 좌표계

9.26 Solution Combinations(1)

• Model항목에서 설정하여 사용한다.

[그림 9.28] Solution Combination

- Solution combination 기능은 오직 선형구조해석에서만 사용 가능하다.
- 사용할 수 있는 항목 :
  - Stresses and strains
  - Deformations
  - Tools : stress, fatigue, contact, beam.

9.27 Solution Combinations(2)

[그림 9.29] Solution Combination Toolbar

- Solution combinations 사용순서
  - 여러 개의 enviroments를 Solve
  - 왼쪽의 Outline의 Model 항목에서 Solution Combination을 삽입한다.
  - Worksheet 탭의 표에서 ADD(여러 개를 add할 수 있다) 시킨다.
  - 옵션 사항을 설정한다.
  - 선택한 Environments and coefficients에서 결과를 확인한다.

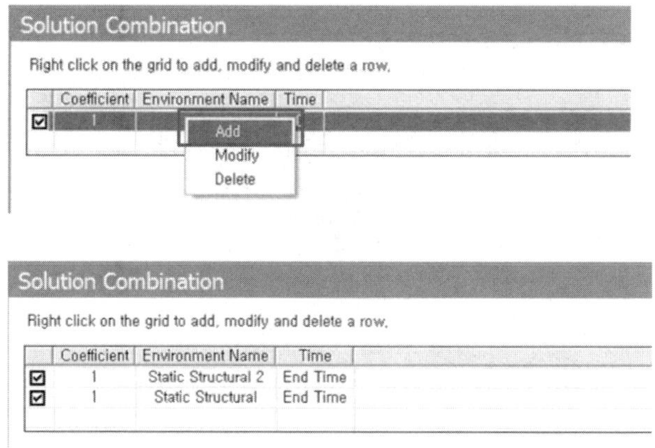

[그림 9.30] Worksheet탭에서 environment 추가

9.28 Solution Combinations(3)

- 다음의 environment와 enviroment3의 두 환경을 Solution combination하여 결과를 확인할 수 있다.

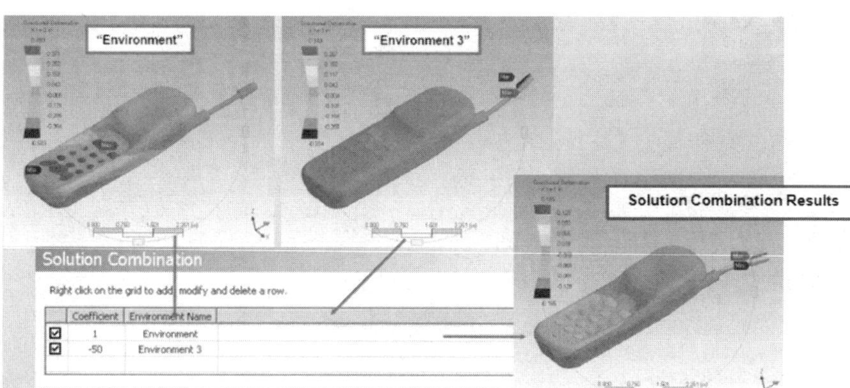

[그림 9.31] Solution combination에 의한 결과 비교

9.29 Stress Singularities(1)

- 유한요소 해석을 수행시, 결과의 정확성과 해석 소요시간과의 균형을 찾는 것이 중요하다. 요소망의 밀도를 높여줌으로써, 좀 더 나은 결과를 기대할 수 있다. 그러나 해석 시간을 증가시킬 수 있으므로 신중을 기할 필요가 있다.

$$\sigma = \frac{Force}{Area} \quad \text{AS Area} \Rightarrow \text{Zero} \quad \boxed{\sigma \Rightarrow \infty}$$

9.30 Stress Singularities(2)

- 선형구조 해석에 있어서 인위적으로 응력값이 높아지는 경우가 있다.
- 위와 같은 상황에서는 요소망 밀도를 높여주더라도 높은 응력값을 유지하게 될 것이다.

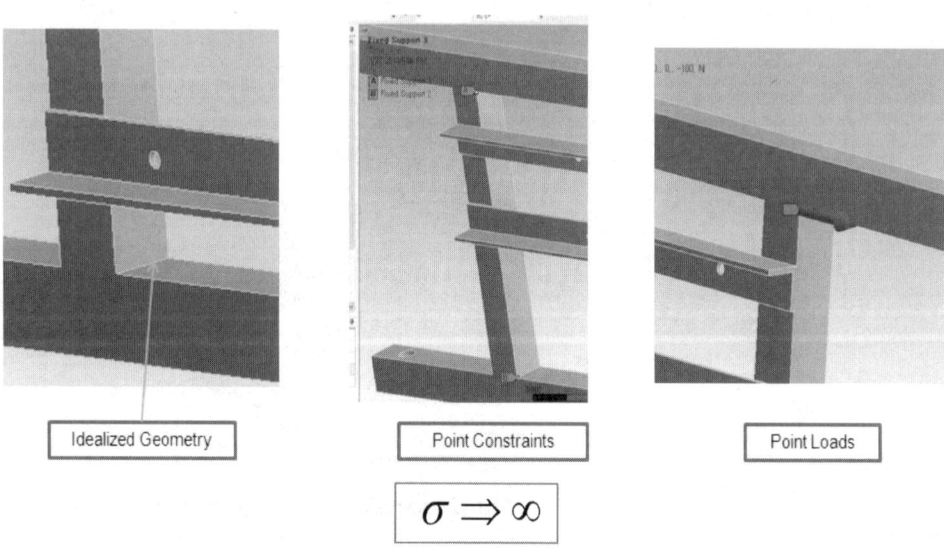

[그림 9.32] 인위적으로 응력값이 높아지는 경우

9.31 Stress Singularities(3)

- 해결방안
  - 높은 응력값이 발생하는 영역이 관심대상이 아니라면 scope results 기능을 이용하여 관심영역의 결과만 검토한다.
  - 높은 응력값이 발생하는 영역이 관심대상이라면 응력결과의 정확성을 높일 수 있는 몇 가지 방법이 있다.
- 기하모델에 fillet 등의 삽입으로 모델의 불연속성 요인들을 확인한다.
- 집중하중 및 구속조건은 선 모델에만 사용하도록 하고, 솔리드 모델에 대해서는 하중/경계조건이 선 또는 모서리보다 면에 적용하는 것이 효율적이다.

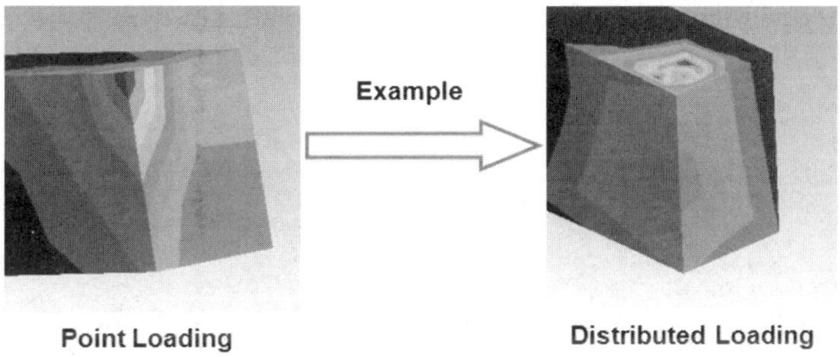

[그림 9.33] 점 모델과 선 모델에서의 응력변화

9.32 Error Estimation(1)

- Stresses(structural) 또는 heat flux(thermal) 결과에 대해서 mesh에 따른 error를 판단할 수 있다.
- Error estimation 옵션을 이용하면 더욱 엄밀한 결과를 얻기 위해 어떤 부분을 조밀하게 격자를 생성할 것인지를 알 수 있다.
- 수렴기능을 이용하면 error가 가장 높은 부분을 refinement시키게 된다.

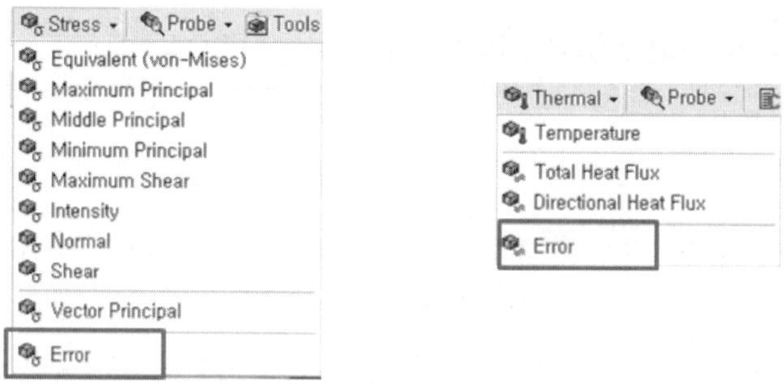

[그림 9.34] Stress와 Thermal 에서의 Error Estimation

9.33 Error Estimation(2)

- Error가 나타나는 element가 필요하며, element에서 표시되는 Error의 결과는 energy term이다.

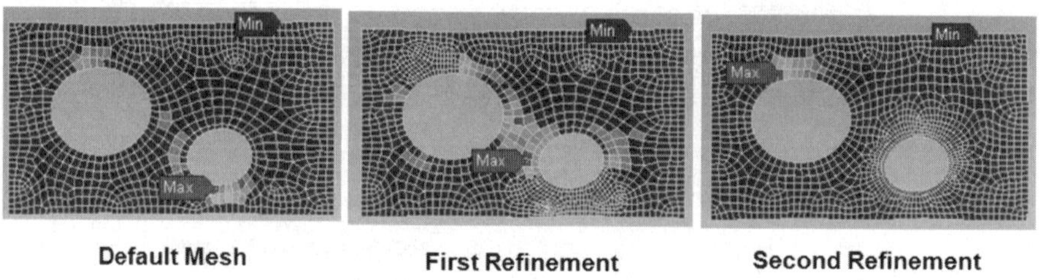

[그림 9.35] error refinement

9.34 Convergence(1)

- Mesh를 조밀하게 함으로써 정확한 해석결과를 얻을 수 있다. 그러나, 해석 소요 시간을 증가시키게 된다.

- 최적의 mesh를 얻는 것은 다음 사항들을 요구한다.

- mesh가 충분한가를 결정짓는 표준을 가지고 있는가?
- 어떤 곳이 더 많은 요소를 필요로 하는가?

• 수동으로 이 작업을 하는 것은 번거롭고 부정확하다.
  - 사용자는 mesh를 수동으로 조밀하게 해야 하며 이전 mesh 결과를 가지고 상태를 비교하게 될 것이다.
  - Simulation에서는 사용자가 지정한 범위 내에서 적합한 mesh를 찾도록 mesh 밀도를 자동변경하며 해의 정확도를 높일 수 있는 convergence 기능을 제공한다.

• Convergence control은 모든 결과 항목에 사용될 수는 없다.

9.35 Convergence(2)

• 결과 항목을 선택하고 RMB하여 "Convergence"를 삽입한다.
  - Convergence의 최대/최소값을 선택하고, 허용변화율(기본 20%)을 설정한다.
  - In the Solution의 details of~에서 최대반복 횟수값을 입력한다.

• 1~4와 같은 적당한 값을 입력하면 mesh를 더 세분화하려고 하지 않을 것이다.

[그림 9.36] Convergence 설정

9.36 Convergence(3)

- Convergence를 실행하면, Simulation은 자동적으로 요소망 재설정 및 재해석을 실시한다.
  - 최소한 두 번의 반복이 필요하다(초기 결과와 반복해석 결과).
  - Solution 항목에서 "Max Refinement Loops"는 과도한 반복을 방지하도록 제한치를 주게 되는 것이다(일반적으로 2부터 4사이의 값).
  - Mesh는 세분화 시켜야 하는 부분에 대해서 자동으로 재해석을 수행
  - 수렴해석 결과는 "Convergence" 메뉴에 저장된다.
- 정의된 변화율 내에서 수렴되지 않으면 붉은색 느낌표가 표시된다.
- 만일 정의된 변화율 내에서 수렴이 되면 초록색 체크표시가 보여진다.

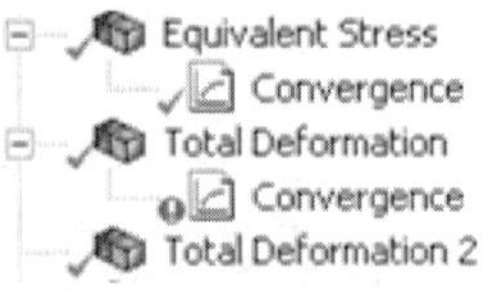

[그림 9.37] 수렴된 Convergence

- 결과 항목은 오직 마지막 Solution 항목에만 나타내어 질 것이다.

9.37 Convergence(4)

- 해석이 종료된 후, 해석 결과와 최종 mesh 생성 결과를 볼 수 있다.
  - 아래의 그림과 같이 mesh 재생성이 이루어진 영역을 확인할 수 있다.
  - Convergence 항목을 선택하면 각 반복단계에서의 절점 및 요소 수 뿐만 아니라 변화율 값도 확인할 수 있다.

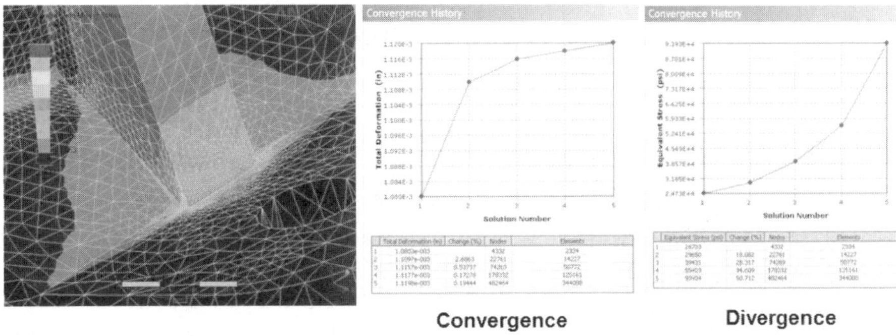

[그림 9.38] mesh 생성 결과

9.38 Convergence & Scoping

- Stress singularities를 피하기 위해, scoping 기능에 convergence 기능을 사용할 수도 있다.
  - 인위적으로 커다란 응력이 발생하는 영역이 관심영역이 아닐 경우, 관심영역을 scope으로 설정하고 convergence 해석을 수행한다.
- 이것은 사용자에게 mesh 재생성이 필요한 영역을 알 수 있도록 해준다.
- 이것은 또한 사용자에게 관심영역 밖에서 발생한 높은 응력값을 무시할 수 있도록 해준다.

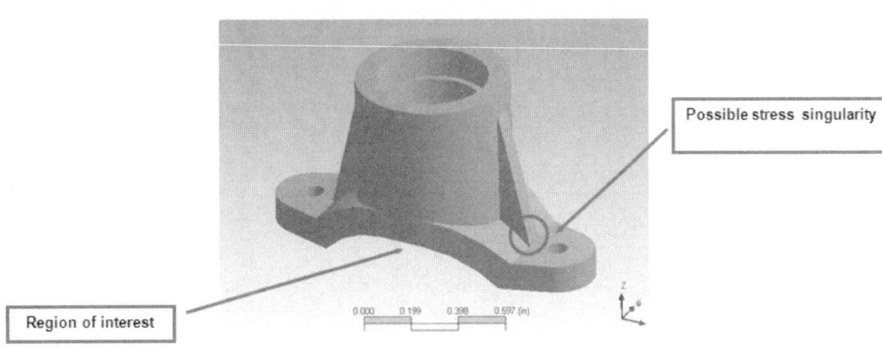

[그림 9.39] mesh 재생성이 필요한 영역

9.39 Convergence & Scoping Example

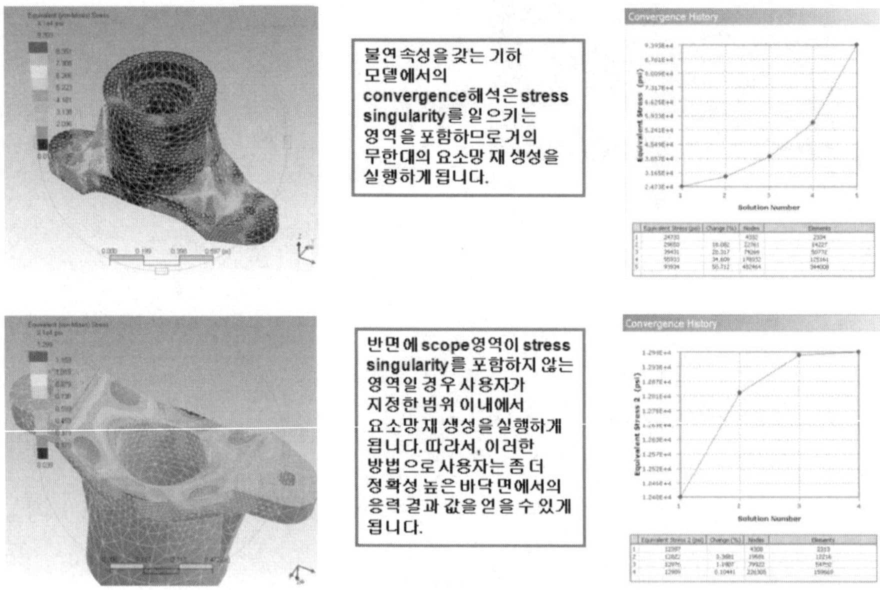

[그림 9.40] mesh 생성의 예

[예제.7] Advanced Results Processing

- 실습예제 - Advanced Results Processing
- 목적 :

 - 아래와 같은 조립품 형상에 높은 압력이 작용할 때의 응력과 변형률 결과를 고급 옵션을 이용하여 확인하도록 한다.

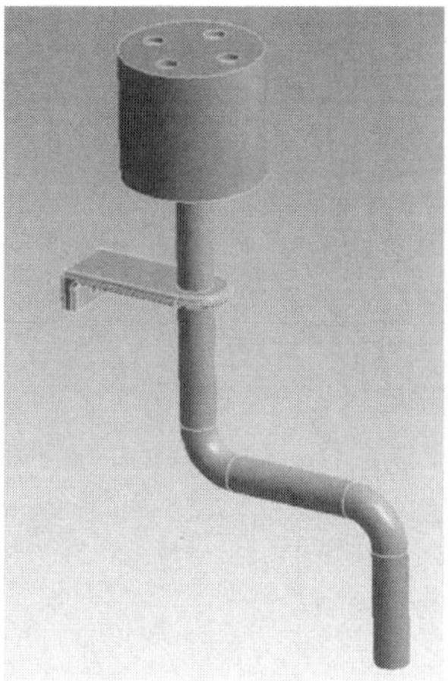

[그림 E9.1] 실습모델

Part/Contact Description

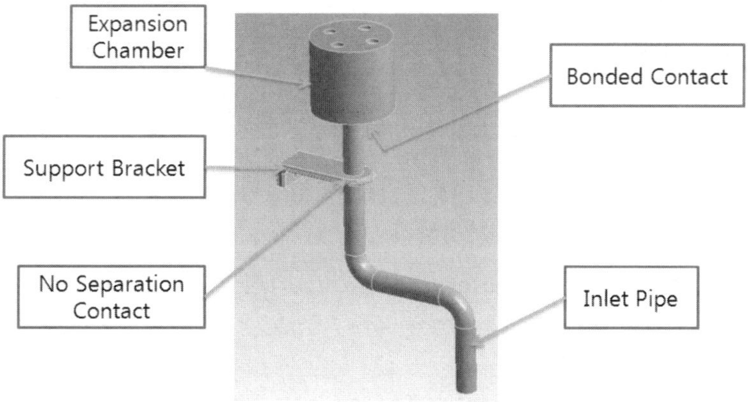

[그림 E9.2] 모델의 구성

Start Page

1. 시작페이지에서 Simulation을 선택한다.
2. "Map of Analysis Types"을 닫는다.
3. Geometry를 불러온다.
   a. Context menu에서 Geometry → From file을 선택하여 "Pressure_System.x_t"을 open한다.

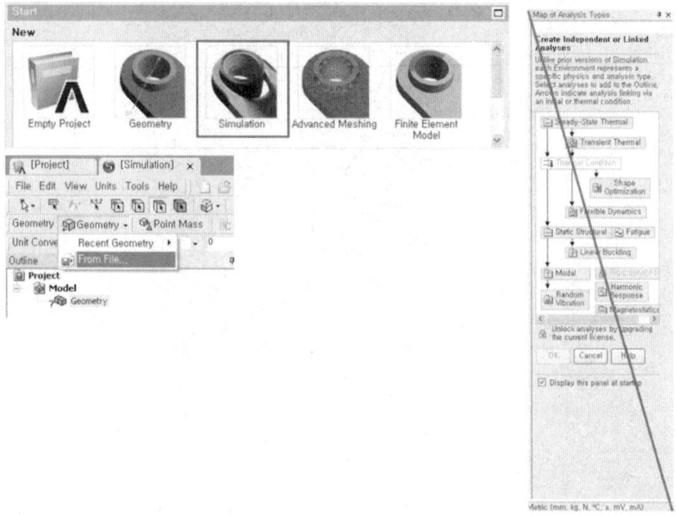

[그림 E9.3] 모델 불러오기

Preprocessing

4. 단위를 설정한다.

- “Units 〉 Metric (mm, kg, N, ℃, s)”.

5. Expansion chamber의 물성치를 변경한다.
   a. Tree에서 파트를 선택한다.
   b. Details of~의 material에서 Import하여 “Polyethylene”을 선택한다.

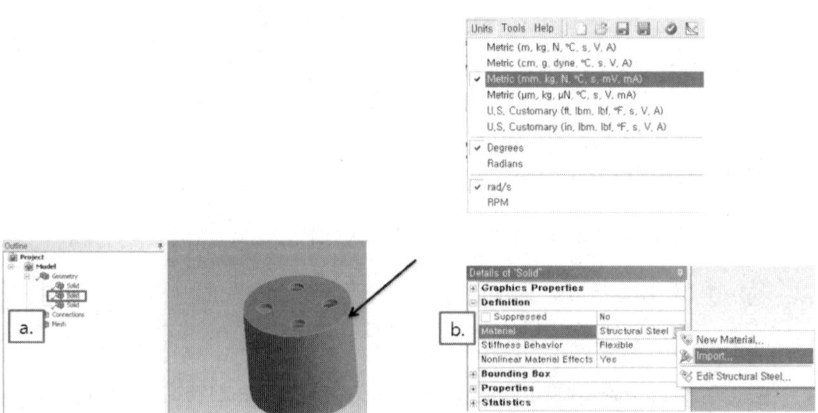

[그림 E9.4] 단위와 물성치 변경

Preprocessing

6. Contact 조건을 수정한다.
   a. "Contact Region 2" 항목을 선택한다.
   b. Details of~ 항목의 "Type"을 "No Separation"으로 변경한다.

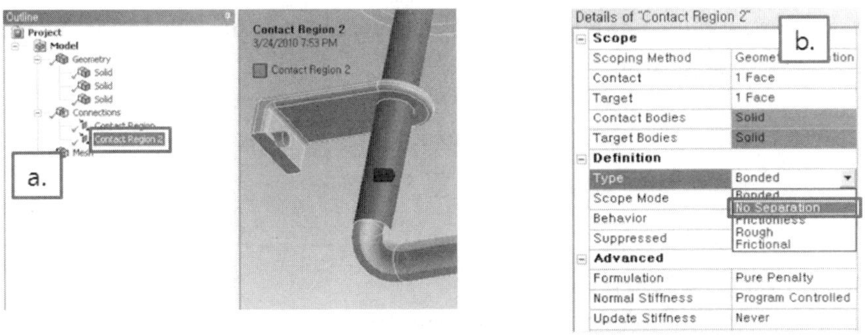

[그림 E9.5] Contact 조건을 수정

Environment

7. 해석타입을 설정한다. :
   "New Analysis" 메뉴에서 "Static Structural"을 선택한다.

8. 하중을 입력한다.
   a. 파이프의 안쪽 5면을 선택한다*(Extend to limits를 이용한다)*.
   b. "RMB 〉 Insert 〉 Pressure"를 선택한다..
   c. Magnitude 값을 1MPa 입력한다.

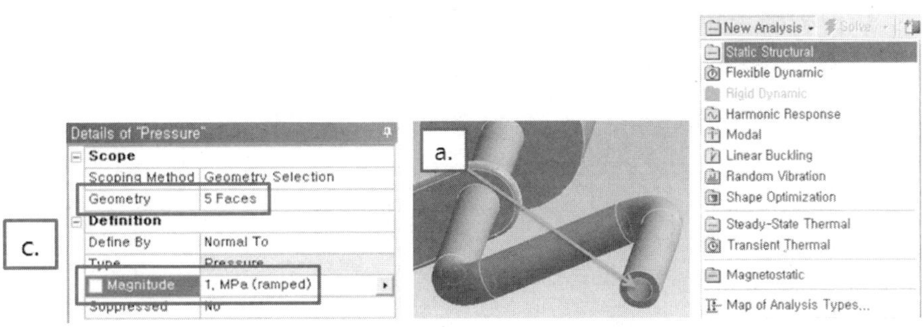

[그림 E9.6] 해석 타입을 설정

Environment

d. expansion chamber의 안쪽 3면을 선택한다.

Note
selection plane를 이용, Ctrl를 이용하여 다중으로 선택할 수 있다.

- the expansion chamber를 선택하고 "RMB 〉 Hide All Other Bodies"(나머지 파트들이 Hide된다)

e. RMB → Insert → Pressure를 삽입한다.
f. "Magnitude"값을 0.2MPa를 입력한다.

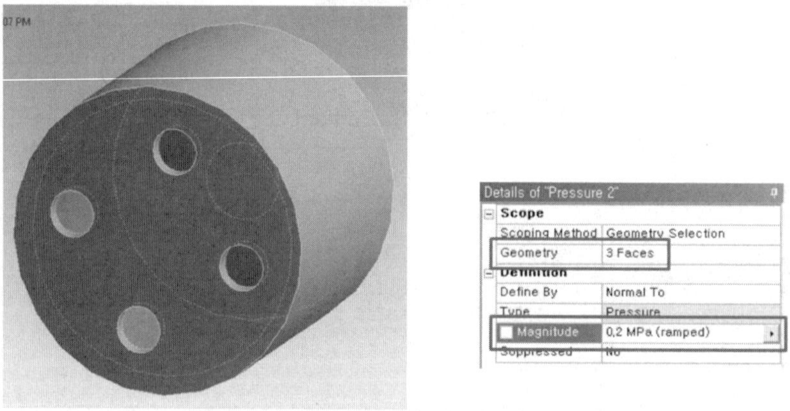

[그림 E9.7] expansion chamber의 안쪽 3면을 선택

Environment

9. 구속조건을 적용한다.
   a. Pipe의 끝 면을 선택한다.
   b. "RMB → Insert → Fixed Support"을 선택한다.

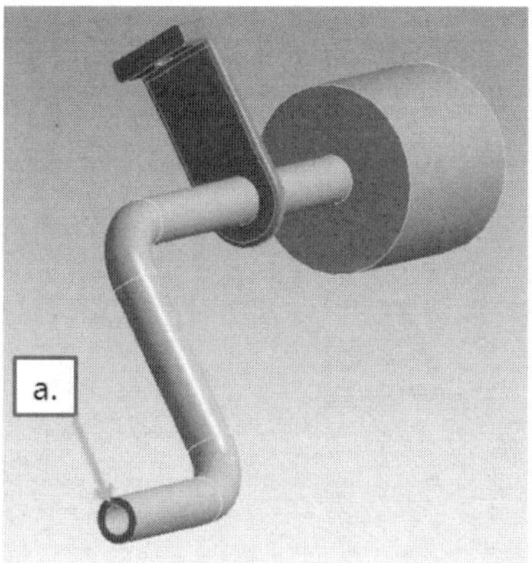

[그림 E9.8] 구속 조건(Fixed Support)을 적용

Environment

c. Bracket의 원통 면을 선택한다.

d. “RMB → Insert → Cylindrical Support”을 선택한다(기본설정된 fixed, fixed, fixed 상태로 유지).

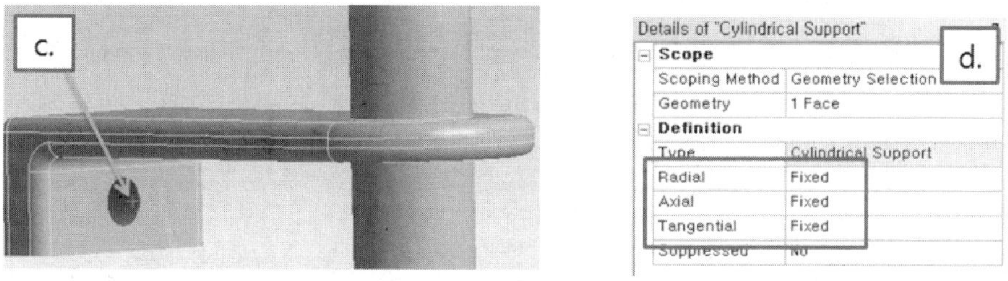

[그림 E9.9] 구속 조건(Cylindrical Support)을 적용

Environment

e. Bracket의 뒷면을 선택한다.

f. “RMB → Insert → Frictionless Support”을 선택한다.

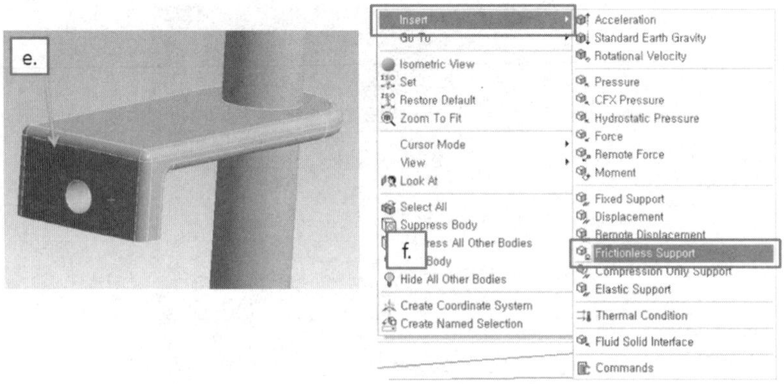

[그림 E9.10] 구속 조건(Frictionless Support)을 적용

Solution

10. 해석을 수행한다.

- Solve를 선택한다.

11. 결과를 확인한다.
    a. "Solution" 항목을 선택한다.
    b. RMB → Insert → Stress → Equivalent Von Mises Stress을 선택한다.
    c. RMB → Insert → Deformation → Total을 선택한다.
    d. Solve를 선택한다.

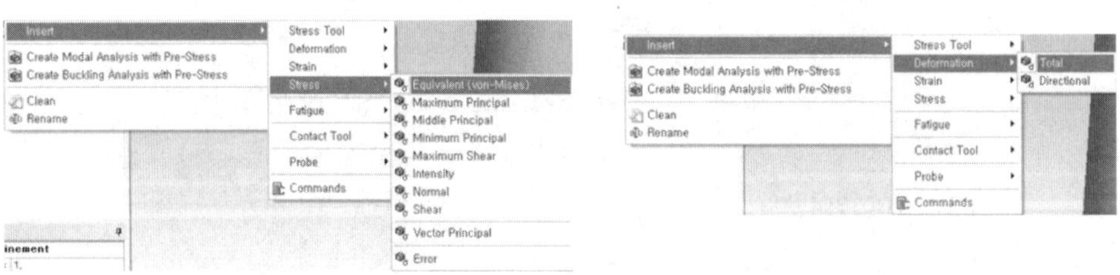

[그림 E9.11] 해석을 수행
(Equivalent Von Mises Stress와 Total Deformation)

Results

- 해석이 완료되면, Solution 단계에서 입력한 변위 및 등가응력 결과를 확인할 수 있다.

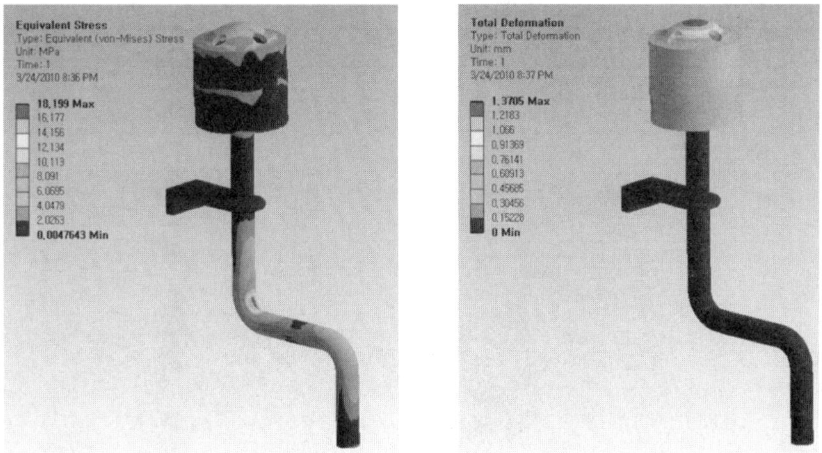

[그림 E9.12] 해석결과 확인

Results

12. Scope 기능을 이용하여 expansion chamber의 total deformation을 구한다.
    a. "Solution" 항목을 선택한다.
    b. 선택필터를 body로 expansion chamber를 선택한다.
    c. "RMB → Insert → Deformation → Total"을 선택한다.
    d. a~c 과정을 반복하여 insert Stress → Equivalent(von-Mises) Stress를 삽입한다.
    e. 다른 파트들도 위와 같은 방법을 반복한다.
    f. 해석을 수행하여 모든 해석 결과를 확인한다.

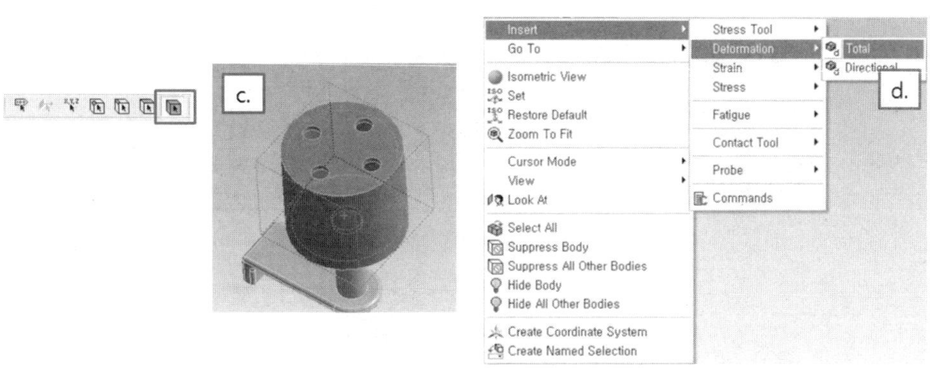

[그림 E9.13] expansion chamber의 total deformation을 구하기

Results

- 각각의 파트마다의 결과를 확인하고 비교한다.

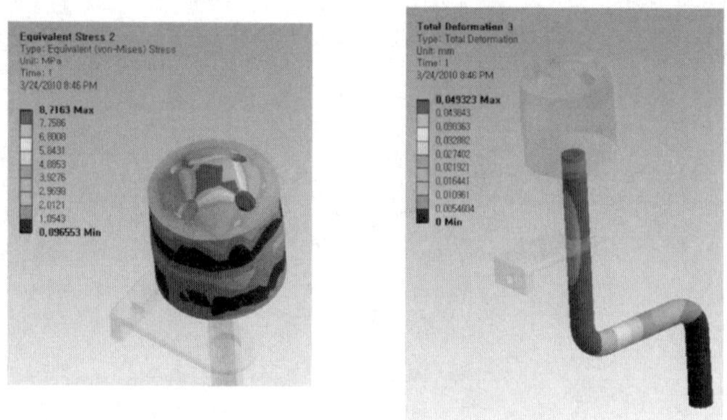

[그림 E9.14] Part마다의 결과를 비교

8. section plane을 추가한다.
   a. expansion chamber를 Scoping하여 Z축을 선택하여 아래와 같은 View 상태로 본다.
   b. Click on the "New Section Plane" 아이콘을 선택하고 LMB를 선택한 상태에서 결과의 중심을 지나도록 Line을 정의한다.

Note "Section Planes" 박스에 새로 삽입된 section planes이 정의되어 있다.

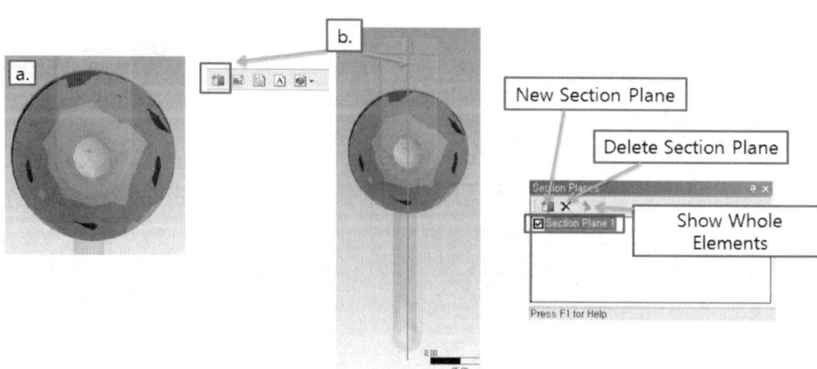

[그림 E9.15] section plane 제어

c. b과정에서 정의한 상태에서 모델을 회전한다.

Note
"Section Planes" 박스를 선택하고 핸들이 활성화 된 상태에서 핸들을 움직임으로써 수정할 수 있다.

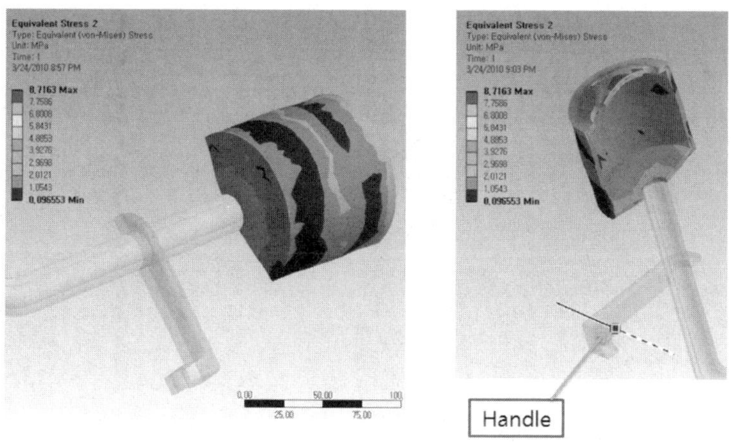

[그림 E9.16] 정의한 모델 회전

Section Plane Notes

- 여러 개의 section planes을 생성할 수 있다.

  ☞ 이것은 결과를 확인하는데 유용하게 이용할 수 있다.

- To hide a Section Plane를 숨길 시에는, Section Planes 창에서 사각박스 앞의 체크를 해지시킨다.

- section plane 상태에서 원래의 상태로 돌아갈 때에는 "exterior"를 선택한다. 생성한 section plane(s) 상태는 자동으로 저장되게 된다.

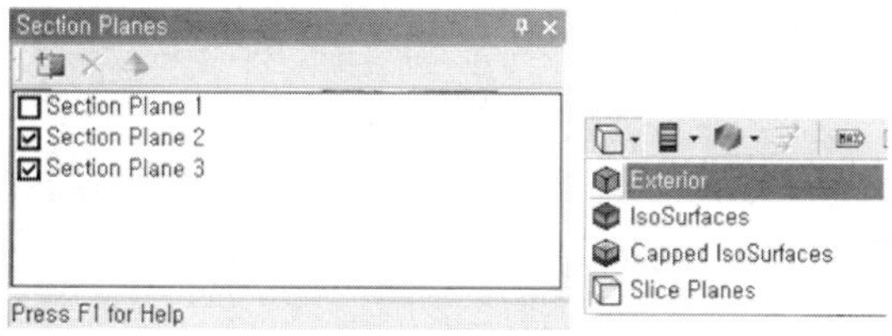

[그림 E9.17] section planes과 IsoSurfaces뷰를 이용한 view 변경

14. Iso-surfaces View

 a. plot type에서 "Slice Planes"이 활성화 된 상태에서 "Exterior"를 선택한 상태에서 브라켓의 총변형량을 확인한다.

 b. 다음으로 "IsoSurfaces"로 변경하여 결과를 확인한다.

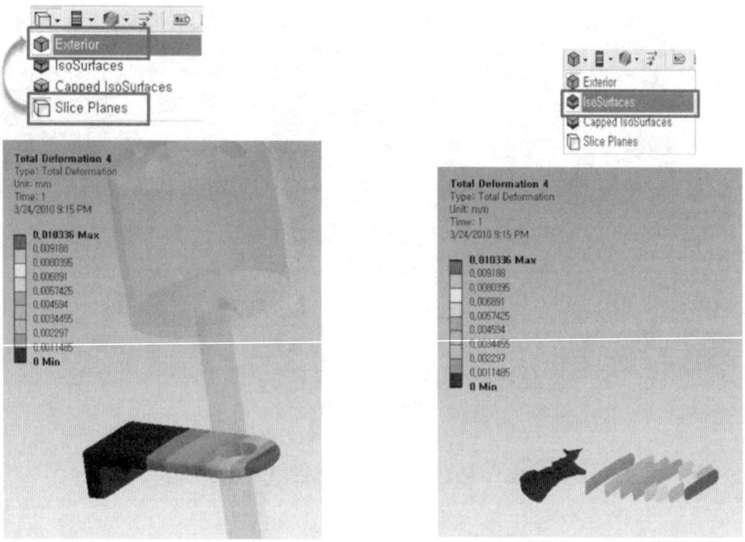

[그림 E9.18] IsoSurfaces View

Convergence

27. Solution 항목의 "Equivalent stress" 항목으로 커서를 이동한다.

28. RMB → Insert → Convergence

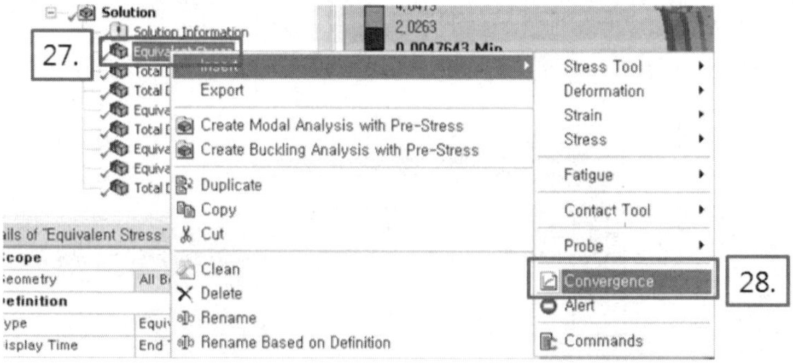

[그림 E9.19] Convergence 선택

29. "Allowable Change"를 10%를 입력한다.

30. Solution을 선택하고, Detail View에서

- Max Refinement Loops에 4를 입력, (Refinement Depth에 1을 입력한다.)
- 해석을 실행한다.

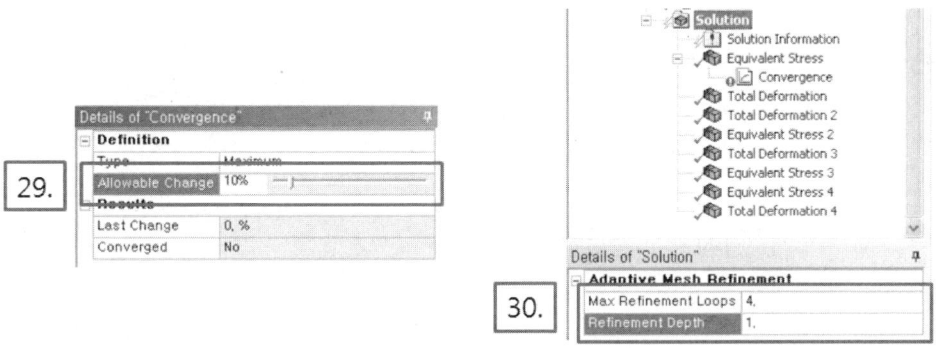

[그림 E9.20] Convergence 설정

31. Convergence를 선택한다.

32. Convergence history에서 3번안에 수렴이 끝났으며, 각 Node와 Elements를 확인할 수 있다.

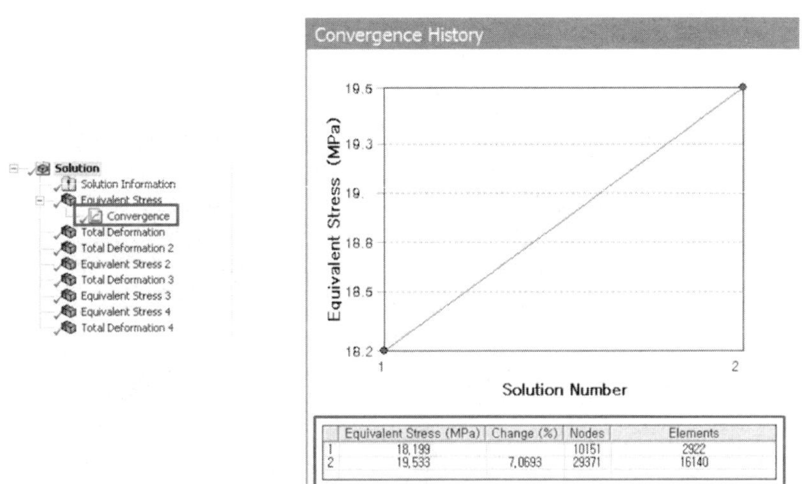

	Equivalent Stress (MPa)	Change (%)	Nodes	Elements
1	18.199		10151	2922
2	19.533	7.0693	29371	16140

[그림 E9.21] Convergence History 확인

Convergence

33. Last Change에 2.33%로 되어 있는 것으로 판단하여 32번의 3번이 결과로 보여진 것을 알 수 있다.

34. “Equivalent stress” 항목을 선택한다.

35. Context Toolbar의 Edges에 Show Elements를 선택한다.

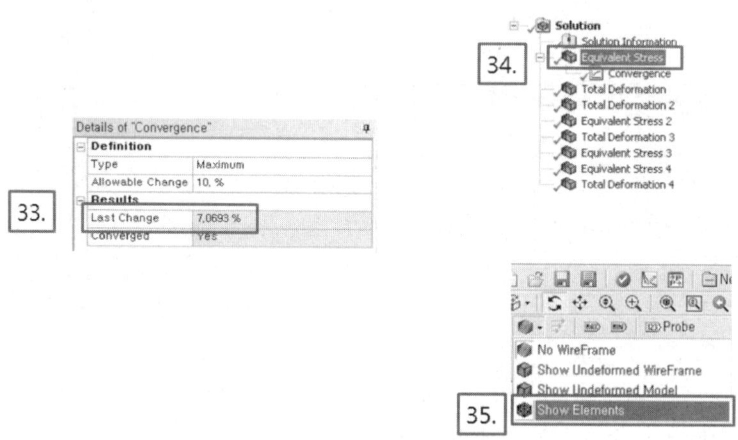

[그림 E9.22] Convergence 결과확인과 Show Elements 실행

Convergence

- Convergence를 하기 전 mesh와 비교해 본다.

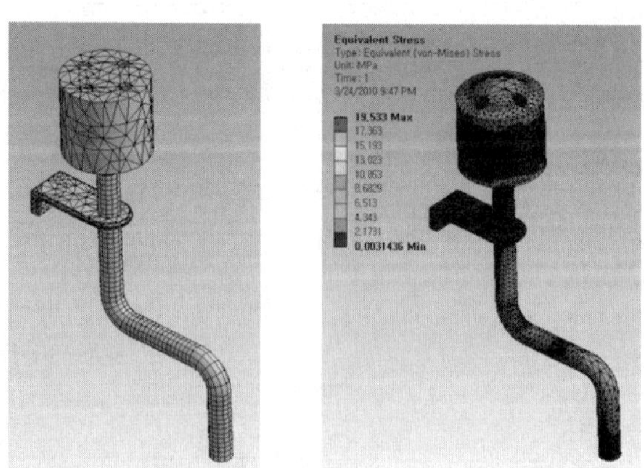

[그림 E9.23] 격자개수 비교

찾아보기

저자약력

김동균

동아대학교 기계공학과 대학원 졸업(공학박사)
2002. 3 동명대학교 컴퓨터응용기계과 전임강사
2006. 3 현재 동명대학교 기계공학과 전임강사

최윤환

동아대학교 기계공학과 대학원 졸업(공학박사)
2006. (주) 디엔디이 과장
2009. 현재 부경대학교 스마트기계사업단 연구원

정가 13,000원

창의적 공학설계를 위한 CAE

2010년 4월 25일 초판 인쇄
2010년 4월 30일 초판 발행

저 자 : 김 동 균 · 최 윤 환
발행자 : 우 명 찬 · 송 준
발행처 : 홍릉과학출판사
주 소 : ㊐142-885 서울시 강북구 인수동 455-60
등 록 : 1976년 10월 21일 제5-66호
전 화 : 999－2274~5, 996－8341, 903－7037
팩 스 : 905-6729
ISBN : 978-89-7283-876-0

저자와의 협의하에 인지생략

hongpub@hongpub.co.kr
www.hongpub.co.kr